北方干旱人工影响天气服务技术交流文集

主　编：李集明
副主编：周毓荃　陶　玥

内容简介

本书收录了中国气象局人工影响天气中心在长春召开的"北方干旱人工影响天气服务技术总结交流会"上的17篇论文，汇集了相关人工影响天气业务技术的分析和总结，介绍了北方干旱人工影响天气监测预报、决策指挥、作业实施和效果评估等业务关键技术。

本书可供人工影响天气领域的业务人员使用，也可供各地有关部门更好地开展人工影响天气工作提供参考。

图书在版编目(CIP)数据

北方干旱人工影响天气服务技术交流文集 / 李集明主编. — 北京：气象出版社，2018.12
 ISBN 978-7-5029-6896-0

Ⅰ.①北… Ⅱ.①李… Ⅲ.①干旱-人工影响天气-文集 Ⅳ.①P48-53

中国版本图书馆 CIP 数据核字（2018）第 287837 号

Beifang Ganhan Rengong Yingxiang Tianqi Fuwu Jishu Jiaoliu Wenji
北方干旱人工影响天气服务技术交流文集
主编：李集明　　副主编：周毓荃　陶玥

出版发行：气象出版社	
地　　址：北京市海淀区中关村南大街46号	邮政编码：100081
电　　话：010-68407112（总编室）　010-68408042（发行部）	
网　　址：http://www.qxcbs.com	E-mail：qxcbs@cma.gov.cn
责任编辑：陈　红	终　　审：吴晓鹏
责任校对：王丽梅	责任技编：赵相宁
封面设计：博雅思企划	
印　　刷：北京建宏印刷有限公司	
开　　本：787 mm×1092 mm　1/16	印　张：13
字　　数：325 千字	
版　　次：2018 年 12 月第 1 版	印　次：2018 年 12 月第 1 次印刷
定　　价：80.00 元	

本书如存在文字不清、漏印以及缺页、倒页、脱页等，请与本社发行部联系调换

前　言

人工影响天气是防灾减灾的重要手段，提高人工影响天气作业的技术水平和服务效益是人工影响天气工作者永远追求的目标。继组织南方干旱人工影响天气技术交流后，中国气象局人工影响天气中心组织了北方干旱人工影响天气服务技术总结交流会，选取2014年春季北方抗旱增雨服务实例，总结交流五段式人工影响天气实时业务中关键业务环节的技术方法与实际应用效果。

本书共收到来自全国10个省（区、市）（吉林、内蒙古、黑龙江、辽宁、北京、山西、河北、天津、山东、安徽）人工影响天气业务单位和中国气象局人工影响天气中心技术人员的论文17篇，涵盖了人工影响天气监测预报、决策指挥、作业实施和效果评估等业务技术环节，既有个例分析，也有多种观测资料的综合分析和预报预测方法与应用。我们希望通过交流总结，不断提高人工影响天气指挥和作业的科学性、准确性，持续推进人工影响天气业务现代化。

本书在编撰过程中得到了各方面的大力支持和热情鼓励，特别感谢中国气象局人工影响天气中心的领导、专家和同仁们对本书提出的宝贵意见和给予的有益指导！

此外，由于编写时间仓促，书中有不足之处，敬请广大读者批评指正。

作者
2017年12月

目　　录

前　言

第一部分　北方旱区国家级人工影响天气服务技术

2014年春季北方旱区人工影响天气作业条件预报与监测……………………………………
　　………………………………………………孙　晶　蔡　淼　王　飞　等(3)
2014年春季华北两次降水过程的人工增雨催化数值模拟研究………………………………
　　……………………………………………刘卫国　陶　玥　党　娟　等(21)

第二部分　北方旱区各省(区、市)人工影响天气服务典型个例
　　　　　分析和服务概况

河北省春季一次层状云飞机增雨过程分析……………闫　非　周毓荃　李宝东　等(45)
内蒙古中部地区一次飞机人工增雨作业技术分析……王　凯　苏立娟　达布希拉图　等(61)
一次层状云飞机增雨作业的综合分析……………………………张苗苗　牛忠清(70)
用一次卫星反演积层混合云降水宏微观特征来探讨人工增雨的可播性……………………
　　……………………………………………孙鸿娉　李培仁　申东东　等(78)
吉林省一次飞机增雨作业过程分析………………………孙海燕　李　薇　张景红　等(90)
2014年山东首场透雨人影服务和作业条件监测分析……周黎明　王　庆　盛日锋　等(97)
华北南部一次冷锋降水云系结构和增雨条件模拟分析……刘艳华　周毓荃　黄毅梅　等(104)

第三部分　北方旱区人工影响天气探测分析和业务管理系统

飞机人工增雨宏微观物理响应的探测与研究 ················ 孙玉稳　孙　霞　刘　伟 等(119)

山西省一次典型层状云降水过程的宏微观特征个例分析 ·······················

··· 封秋娟　李培仁　申东东 等(137)

山西省春季一次降水过程观测分析 ················ 裴　真　蔡兆鑫　李培仁 等(148)

山西省人工增雨与探测飞行方案初探 ················ 蔡兆鑫　蔡　淼　李培仁 等(157)

天津北部区域飞机增雨飞行方案改进研究 ······························· 刘　晴　王兆宇(172)

层状云微物理特征非均匀性的飞机观测 ················ 杨俊梅　李义宇　申东东 等(183)

TK-2气象探测火箭在辽宁人工增雨中的应用分析 ········ 翟晴飞　敖　雪　刘　旸 等(189)

物联网在安徽省人工影响天气工作中的应用 ················ 李建邦　周述学　李爱华 等(197)

第一部分

北方旱区国家级人工影响天气服务技术

2014年春季北方旱区人工影响天气作业条件预报与监测

孙　晶　蔡　淼　王　飞　史月琴　周毓荃

中国气象科学研究院 中国气象局人工影响天气中心,北京 100081

摘　要　2014 年 3—5 月,中国气象局人工影响天气中心利用人影数值模式和监测产品为华北和东北旱区开展人工增雨作业条件预报和监测服务工作。通过云带、过冷水、云垂直结构、降水等产品,分析增雨作业条件,为外场作业提供指导产品。本文简要回顾了 2014 年春季的旱情和天气过程,重点对 2014 年 5 月 9—13 日增雨作业条件预报和监测结果进行了分析。5 月 9—13 日,受高空冷涡系统影响,华北和东北地区先后出现降水过程。模式无论 48 小时还是 24 小时均可预报出雨带位置和移动趋势。利用卫星反演光学厚度检验模式预报的云带,大范围云系分布和演变与实况卫星反演结果比较吻合。此次过程云带范围较广,自华北地区逐渐向东北地区移动,云系呈冷暖混合云结构,云顶温度在$-40 \sim -30$℃,过冷水分布主要位于 $0 \sim -15$℃层,含量较多,并且该层冰晶数浓度不高,具有很好的冷云催化增雨条件。模式可以预报出与实测接近的云层冷暖结构、降水性质、云带分布位置等特征,但云顶高度预报比实测偏高。模式预报的潜力区对应旱区地面降水落区,并随雨区移动,预报的潜力区对应飞机作业区和主要的地面作业区。将卫星、雷达、探空等观测结合,有利于了解云系的宏观结构和垂直分布,对作业时段和区域的选择有指示意义。

关键词:干旱,作业条件,数值预报,监测识别

1　引言

我国是水资源短缺和气象灾害频发的国家,近年来受气候变化等的影响,发生严重旱灾的频率明显增加,给农业生产和人民生活等带来严重影响。人工影响天气是气象服务的重要科技手段之一。在防灾减灾和云水资源开发的迫切需求下,我国一直广泛地开展着人工增雨作业。目前我国有 30 个省(区、市)开展飞机、高炮、火箭增雨防雹作业,人工增雨作业区面积达 360 万 km^2(郑国光 等,2012)。人工增雨作业是在适当云层中播撒人工催化剂,以使更多地水汽和云水转化为降水。在实施人工增雨作业前,需要对作业实施对象——云系的宏微观特征进行预判,提前确定合适的作业区域、作业时机和作业剂量,才能科学地实施人工增雨作业。因此,利用数值模式对人工增雨作业条件进行预报,为开展人工增雨外场作业提供技术支撑和指导,具有十分重要的科学意义和实用价值。

我国近几年在人工影响天气数值模式的发展和应用方面做了一些研究,中尺度可分辨云模式已经应用于人工影响天气作业条件预报(Lou et al,2012)。研发人工影响天气作业条件预报产品,开展人工影响天气模式预报业务,是为了满足人工影响天气作业的需求。因为传统的区域数值模式预报产品,主要包括位势高度、温度、风、降水等要素,通过它们可以提前了解

天气形势、降水等的发展演变,但不包括云的宏微观结构,无法提供人工影响天气作业关注的云顶高度、云顶温度、0℃层高度、过冷层厚度、云中各种水成物粒子含量等。而中国气象局人工影响天气中心的人工影响天气模式针对人工影响天气关注的气象要素,研发了相关产品并应用于日常业务,曾在高温抗旱等重大服务中已经发挥了积极作用(孙晶 等,2014)。

同时,中国气象局人工影响天气中心还不断加强各种观测资料对云结构的监测,主要包括:研发了基于风云静止气象卫星的7类云降水宏微观特征参量反演产品(周毓荃 等,2008),发展并优化L波段探空秒数据的云分析技术(周毓荃 等,2009)以及本地化移植的TITAN雷达分析技术(周毓荃 等,2009)。这些云降水精细分析技术在人工影响天气中心自主研发的云降水精细分析平台上进行集成,实现了对风云静止卫星反演产品、探空云分析产品、雷达降水回波以及地面降水等综合观测资料的可视化融合分析,从而对云系的作业条件进行监测分析。

2014年春季,我国北方降水偏少,出现大范围气象干旱。为缓解旱情,各地人工影响天气部门抓住有利时机进行增雨作业,中国气象局人工影响天气中心利用数值模式和观测资料,每日进行增雨作业条件预报和作业条件监测,为外场作业提供指导产品。本文简要回顾了2014年3—5月的旱情和天气过程,重点对2014年5月增雨作业条件预报结果和作业条件进行分析。

2 旱情和天气

2014年3月,我国降水呈现北方偏少、南方偏多的态势(董全 等,2014),东北地区北部、华北大部、黄淮、西北大部、江汉大部以及云南西北部等地一般偏少2~8成(图1a)。北方大部地区出现轻度以上气象干旱,华北中北部出现中旱和重旱(图1b)。2014年4月,东北大部地区降水偏少5~8成(图1c),东北地区出现严重气象干旱,北部和南部出现局部特旱(图1d)。2014年5月13日,华北和东北地区干旱基本解除(图略)。

2014年3—5月,我国北方地区降水呈明显区域特征。如图2所示,在干旱解除的5月13日前,华北地区主要有7次降水过程,主要集中在4月,分别为3月27—28日、4月10—11日、4月14—16日、4月18—19日、4月25—26日、5月1日、5月9—10日;东北地区主要集中在5月,从4月下旬开始出现持续降水天气,分别为4月19—20日,5月1—7日,5月11—13日。

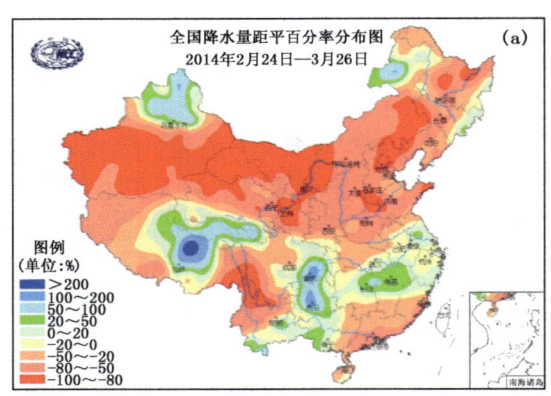 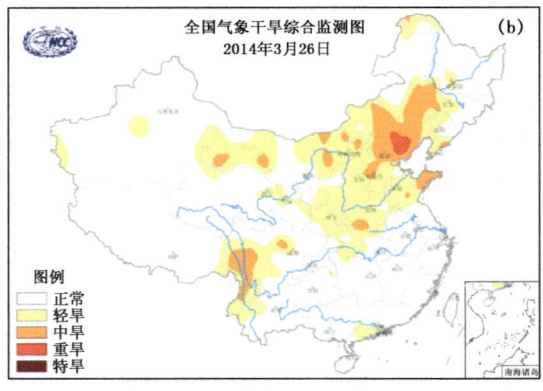

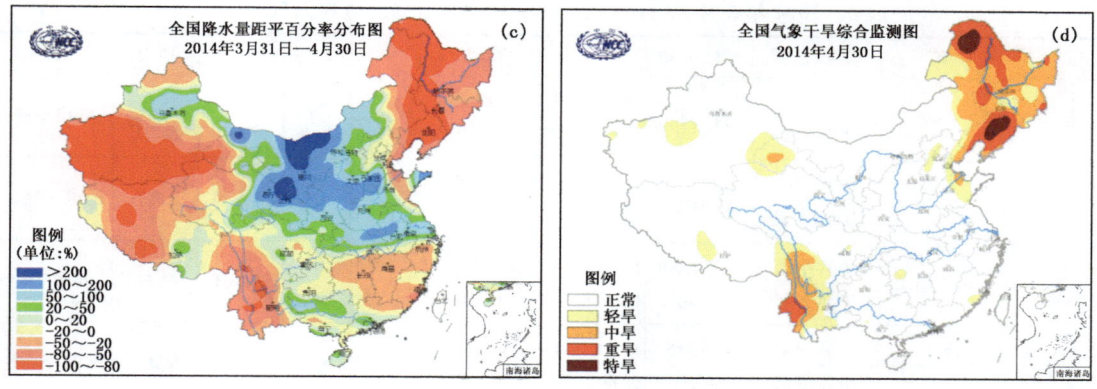

图 1 2014 年 3 月和 4 月全国降水量距平百分率图(a,c,引自国家气候中心),
全国气象干旱综合监测图(b,d,引自国家气候中心)

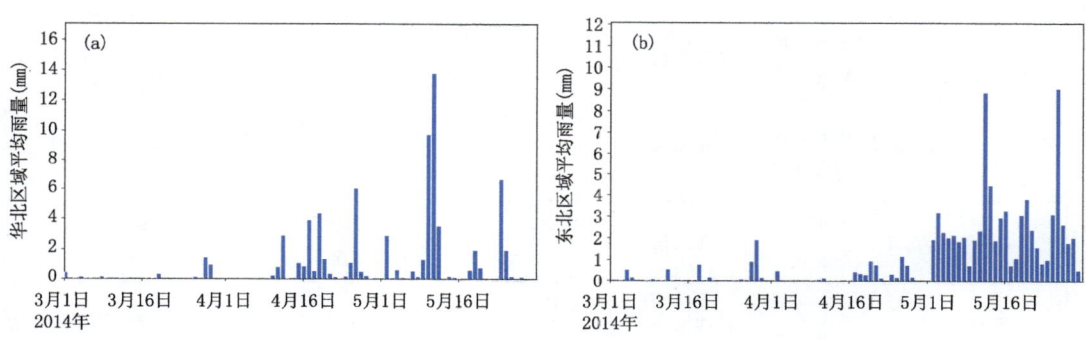

图 2 2014 年 3—5 月区域平均雨量时间变化图
(a)华北区域(110°～120°E,34.5°～47°N);(b)东北区域(115°～135°E,38°～55°N)

对华北和东北地区降水过程按照高低空天气系统进行了天气分型,如表 1 所示,3 月 27 日—5月 13 日天气类型主要分为低槽和低涡两类,根据地面系统的不同,可细分为低槽冷高压、低槽冷锋、低涡冷锋、低涡气旋等,其中低涡类降水系统影响时间长,一般达 2～3 天以上,范围广,降水量大,是人工增雨作业重要对象,对旱情缓解起重要作用。

3 预报服务简介

人工影响天气作业条件预报主要针对云的宏微观结构进行预报,对于复杂的云微物理特性,需要模式采用详细的微物理方案对其进行描述。CAMS 复杂微物理方案是由中国气象科学研究院开发(Hu,2005;楼小凤,2002)的一套准隐式格式的混合相双参数雪晶方案。该方案包括 11 个云物理预报变量,分别为水汽、云水的比质量(Q_v、Q_c),雨水、冰晶、雪和霰的比质量和数浓度(Q_r、Q_i、Q_s、Q_g;N_r、N_i、N_s、N_g),考虑了 31 种云物理过程。该方案已经与 MM5、GRAPES、WRF 中尺度模式动力框架耦合(孙晶 等,2008;Gao et al,2011),并用于降水的云物理机制和人影作业条件分析研究(史月琴 等 2008a,b,孙晶 等,2011)。

表1 2014年3月27日—5月13日北方旱区降水过程天气分型

	日期	雨量、范围	雨区移动	500 hPa	700 hPa	850 hPa	925 hPa	地面	天气类型
华北	3月27—28日	小到中雨 华北大部	自西向东	27日20时 低槽107°E	切变线 110°E	切变线 112°E	西南气流	冷锋 112°E	低槽冷锋
	4月10—11日	小到中雨 山西、河北	自西向东	10日08时 低槽111°E	切变线 108°E	切变线 110°E	偏东风	冷高压	低槽冷高压
	4月14—16日	小到中雨 华北大部	自西南向东北	15日08时 低槽107°E	西北低涡切变线105°E	西宁低涡 105°E	偏南风	气旋	低涡气旋
	4月18—19日	小到中雨 华北南部	自西南向东北	18日08时 低槽105°E	西北低涡 105°E	偏北风	偏东风	冷高压	低槽冷高压
	4月25—26日	中到大雨 华北大部	自西向东	25日08时 蒙古低涡槽线107°E	蒙古低涡切变线110°E	蒙古低涡切变线112°E	切变线 113°E	冷锋 113°E	低涡冷锋
	5月1日	小到中雨 华北北部	自西向东	1日08时 低槽105°E	切变线 110°E	切变线 110°E	切变线 110°E	冷锋 110°E	低槽冷锋
	5月9—11日	中到大雨 华北大部	自西向东	9日08时 蒙古低涡槽线105°E	蒙古低涡切变线105°E	蒙古低涡切变线107°E	偏南气流	倒槽	低涡倒槽
东北	4月19—20日	小雨 东北大部	自西向东	19日20时 低槽120°E	低涡120°E	切变线 120°E	偏南气流	冷锋 120°E	低槽冷锋
	5月1—7日	中到大雨 东北大部	自西向东	3日20时 低涡118°E	低涡120°E	低涡120°E	低涡 120°E	气旋	低涡气旋
	5月11—13日	中到大雨 东北大部	自西向东	11日20时 低涡108°E	低涡120°E	低涡120°E	低涡 121°E	气旋	低涡气旋

利用耦合CAMS复杂微物理方案的GRAPES中尺度模式对2014年春季北方旱区进行增雨作业条件预报。模式水平分辨率为25 km,采用全球模式T213每日08时和20时(北京时,下同)的预报资料作为初始场和侧边界条件,启动模式当日08时和20时的预报,预报时效48小时。对流参数化方案采用KF方案。人工影响天气作业条件预报产品主要包括云顶温度、云顶高度、云带、垂直累积过冷水、各层水成物等,通过分析降水、云的水平和垂直结构等分布和演变,来预报增雨潜力区。利用当日14时卫星观测云带分布检验模式预报云场后,制作第2日08时至第3日08时的作业条件预报专报。

中国气象局人工影响天气中心的作业条件预报产品每日通过网站定时发布,模式数据通过气象宽带网传送至各省(区、市)气象局,通过实时资料下载平台供各省人影办下载。同时根据旱情发展和天气变化,人影中心的预报员通过分析模式产品,制作《人影作业条件潜势预报》专报,通过Notes向旱区各省(区、市)人影办发送。2014年3月27日—5月13日服务期间共制作专报24期。人影中心通过会商系统组织旱区各省(区、市)进行联合作业天气会商。4月18日,组织了东北区域人影中心和吉林、辽宁、黑龙江、内蒙古自治区人影办,成功进行了跨省(区)联合作业天气的业务会商;5月8日,组织了内蒙古自治区、山西、河北、北京、天津和山东省人影办(中心)进行了人工增雨作业条件和作业方案的实时业务会商。

4 低涡气旋云系作业条件预报

4.1 天气过程概况

5月9—13日,受高空冷涡系统影响,华北和东北地区先后出现降水过程。蒙古冷涡东移,低涡西部冷空气南下与偏南暖湿气流交汇于华北地区,低涡分裂后,华北冷涡东移北上,影响东北地区。

5月10日08时,500 hPa天气图显示东亚中高纬度呈两槽一脊的环流形势(图3a),蒙古低涡中心位于(47°N,108°E),华北地区位于冷涡南侧高空槽前的上升运动区中,东北地区受高压脊控制。此后,蒙古冷涡逐渐东移北上,11日08时(图3b),在华北北部地区生成新的低涡中心,并逐渐加深发展、东移北上,于12—13日影响东北地区。700 hPa风场和水汽通量可以看出(图3c,d),10日08时,有两条水汽通道向华北地区输送,一条为来自南海的偏南气流,一条来自东海的东南气流。随着蒙古冷涡系统东移和华北冷涡的形成,11日08时,来自南海的水汽输送向北延伸合并东海的水汽向北输送,并与来自日本海的偏东南水汽汇合影响东北地区。从海平面气压场和10 m风场可以看出(图3e,f),10日08时,我国西南部有低压中心,低压倒槽向北伸向华北南部,华北地区降水属于低涡倒槽系统;11日08时,黄淮地区有气旋发展,东北地区的降水属于低涡气旋系统,此后这一地面气旋东移北上,移至东北地区,于12—13日给东北地区造成持续降水天气。从卫星云顶温度可以看出(图3g,h),大范围的低涡气旋云系自西向东移动,经过华北移至东北地区,云顶温度最低可达-55℃以下。

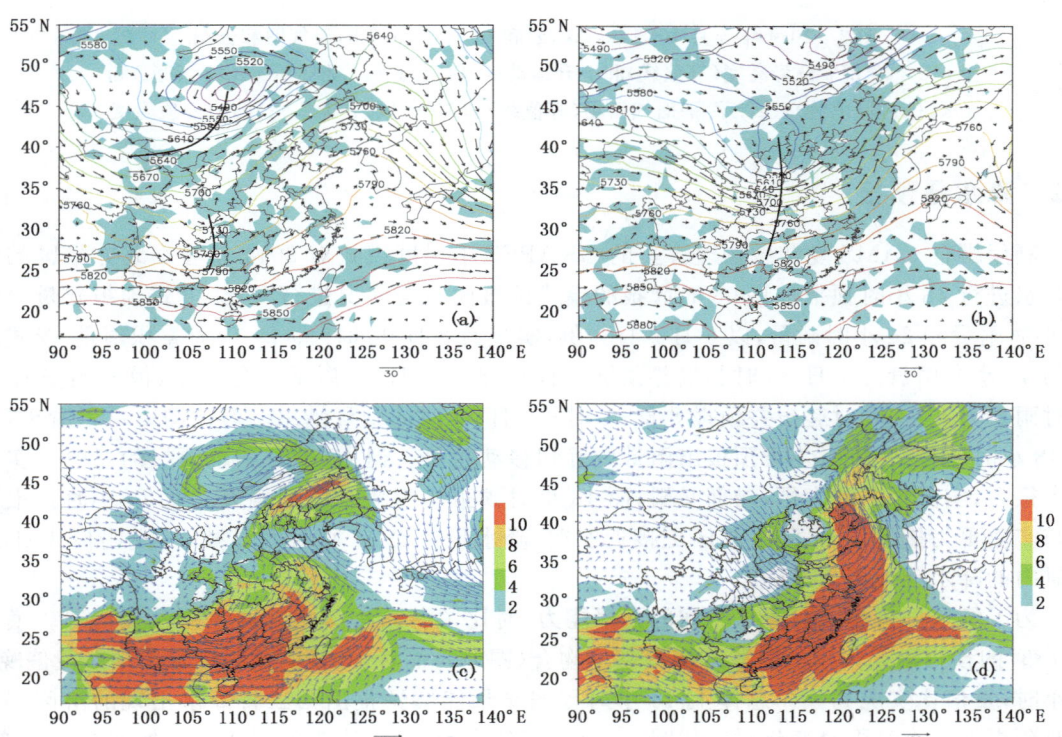

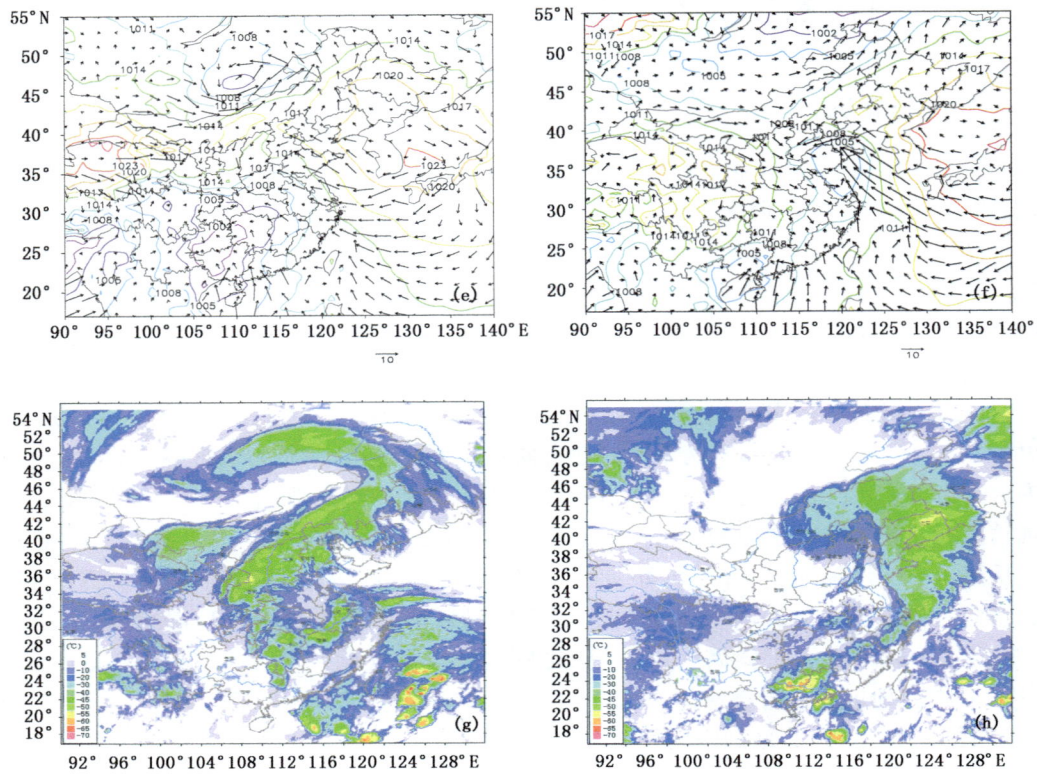

图 3　2014 年 5 月 10 日(a,c,e,g)和 11 日(b,d,f,h)天气图和云图
(a,b)500 hPa 位势高度(等值线)和上升运动区(填色);(c,d)700 hPa 风场(箭头)和
水汽通量(填色);(e,f)海平面气压场(等值线)和 10 m 风场(箭头);(g,h)云顶温度

4.2　降水量预报

利用耦合 CAMS 复杂微物理方案的 GRAPES 中尺度模式对 2014 年春季北方旱区的云和降水进行 48 小时预报。将 08 时起报的模式预报雨量与实况进行对比,模式预报雨量分为 48 小时雨量和 24 小时雨量,以 5 月 9 日为例,实况为 8 日 08 时—9 日 08 时累积雨量,模式预报的 48 小时雨量为 7 日 08 时起报并预报 8 日 08 时—9 日 08 时的雨量结果,模式预报的 24 小时雨量为 8 日 08 时起报并预报 8 日 08 时—9 日 08 时的雨量结果。对比图 4 可以看出,无论 48 小时还是 24 小时均可预报出雨带位置和移动趋势。但 48 小时雨量预报的量值比实况偏大很多,实况为中到大雨,局部暴雨,而 48 小时预报暴雨落区范围偏大。而 24 小时预报雨量与实测更为接近,预报降水落区更接近实况,降水量值比 48 小时明显减小,说明模式对 24 小时内的降水预报更为准确。

为了细致分析模式对降水时间的预报能力,对比了各站每 3 小时雨量的预报情况。模式 48 小时的预报雨量出现的时段与实况基本吻合(图略),而对 10 日的预报降水出现时段偏晚 6 个小时,量值比实况偏大。总体上 48 小时预报结果能够预报出第二日降水出现的落区。24 小时预报的 3 小时雨量变化对比如图 5 所示,灰色为预报,蓝线为实况。各站按照自西向东、

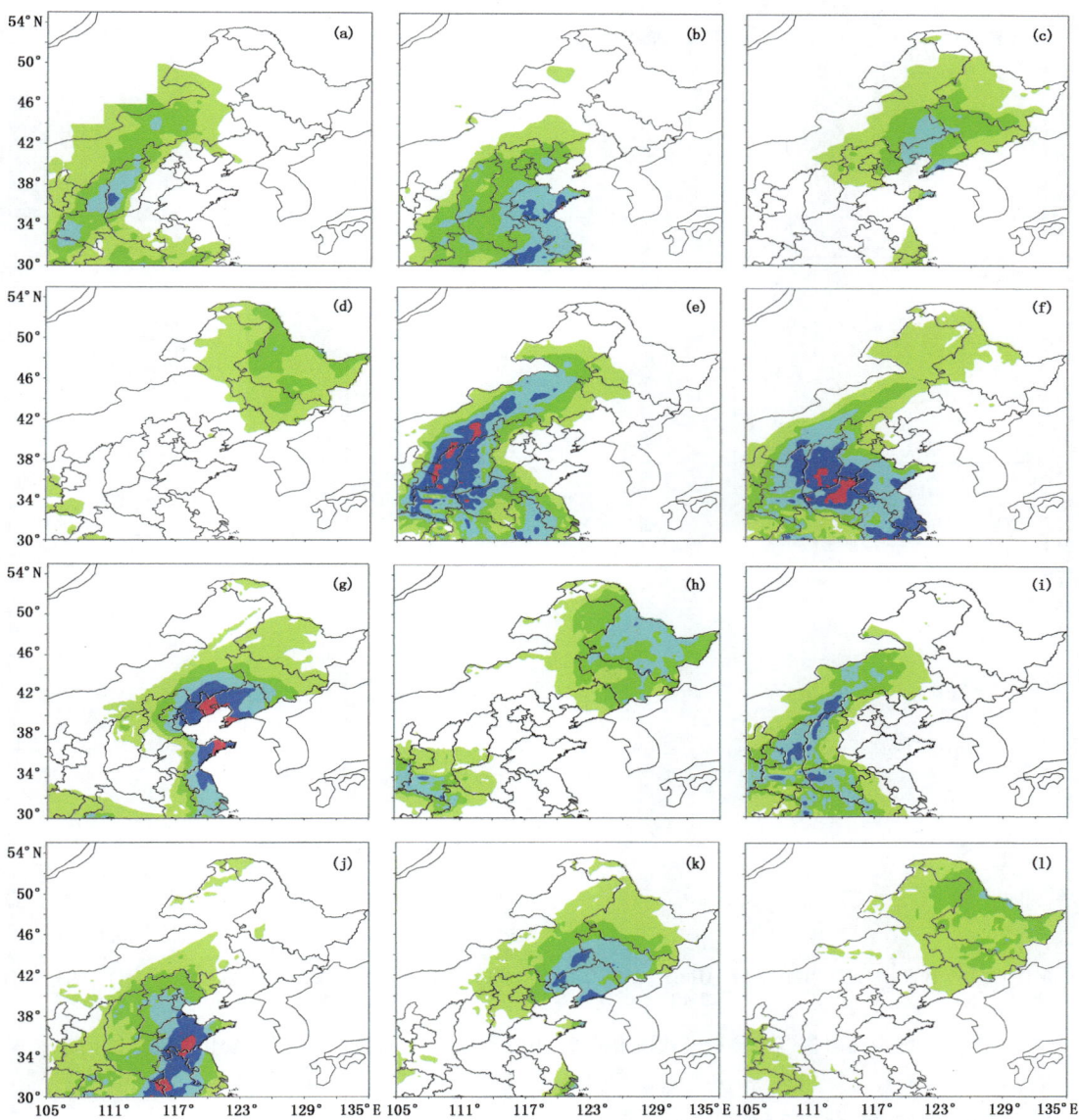

图 4　2014 年 5 月 9—12 日实况雨量(a,b,c,d)、模式预报的 48 小时雨量(e,f,g,h)、模式预报的 24 小时雨量(i,j,k,l)(单位:mm)
(a,e,i)9 日;(b,f,j)10 日;(c,g,k)11 日;(d,h,l)12 日

自北向南的方位排列。可以清楚看到自西向东的移动过程。24 小时雨量对 48 小时雨量预报偏大的现象明显改进,并对降水出现的时段也更接近实况,并对哈尔滨、长春等站 48 小时雨量预报出现偏晚的雨区进行了订正。以上对比说明,48 小时提供第 2 日预报结果,降水落区对增雨潜力区的判定有参考意义,24 小时提供当日预报结果,除去前 6 小时的模式冷启动时段外,6—24 小时的降水雨区对临近增雨作业区的判定更有参考意义。

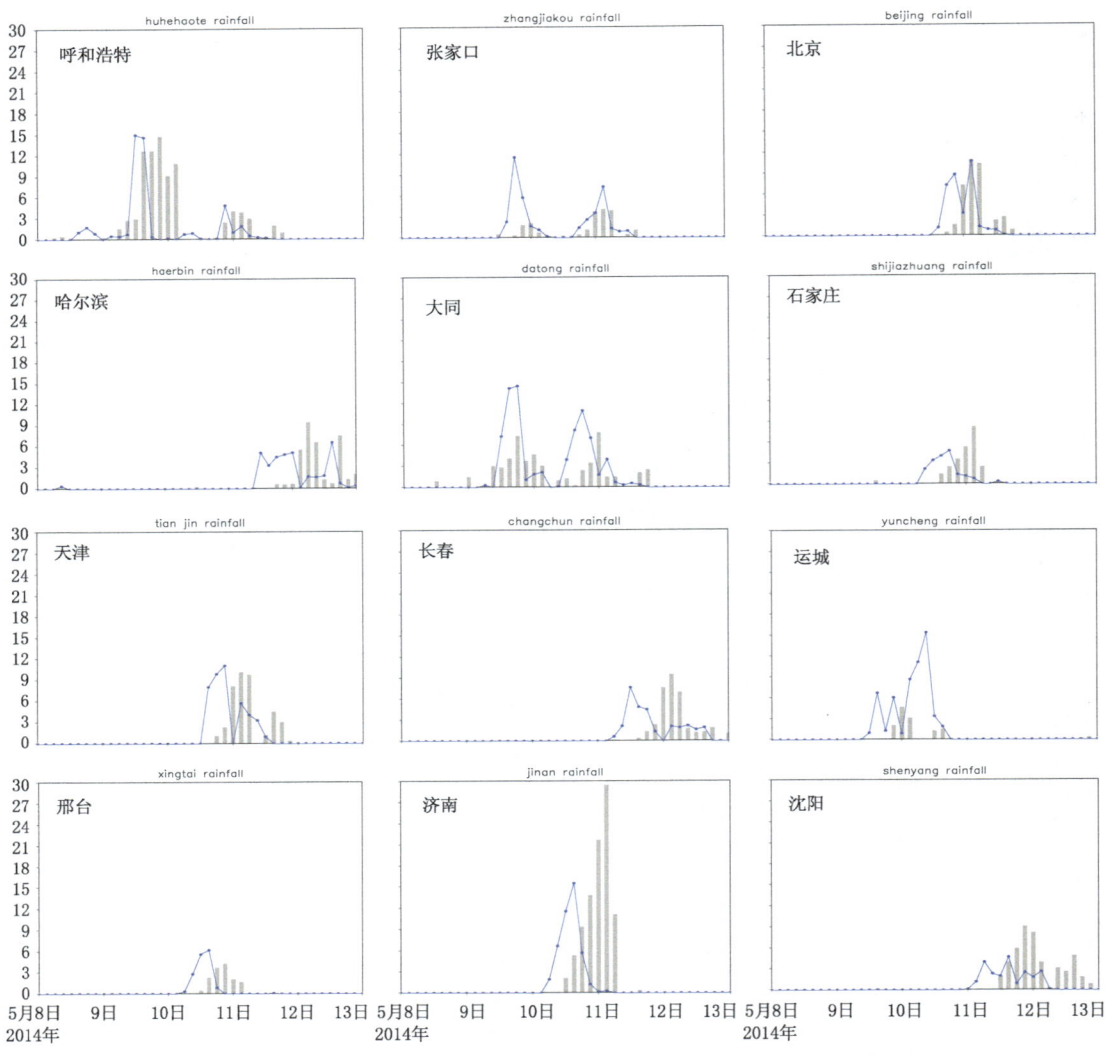

图 5 各站实况雨量(蓝线)和模式预报的 24 小时雨量(灰色直方图)随时间变化(单位:mm)

4.3 云结构和潜力区预报

人工增雨作业条件的预报分析,在了解天气系统和降水演变的基础上,需进一步细致分析云系水平和垂直结构,参考以往研究成果(胡志晋,2001;洪延超,2012;陶树旺 等,2001),本文从如下几个方面考虑增雨作业条件:同时满足小时雨强大于 0.1 mm、上升运动区($w>0.01$ m/s)、过冷水大于 0.01 g/kg、冰晶数浓度小于 100/L、温度在 0～−20℃的条件时,云层具有可播性。

利用 5 月 10 日 08 时起报的预报产品,对 11 日作业条件进行预报。由于模式比实况晚 6 个小时出结果,所以可首先利用 10 日 14 时的卫星反演产品对模式预报云带进行检验(图 6),预报云带是所有水成物的垂直积分,光学厚度是云系消光总和,二者均直接或间接反映含水量的多少。模式预报的冷涡云系位置和走向与实况基本一致,华北南部为含水量大值区。

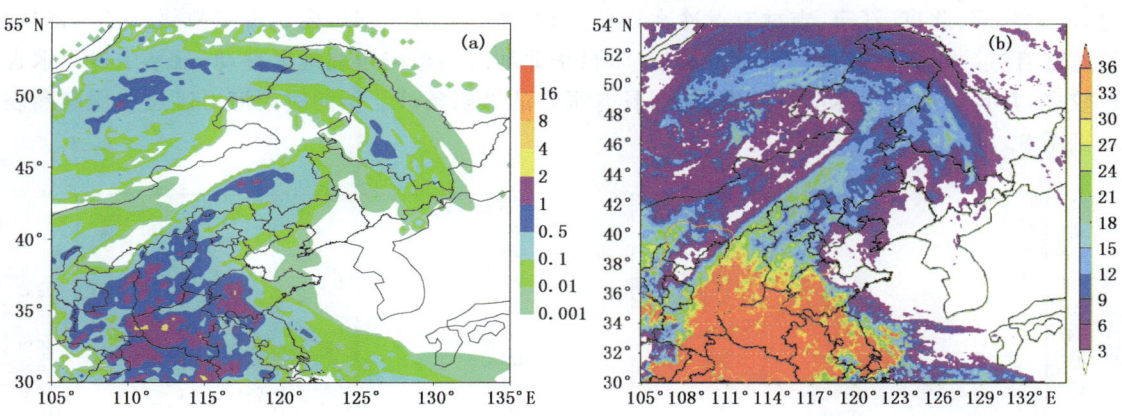

图6 2014年5月10日14时模式预报的云带(a,单位:mm)和卫星反演光学厚度(b)

在对云带预报基本正确的基础上,进而分析云带的演变趋势(图7)。10日20时,云系含水量大值区位于华北中部和南部以及山东地区,11日08时,移到华北和山东东部,11日20时,云带主体位于辽宁,12日08时,覆盖东北大部地区。过冷水预报结果显示(图8),10日08时—20时,山西东部、河北中南部、北京、天津、山东有过冷水;10日20时—11日08时,过冷

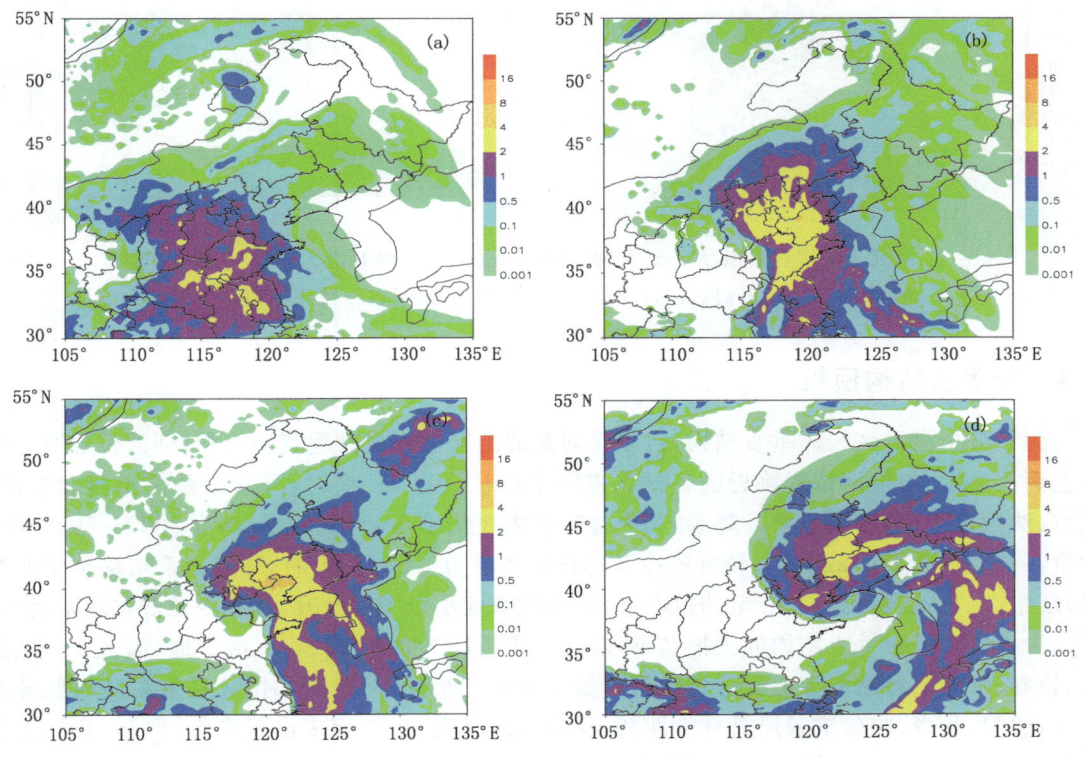

图7 不同时次模式预报的云带(单位:mm)
(a)10日20时;(b)11日08时;(c)11日20时;(d)12日08时

水区略向东移,河北中北部、北京、天津、山东北部、辽宁西部有过冷水;11日08时—11日20时,河北东部、北京、辽宁、吉林有过冷水;11日20时—12日08时,内蒙古东南部、辽宁、吉林、黑龙江有过冷水。此次过程云带范围较广,自华北地区逐渐向东北地区移动,云系中过冷水含量较多,并且过冷水层冰晶数浓度较少,具有很好的增雨条件。不同时刻潜力区位置用圆圈表示见图8。

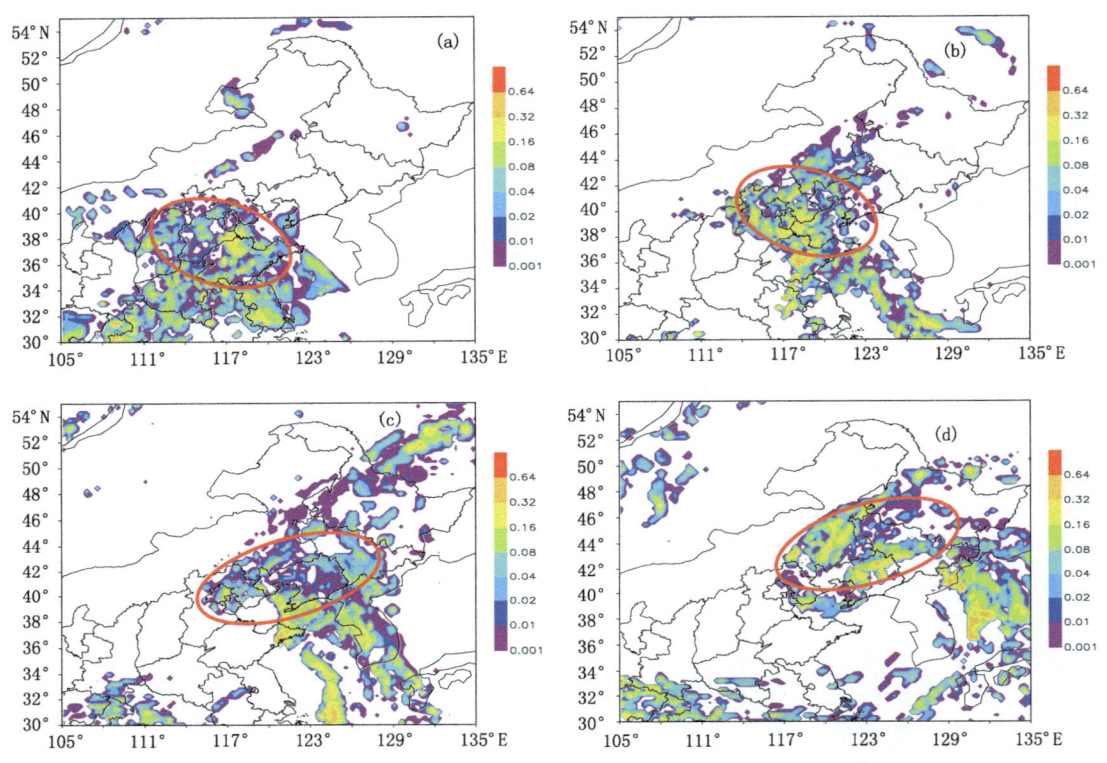

图8 模式预报垂直累积过冷水(阴影,单位:mm)和增雨催化潜力区(红色圈)分布图
(a)10日20时;(b)11日08时;(c)11日20时;(d)12日08时

4.4 云垂直结构预报

为了分析潜力区云体垂直结构,自华北向东北地区做水成物垂直剖面图,剖面位置图9中红色箭头显示,与剖面位置接近的各站名进行了标注。11日08时,降水云系位于河北东部、北京、沈阳地区,为冷暖混合云降水,其中过冷水主要位于0～-15℃层(高度3000～5000 m),含量在0.01～0.1 g/kg,具有较好的冷云催化增雨潜力。12日08时,降水云系东移至华北东部、辽宁、吉林地区,仍含有一定的过冷水,冰晶数浓度小于10个/升,具有冷云催化增雨潜力。

为检验模式云垂直结构的预报结果,对比了11日08时和12日08时太原、邢台、北京、沈阳、长春、哈尔滨各站的探空云分析结果。如图10(a)所示,11日08时,云系呈东高西低分布特征,沈阳、长春、哈尔滨云层具有冷性高云特征,暖区无云,地面未出现降水;邢台、北京地区云顶温度在-30～-10℃,地面出现降水;太原降水趋于结束。模式预报(图9a,b)此时在沈阳至哈尔滨地区为分散性高云,地面无降水;邢台至北京地区为冷暖混合云结构,云顶温度在

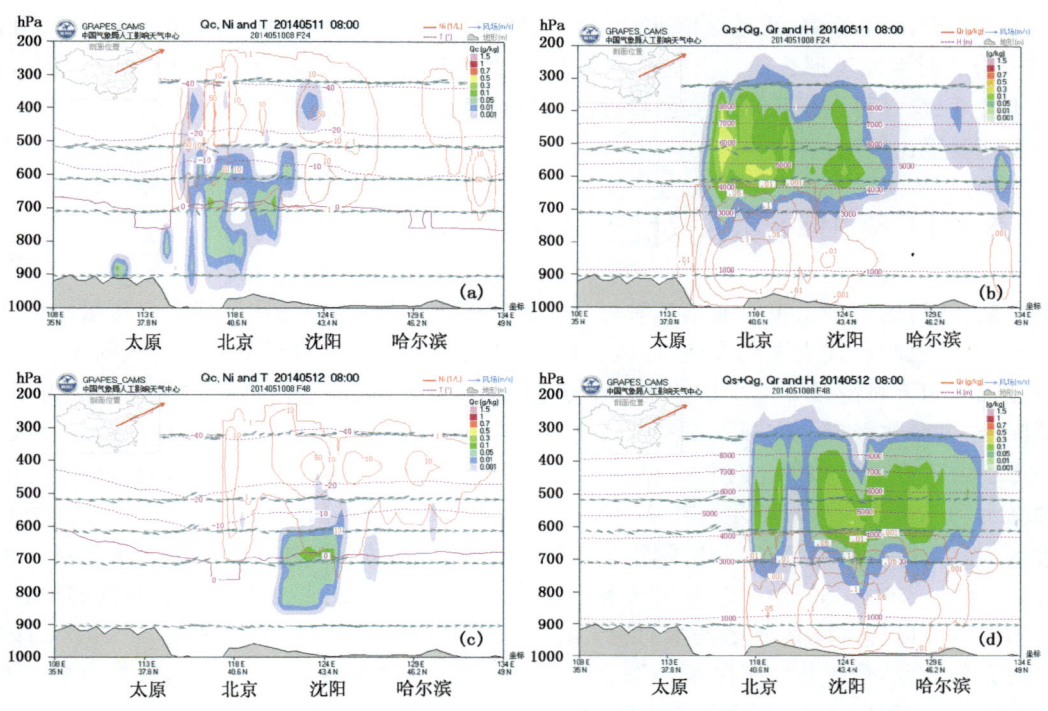

图 9 2014 年 5 月 11 日 08 时(a,b)和 12 日 08 时(c,d)水成物垂直剖面
(a,c)云水(填色阴影),冰晶数浓度(红色等值线),等温线(紫色等值线);
(b,d)雪+霰(填色阴影),雨(红色等值线),等高线(紫色等值线)

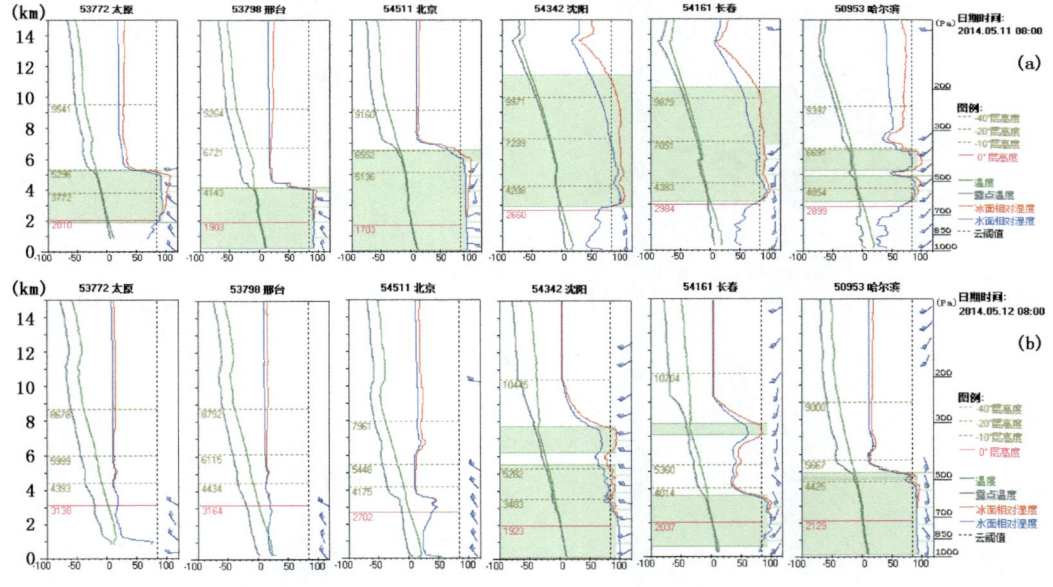

图 10 2014 年 5 月 11 日 08 时(a)和 12 日 08 时(b)探空云分析图

—30～—40℃,地面有降水;太原降水结束。12日08时,探空云分析结果显示(图10b),华北地区上空无云层覆盖,东北地区降水云层的云顶温度在—30℃左右,中间有夹层。模式预报(图9c,d)此时太原至邢台地区上空基本无云,东北地区降水云层云顶高度在—40℃左右。通过对比发现,模式可以预报出与实测接近的云层冷暖结构、降水性质、云带分布位置等特征,但云顶高度预报比实测偏高。

5　潜力区预报与实况对比

根据各省(区、市)上报作业信息对每日作业情况进行统计,绿色阴影代表以市级划分的地面作业区,黄色阴影代表飞机作业区,蓝色数字代表高炮用弹量,红色数字代表火箭用弹量,颜色越深代表用弹量越多。本次作业统计中未包含黑龙江作业信息。将模式预报的潜力区(红色圆圈)与实际作业区和实际雨量进行对比(图11),9日08时—10日08时预报的潜力区(图11a)位于内蒙古中部和华北西北部,与旱区降水落区和实际作业区基本对应,但对内蒙古中东部的降水和飞机作业估计不足。10日08时—11日08时预报的潜力区(图11c)位于华北大部地区,与华北地区降水落区和实际作业区基本对应,但对内蒙古中部地区降水和作业区估计不足。11日08时—12日08时预报的潜力区(图11e)位于华北东北部和东北西南部地区,与旱区的降水落区和实际作业区基本对应。12日08时—13日08时预报的潜力区(图11g)位于东北大部地区,位置与实况降水和作业区基本一致。总体来说,预报的潜力区对应旱区地面降水落区,并随雨区移动,预报的潜力区对应飞机作业区和主要的地面作业区。

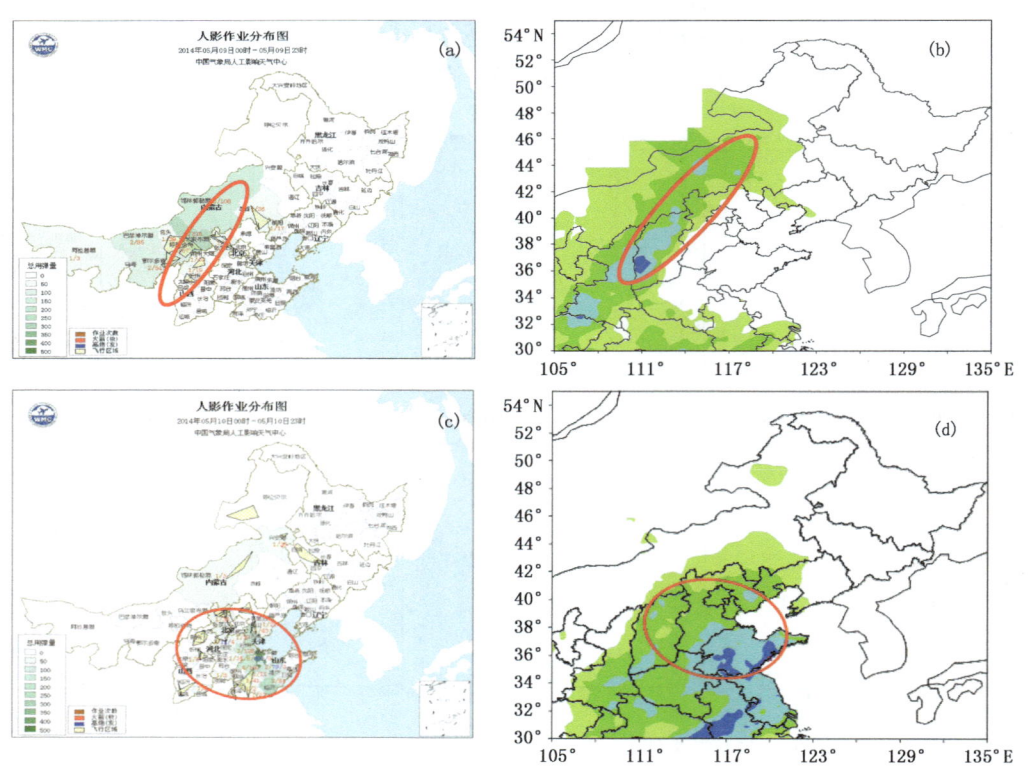

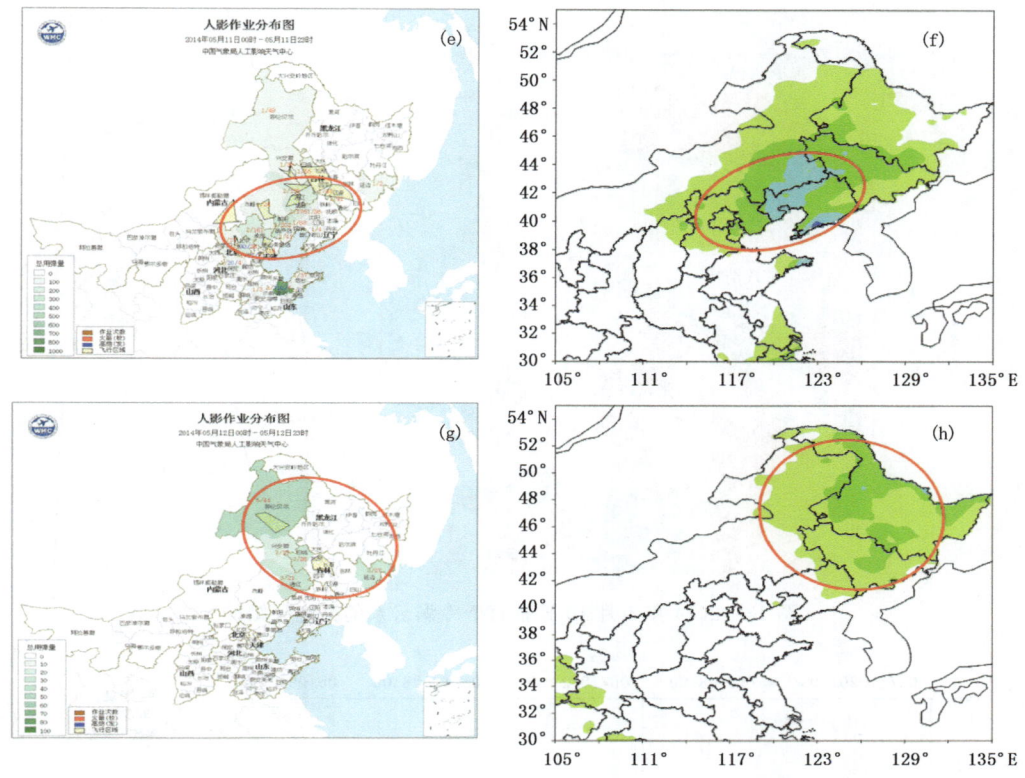

图 11 模式预报增雨潜力区（红圈）与实际作业区(a,c,e,g，绿色阴影：地面作业；黄色阴影：
飞机作业)和实况 24 小时雨量(b,d,f,h)对比
(a,b) 5 月 9 日；(c,d) 5 月 10 日；(e,f) 5 月 11 日；(g,h) 5 月 12 日

6 作业条件监测识别

在数值模式对作业潜力区预报的基础上，实际作业过程中，还需要通过对卫星、探空等的综合监测，连续追踪云系的发展演变，对云系的结构和作业条件进行监测识别，检验和修订模式预报结果。本节以 2014 年 5 月 10 日的降水过程为例，介绍云系作业条件的综合监测识别方法。

6.1 云垂直结构及演变

沿着垂直和平行于冷涡云系的方向做探空云剖面，可以清晰地看出云系不同部位的垂直结构（图 12 和图 13）。2014 年 5 月 10 日 08 时，垂直于冷涡云系的西北—东南方向，云系前部的北京站为 3 km 厚的中云，云底高于 5 km，不利于地面降水形成。云系中部的张家口站为密实单层云，云顶高度达 14 km，云底接地，零度层高度约为 2600 m，过冷层十分深厚，这种结构易引发地面降水，有利于人工增雨作业。结合模式预报云场垂直剖面（图略），张家口地区为冷暖混合云结构，有过冷水，含量最大为 0.1 g/kg，过冷水层冰晶浓度较少，云底接近地面，云下蒸发较弱，较适宜冷云催化增雨作业。

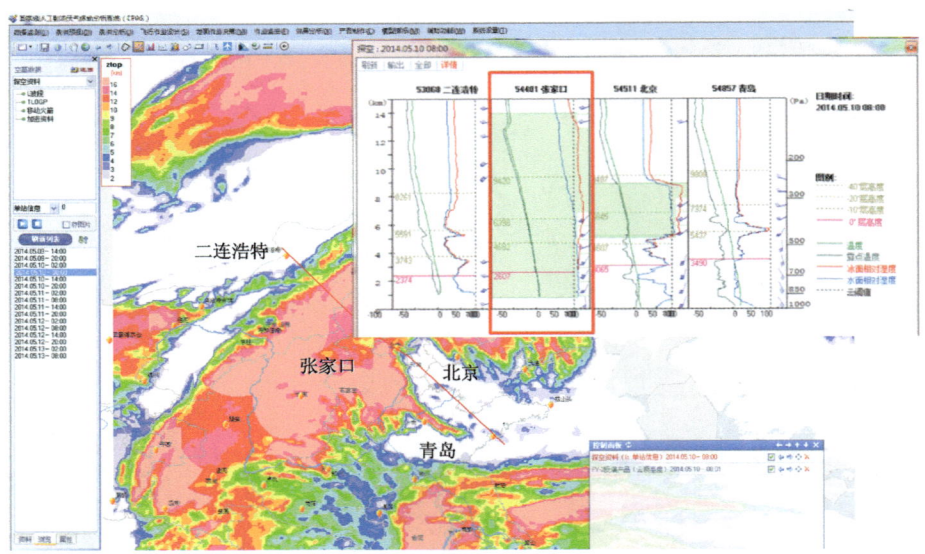

图 12　2014 年 5 月 10 日垂直于冷涡云系的探空云结构

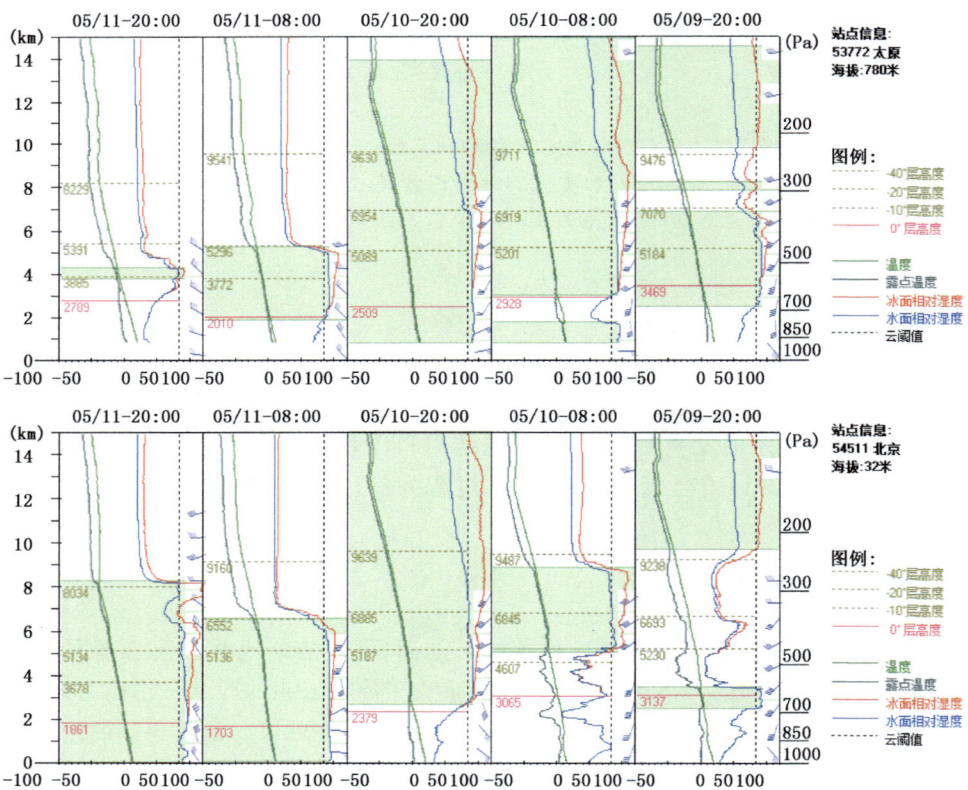

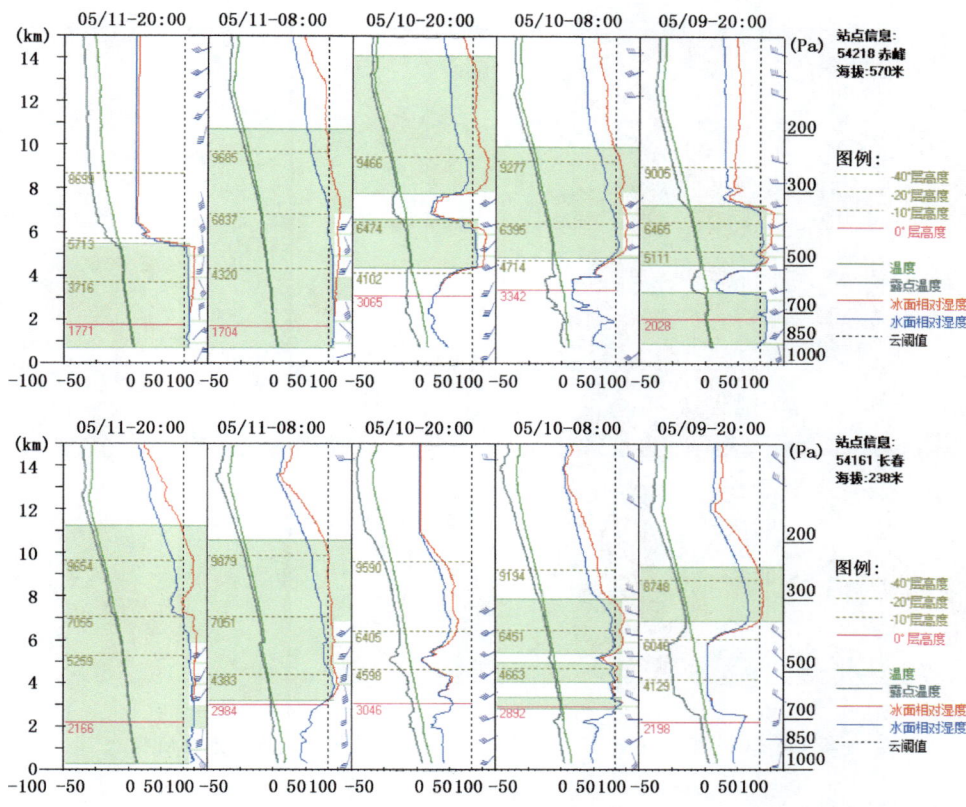

图 13 2014 年 5 月 9—11 日太原、北京、赤峰和长春探空站的云垂直结构连续演变

自西南向东北,沿着平行于云系的方向,分析 5 月 9—11 日该东北冷涡系统影响的太原、北京、赤峰和长春四个探空站的云垂直结构连续演变,结果列于图 13。分析可见,随着天气系统的东移,自西南到东北方向,云层垂直发展深厚、适合于作业的时段不断推迟,依次为:10 日白天—太原,10 日夜间—北京,11 日白天—赤峰和 11 日夜间—长春。与第 4 节模式预报增雨潜力区的移动基本一致。

6.2 区域云场监测

利用逐小时的卫星监测反演产品,可以连续追踪云系的宏、微观发展和演变趋势。分析 2014 年 5 月 10 日 09—20 时的云顶高度变化(图 14)可见,云系向东缓慢发展移动,云系轮廓清晰并稳定维持。10 日白天,山西和河北大部云系发展较为深厚,云顶高度约为 9～13 km。

利用 CPAS 业务系统做区域云特征参量的统计,进一步分析区域云光学厚度的演变,有利于了解云中液水的分布和云密实程度的微观特征。以山西北部为例(图 15),10 日 10 时,区域云光学厚度普遍大于 20,平均值约为 40,说明该区域内云中液水十分丰沛。11—15 时期间,随着云系的东移,云光学厚度仍以超过 20 的大值为主,区域内光学厚度平均值始终超过 26。根据周毓荃等(2011)的研究,该区域内的层状云光学厚度超过 17,易引发地面降水,也有一定的人工增雨条件。

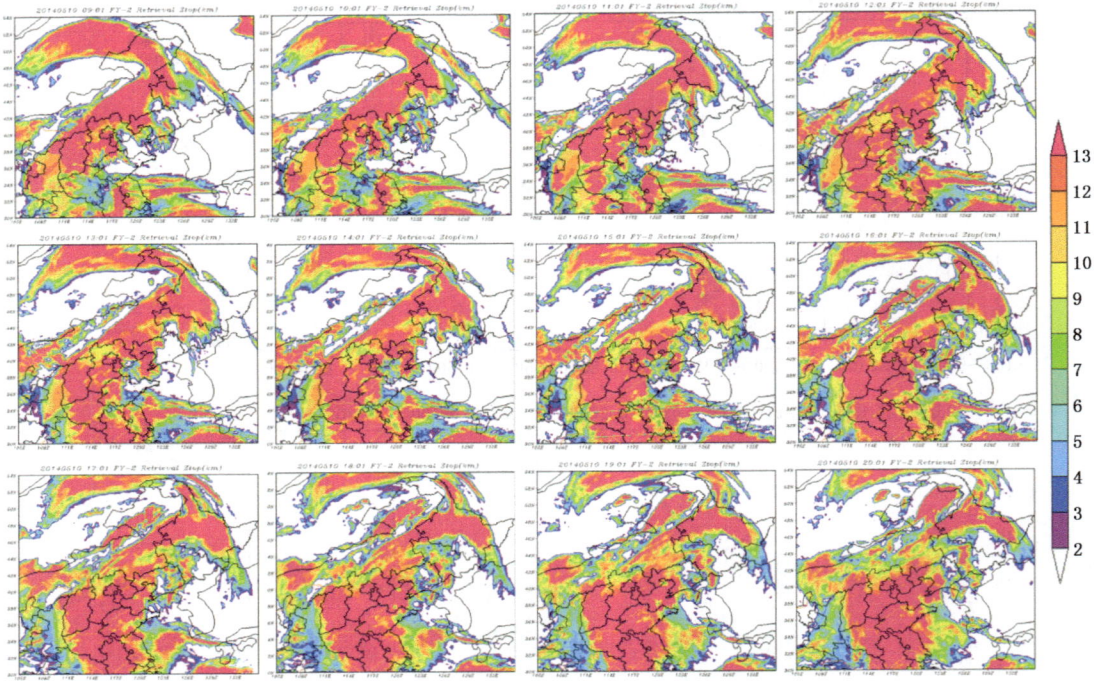

图 14　2014 年 5 月 10 日 09—20 时的卫星反演云顶高度的连续演变

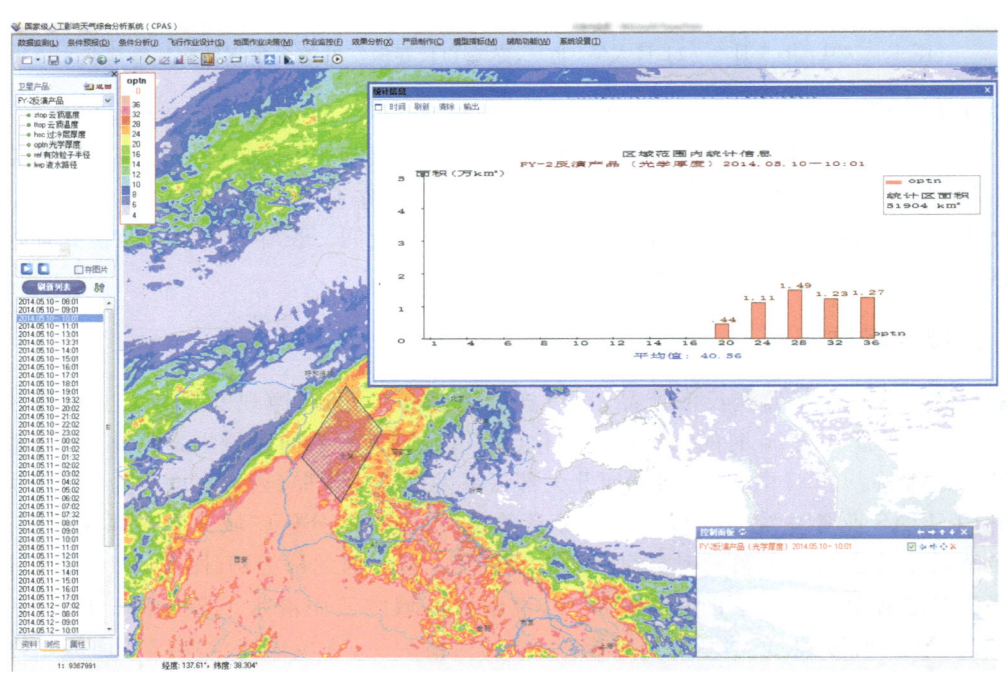

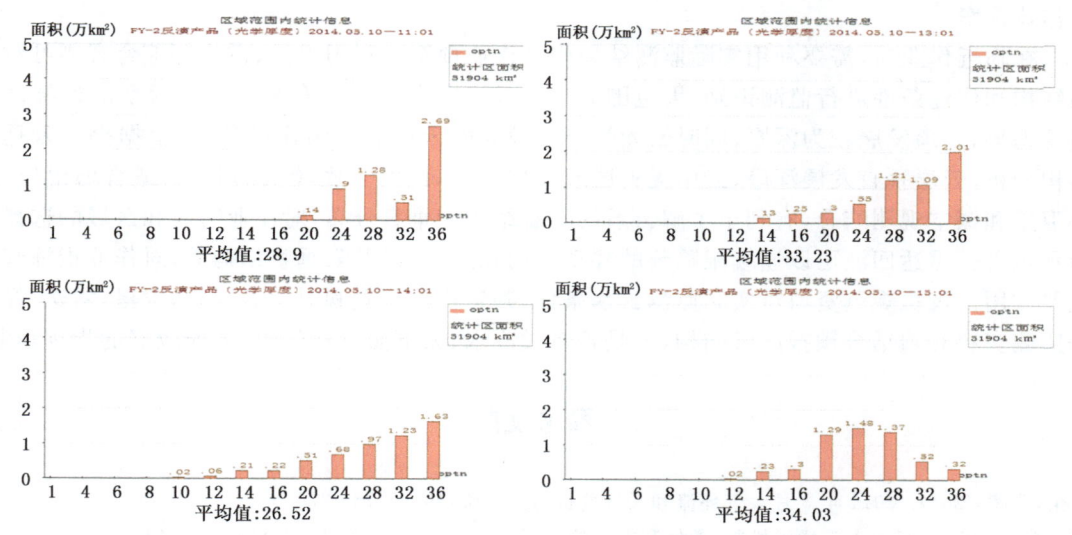

图15　2014年5月10日10—15时山西北部的区域云光学厚度统计

7　结论和讨论

2014年春季,我国华北和东北地区相继出现大范围严重的气象干旱。为缓解旱情,各地人影部门抓住有利时机进行增雨作业。中国气象局人工影响天气中心利用人影数值模式每日开展增雨作业条件预报服务工作,通过云带、过冷水、云垂直结构、降水等产品,分析增雨作业条件,为外场作业提供指导产品并制作专报24期。本文简要回顾了2014年3—5月的旱情和天气过程,重点对2014年5月9—13日增雨作业条件预报和监测结果进行了分析。

3月27日—5月13日北方降水过程天气类型主要分为低槽和低涡两类,根据地面系统的不同,可细分为低槽冷高压、低槽冷锋、低涡冷锋、低涡气旋等,其中低涡类降水系统影响时间长,一般达2~3天以上,范围广,降水量大,是人工增雨作业重要对象,对旱情缓解起重要作用。5月9—13日,受高空冷涡系统影响,华北和东北地区先后出现降水过程。模式无论48小时还是24小时均可预报出雨带位置和移动趋势。但48小时雨量预报的量值比实况偏大很多,而24小时预报雨量与实测更为接近。利用卫星反演光学厚度检验模式预报的云带,大范围云系分布和演变与实况卫星反演结果比较吻合。此次过程云带范围较广,自华北地区逐渐向东北地区移动,云系呈冷暖混合云结构,云顶温度在−30~−40℃左右,过冷水分布主要位于0~−15℃层,含量较多,并且该层冰晶数浓度不高,具有很好的冷云催化增雨条件。模式可以预报出与实测接近的云层冷暖结构、降水性质、云带分布位置等特征,但云顶高度预报比实测偏高。模式预报的潜力区对应旱区地面降水落区,并随雨区移动,预报的潜力区对应飞机作业区和主要的地面作业区。

在本次抗旱增雨服务中,人影中心模式预报产品同实测对比比较一致,在作业指挥中发挥了积极作用。人影中心预报员综合模式客观预报产品,进行增雨潜力区主观预报,用圆圈表示出具有增雨潜力的区域,提前1天发布指导产品。各省(区、市)可根据需求和技术条件等,利用下发的模式数据结合当地增雨指标进行二次开发,细化作业潜力区、作业的位置时机等,制定作业预案。

在临近作业时,需要利用实际监测结果修订作业预案。利用卫星、雷达等综合观测可对云系结构和作业条件进行监测识别:大范围的卫星云场宏微观监测有利于追踪云系的连续发展演变趋势,云顶发展较为深厚、同时云光学厚度较大的云区有增雨作业条件;根据探空云垂直结构分析,云层垂直发展深厚,云中无夹层或夹层较薄,同时云底较低的时段,适合增雨作业;将卫星和探空观测结合,有利于了解云系的宏观结构和垂直分布,对作业时段和区域的选择有指示意义。雷达回波可以连续跟踪云的移动方向和速度,以及云垂直结构等,对作业指挥起更重要作用。飞机观测资料可实时监测云水条件,判定作业位置和时机。同时,卫星、雷达、探空等监测资料必须结合预报的云结构,如是否有过冷水、云下蒸发条件等,才能较好的指挥作业。

参考文献

董全,张涛,2014. 2014年3月大气环流和天气分析[J]. 气象,**40**(6):769-776.

胡志晋,2001. 层状云人工增雨机制、条件和方法的探讨[J]. 应用气象学报,**12**(增刊):10-13.

洪延超,2012. 层状云结构和降水机制研究及人工增雨问题讨论[J]. 气候与环境研究,**17**(6):937-950.

楼小凤,2002. MM5模式的新显式云物理方案的建立和耦合及原微物理方案的对比分析[D]. 北京:北京大学地球物理系.

史月琴,楼小凤,邓雪娇,等,2008a. 华南冷锋云系的中尺度和微物理特征模拟分析[J]. 大气科学,**32**(5):1019-1036.

史月琴,楼小凤,邓雪娇,等,2008b. 华南冷锋云系的人工引晶催化数值试验[J]. 大气科学,**32**(6):1256-1275.

孙晶,楼小凤,胡志晋,等,2008. CAMS复杂云微物理方案与GRAPES模式耦合的数值试验[J]. 应用气象学报,**19**(3):315-325.

孙晶,楼小凤,史月琴,2011. 不同微物理方案对一次梅雨锋暴雨过程模拟的影响[J]. 气象学报,**69**(5):799-809.

孙晶,史月琴,蔡淼,等,2015. 人工影响天气数值模式在2013年南方高温干旱人影作业条件预报中的应用,2013年南方干旱人工影响天气技术交流文集[M]. 气象出版社.

陶树旺,刘卫国,李念童,等,2001. 层状冷云人工增雨可播性实时识别技术研究[J]. 应用气象学报,**12**(增刊):14-22.

郑国光,郭学良,2012. 人工影响天气科学技术现状及发展趋势[J]. 中国工程科学,**14**(9):20-27.

周毓荃,蔡淼,欧建军,等,2011. 云特征参数与降水相关性的研究[J]. 大气科学学报,**34**(6):641-652.

周毓荃,陈英英,等,2008. 用FY-2C/D卫星等综合观测资料反演云物理特性产品及检验[J]. 气象,**34**(2):27-37.

周毓荃,欧建军,2010. 利用探空数据分析云垂直结构的方法及其应用研究[J]. 气象,**36**(11):50-58.

周毓荃,潘留杰,张亚萍,等,2009. TITAN系统的移植开发及个例应用[J]. 大气科学学报,**32**(6):752-764.

Gao W H, Zhao F S, Hu Z J, et al, 2011. A two-moment bulk microphysics coupledwith a mesoscale model WRF: Model description and first results[J]. Adv. Atmos. Sci., **28**(5):1184-1200.

Hu Zhijin, 2005. CAMS cloud resolving model system[J]. Chinese Academy of Meteorological Sciences Annual Report,18-20.

Lou X F, Shi Y Q, Sun J, et al, 2012. Cloud-resolving model for weather modification in China [J]. Chin. Sci. Bull., **57**(9):1055-1061.

2014年春季华北两次降水过程的人工增雨催化数值模拟研究

刘卫国 陶玥 党娟 周毓荃

中国气象科学研究院 中国气象局人工影响天气中心,北京 100081

摘要 在 WRF 中尺度模式中耦合了中国气象科学研究院发展的 CAMS 云微物理方案,并在 CAMS 方案中增加了直接播撒冰晶(S1 方案)和播撒碘化银催化剂(S2 方案)两种云催化方案。利用此模式,对 2014 年春季我国华北干旱期间开展飞机增雨作业的两次降水过程(个例 1:5 月 9—10 日;个例 2:5 月 10—11 日)进行了云催化数值模拟研究,分析了催化对降水和云物理量场影响,对比了 S1 和 S2 方案催化效果的异同。结果表明,在云层适当部位播撒催化剂,两种催化方案均会达到增雨效果,催化会引起云中各水凝物的明显变化,并导致催化区域温度、垂直速度的变化。个例 1 中,S2 方案的催化影响范围要大于 S1 方案,在播撒区下游地区,S2 方案催化效果要强于 S1 方案;而个例 2 中两方案催化效果没有表现出显著差异。S1 和 S2 方案的催化效果在不同个例中表现不同,其重要原因在于两种催化方案的催化机制差异以及云系动力条件、水汽条件的不同。通过采用适当的催化剂量,在其他催化设置条件相同的情况下,S1 和 S2 方案可以取得相似的催化效果,但需注意由于二者催化机制的差异,在一些具体云条件下,二者的催化效果会有一定差异。当实际人工增雨作业采用碘化银催化剂时,相应的催化模拟研究使用 S2 方案更为适合。

关键词:WRF 模式,云催化,碘化银核化,催化效果

1 引言

进入 21 世纪,受全球气候变化的影响,极端天气事件增加,水资源日益贫乏,已经成为制约我国经济发展的重要因素。华北地区工农业生产在全国占重要地位,该地区也是我国水资源严重短缺区域之一。我国水资源时空分布严重不均、气候变化、环境变化等因素导致我国北方近年来干旱加剧,加上人口增长过快、工农业发展迅速,加剧了水资源短缺程度。目前,通过人工增雨作业合理地开发和利用空中水资源,已成为缓解北方水资源欠缺的重要手段之一。

随着数值模式分辨率的提高以及数值模式中云微物理参数化方案的改进,中尺度模式已能较精细地模拟云和降水特征,成为人工影响天气理论研究的重要工具之一。近 30 多年来,人工催化数值模拟技术在国内外发展很快,并在人工增雨、人工减雨、防雹等方面的研究中得到广泛应用,为人工影响天气作业提供理论指导。使用数值模式进行催化研究,一种方法是在模拟的特定时空范围内直接增加冰晶数浓度和比质量,进而研究催化对云和降水的影响。采用此种方法,国内外已开展较多研究,如 Koenig and Murray(1983)、毛玉华和胡志晋(1993)、

---

* 本文已在《大气科学》2016 年第 40 卷第 4 期正式发表。

何观芳等(2001)通过在二维、三维云模式中增加冰晶数浓度研究催化对降水、防雹的影响,史月琴等(2008)、孙晶等(2010)和高茜等(2011)利用CAMS中尺度云模式,通过在微物理方案中直接改变冰晶数浓度的方法进行了云催化的数值试验。需要指出的是,直接增加冰晶的方法没有考虑催化剂在云中的核化过程,从物理上而言,更为近似于液氮、液态二氧化碳等液态制冷剂的催化过程,但对如碘化银之类催化剂的模拟是不完善的,多用于原理性的试验研究。

Hsie et al(1980)建立了模拟碘化银粒子核化的守恒方程,考虑了碘化银的接触核化、凝华(和吸附)核化的过程,并将该方程加入二维时变对流云模式,模拟了强对流云中碘化银播撒的效果;黄燕和徐华英(1994)发展了该催化方案,并应用于二维冰雹云模式,开展了冰雹云催化研究;崔雅琴等(2007)应用该方案并将核化后的人工冰晶作为单独预报量,使用三维对流云模式开展了催化研究;Guo et al(2006)在三维对流云模式中使用该方案对比研究了碘化银与液态二氧化碳催化的云动力和微物理效果;方春刚等(2009)和何晖等(2012,2013)分别在中尺度模式WRF和MM5的微物理方案中加入了上述碘化银催化过程,并进行了对流云、层状云的催化模拟研究。总体而言,Hsie方案实现了对碘化银催化物理过程的较为详细的模拟,相对于直接增加冰晶的方法,该方案在物理上更为完整,不过,方案中不能区分碘化银冰核的凝华核化和吸附核化过程,也没有考虑碘化银的浸没核化过程,仍需进一步的发展完善。

Meyers et al(1995)根据DeMott(1995)的碘化银核化试验结果,建立了一套碘化银催化的显式播撒方案,考虑了碘化银凝华核化、吸附核化和接触核化三种核化机制,实现了碘化银催化与三维RAMS中尺度模式的耦合,并使用该模式模拟了一次地形云降水的播撒个例,模式合理的模拟了与播撒相关的多个物理链过程,模拟的催化效果与实际检验结果吻合;刘诗军等(2005)将DeMott(1995)的试验结果应用于一维层状云和一维对流云模式,研究了碘化银在对流云和层状云中成核方式的差异;Xue et al(2013a,2013b)参考Meyers et al(1995)的结果,在WRF模式的Thompson方案中实现了碘化银播撒的显式模拟,使用该模式模拟了地基和空基碘化银播撒对冬季地形云降水的影响。相对于Hsie方案,DeMott的试验结果更完整的表达了碘化银的所有核化过程,将其试验结果应用于数值模拟试验,对于促进人影催化模式及其研究的发展是很有意义的,对于指导实际人工增雨作业也具有现实意义。

本文使用耦合了CAMS云微物理方案的WRF中尺度数值模式,在CAMS微物理方案中增加了直接播撒冰晶和播撒碘化银两种云催化方案。利用此模式,针对2014年5月华北干旱期间开展飞机增雨作业的两次降水过程(5月9—10日和5月10—11日),进行了云催化数值模拟试验。对催化后降水、云物理量的变化进行了分析,对比了两种催化方案的催化效果。两种催化方案近似模拟了当前实际作业中使用的液态制冷剂和碘化银两种主要催化剂的催化过程,通过模拟研究可为实际人影作业提供参考。

2 降水过程实况

2.1 天气背景分析

2014年5月9日08时,华北地区位于蒙古低涡东南侧(图1a);5月9日20时,蒙古低涡东移,河套地区有一高空槽发展(图1b)。受低涡系统影响,5月9—10日,内蒙古中部、华北西部有小到中雨,局部大雨的降水过程。

5月10—11日,随蒙古低涡东移发展,低涡西部冷空气南下与偏南暖湿气流交汇于华北地区,华北、黄淮等地有中到大雨降水过程。5月10日08时,500 hPa天气图显示东亚中高纬度呈两槽一脊的环流形势(图1c),蒙古低涡中心位于(47°N,108°E),华北地区位于低涡南侧高空槽前的上升运动区中。蒙古低涡向东北方向移动,5月10日20时(图1d),华北地区位于低涡的西南侧。

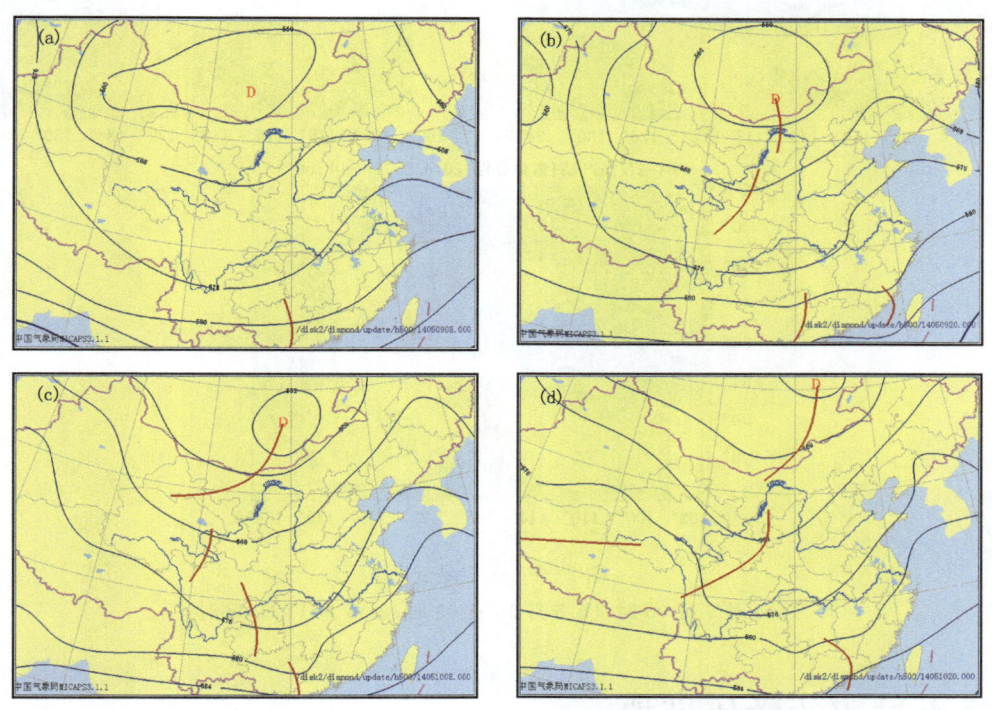

图1　500 hPa高空天气形势图
(a)5月9日08时;(b)5月9日20时;(c)5月10日08时;(d)5月10日20时

2.2　云系的演变特征

从卫星云图(图2)可见,5月9—11日,受低涡东移影响,大范围的低涡气旋云系自西向东移动,经过华北移至东北地区。5月9日08时,低涡气旋云系移入华北西北部;随着系统向东北方向移动,10日08时,云系覆盖华北西部和北部;随后,云系减弱东移,11日06时,低涡气旋云系移出华北地区。5月9日08时—10日08时,华北地区的云层较厚,云系主要为积层混合云,对应地面降水也较大;5月10日08时—11日08时,华北地区的云层覆盖面积减小,云层厚度减小,云系主要为层状云,对应地面降水也较小。

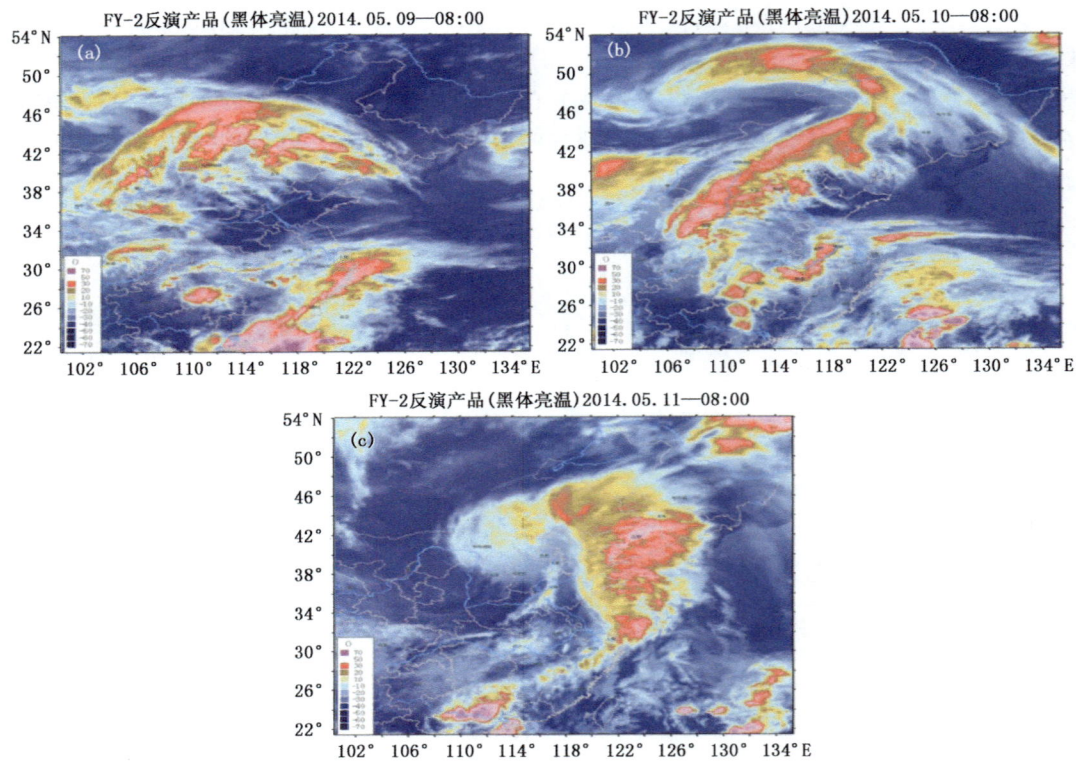

图2　FY-2卫星云图
(a)5月9日08时;(b)5月10日08时;(c)5月11日08时

3　降水过程的数值模拟

3.1　模式介绍

本文采用WRF模式进行模拟研究。WRF模式是完全可压缩的、非静力的三维中尺度模式,可用于从云尺度到天气尺度等不同尺度天气特征的模拟研究。在WRF模式中,我们耦合了由中国气象科学研究院开发的CAMS云微物理方案,该方案为混合相双参数雪晶方案(陈德辉等,2004),包括11个云物理预报量,分别为水汽、云水的混合比(Qv,Qc),云滴谱拓宽度(Fc),雨水、冰晶、雪和霰的比质量和比浓度($Qr,Nr;Qi,Ni;Qs,Ns;Qg,Ng$),考虑了31种云微物理过程,方案采用准隐式数值计算方法,能很好地保证模式计算的稳定性,该方案已在多个研究和业务应用中发挥了很好的作用。

为进行云催化数值模拟研究,我们在CAMS方案中增加了催化模块,包括两种云催化方案和相应的微物理预报量及微物理过程。两种云催化方案分别为直接播撒冰晶催化方案(下文简称S1方案)和播撒碘化银催化剂方案(下文简称S2方案)。S1方案是在云中直接增加冰晶数浓度和比质量来模拟催化过程,方案中假设这些冰晶主要通过凝华和吸附核化过程形成,因此,在施加催化时只考虑凝华和吸附核化对云中水汽、温度的影响;S1方案近似于液态制冷剂的催化过程的模拟。S2方案是在云中播撒碘化银类催化剂,考虑碘化银冰核形成冰晶的多种核化过程,同时对碘化银粒子在云中的平流、扩散以及清除过程也进行了相应考虑;方案中碘化银核化的模拟主要基于DeMott(1995)的试验研究结果。

S2方案中,碘化银冰核的核化包括凝华核化、吸附核化、浸润核化、接触核化以及作为云凝结核形成云滴共5种微物理过程(DeMott,1995;刘卫国和刘奇俊,2007;Xue et al,2013a),催化方案在模式中增加了2个新微物理预报量 N_{aer} 和 N_{aim},其中 N_{aer} 为碘化银气溶胶粒子数浓度,N_{aim} 为浸没在云滴中的碘化银气溶胶粒子数浓度。S2方案中假设碘化银粒子为均一尺度分布,并假设在条件满足的情况下,碘化银粒子按各核化过程的核化比率瞬时核化为冰晶,忽略核化过程所需时间。碘化银粒子不同核化过程的公式如下:

a) 凝华核化

$$F_{dep} = \begin{cases} 1-\exp(-4\pi r_d^2 D_{dep}), & t < -5℃ \\ 0, & t \geqslant -5℃ \end{cases},$$

其中 $D_{dep} = \begin{cases} 5.02 \times 10^5 (100s_i - 65s_w - 5)^{1.493}, & s_w > -0.08 \\ 8.93 \times 10^4 (100s_i)^{1.923}, & s_w \leqslant -0.08 \end{cases}$

b) 吸附核化

$$F_{adf} = \begin{cases} 1-\exp(-4\pi r_d^2 D_{adf}), & t < -5℃ \\ 0, & t \geqslant -5℃ \end{cases},$$

其中 $D_{adf} = \begin{cases} 2.36 \times 10^9 (-0.1t - 0.3)^{4.836} (100s_w)^2, & s_w > 0 \\ 0, & s_w \leqslant 0 \end{cases}$

c) 接触核化

$$F_{af} = F_{scav} F'_{af},$$

其中 $F'_{af} = \begin{cases} 1-\exp(-4\pi r_d^2 D_{af}), & t < -0℃ \\ 0, & t \geqslant 0℃ \end{cases},$

$D_{af} = \begin{cases} 1.198 \times 10^{12} (s_i - 0.055)^{1.98}, & s_i > 0.055 \\ 0, & s_i \leqslant 0.055 \end{cases}$

d) 浸没核化

$$F_{imf} = F'_{imf} [F_{scav}(1-F'_{af}) + F_{imd}],$$

其中 $F'_{imf} = \begin{cases} 0.0337(-0.1t - 0.5)^{3.2}, & t < -5℃ \\ 0, & t \geqslant -5℃ \end{cases}$

e) 凝结核化

$$F_{imd} = \begin{cases} 5s_w^{1.5}, & s_w < 0.05 \\ 0, & s_w \geqslant 0.05 \end{cases}$$

上述方程中,F_{dep}、F_{adf}、F_{af}、F_{imf}、F_{imd} 分别为碘化银的凝华核化比、吸附核化比、接触冻结核化比、浸没冻结核化比和凝结核化比,s_i 和 s_w 分别为冰面和水面过饱和比,t 为温度(℃)。F_{scav} 为云滴通过布朗运动和惯性碰并对碘化银气溶胶粒子的清除比率,其计算参考 Hsie et al (1980)的方法。方案中新增预报量 N_{aer} 和 N_{aim} 的源汇项方程如下:

$$\delta N_{aer} = -N_{aer}(F_{scav} + F_{dep} + F_{adf} + F_{imd})$$

$$\delta N_{aim} = N_{aer}[F_{scav}(1-F'_{af})(1-F'_{imf}) + (1-F'_{imf})F_{imd}] + N_{aim}(1-F'_{imf})$$

使用上述模式,我们对2014年5月9—11日华北旱区的大范围降水过程进行了人工增雨催化数值模拟试验。将上述过程分为5月9—10日(个例1)、5月10—11日(个例2)两个个例分别进行模拟。两个例模式模拟区域设置相同,模式域中心点设在(39°N,112°E),水平方向采用9 km－3 km二重双向嵌套,垂直层数35层,模式顶气压为50 hPa,外层网格使用CAMS方案和Kain-Fritsch积云参数化方案,内层网格使用CAMS显式方案。使用每6小时一次的T639全球分析场为模式提供初始场及侧边界条件,启动时间分别为9日08时和10日02时,模拟时长分别为24小时和30小时。

3.2 模拟结果的验证

3.2.1 个例1云带与降水模拟验证

5月9日降水主要为积层混合云降水,云层发展深厚,云区内部分区域存在较强上升气流。选取外层网格(注:除云带对比选择外层网格数据外,文中其他分析的数据均取自内层嵌套网格的模拟结果)模拟的云系演变结果与实况进行对比,从对比情况看,模拟云带的移动方向、云带形状、分布范围与卫星反演产品接近,说明在该个例中模式对大范围云系的把握还是比较准确的。图3为9日14时模式模拟的云带与卫星反演的黑体亮温(TBB)产品对比,从图中可看出模拟结果与观测实况基本吻合,对山西西部及陕西北部云系发展旺盛的状况,模拟结果能够较好地表现出来。

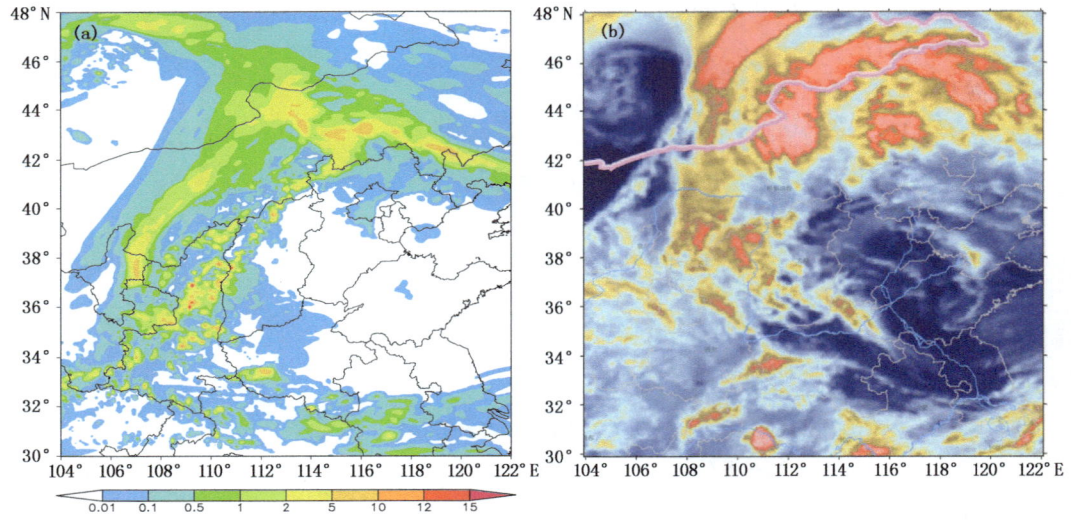

图3 2014年5月9日14时模拟的云带(a,单位:mm)与卫星反演的TBB图(b)

图4为5月10日08时的24小时累积降水模拟结果与实况的对比。从图中可看到,模拟降水的雨区分布范围与实况接近,特别是小于25 mm的降水区域;实况25 mm以上降水主要位于山西、陕西境内,模拟的相应降水带在内蒙古境内偏大,但在山西、陕西境内与实况较为一致。从降水中心位置看,模式模拟出了山西西部的50 mm以上降水中心区,但范围偏大,局地最大降水量高于实况;此外,模拟降水在山西东北部有虚假降水中心出现。从整个雨区降水量级的对比可看到,实况雨量在1~75 mm,模拟的降水量大部分也在1~75 mm范围,只是局部地区有大于75 mm的降水;对于大于25 mm、50 mm的雨区范围,模拟的雨区则比实况的分布

范围要大,因此从总体上看,模拟的降水较实况偏强。

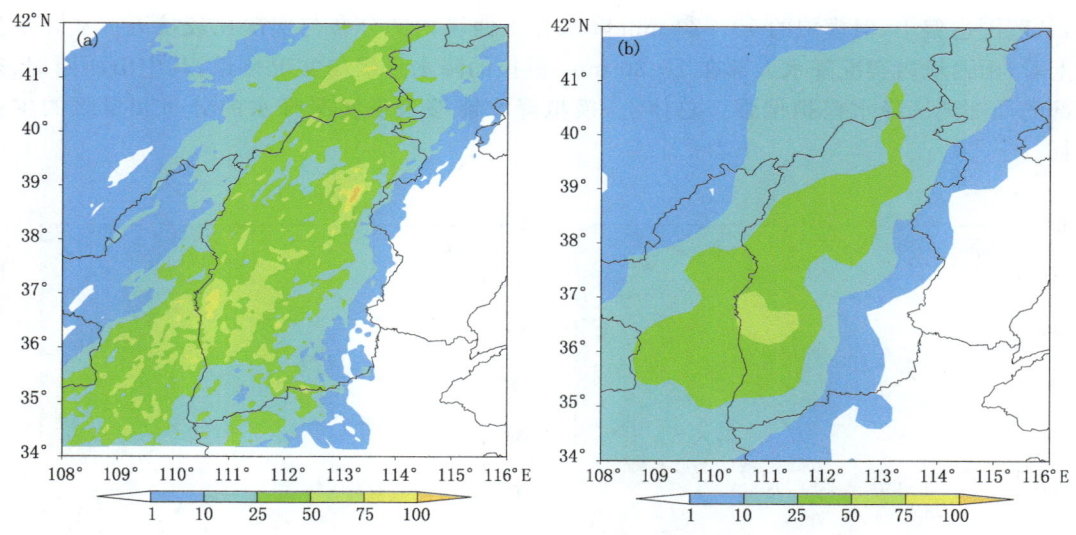

图 4　5 月 10 日 08 时 24 小时累积降水量对比(单位:mm)
(a)采用 S2 方案的模拟降水;(b)实况降水

3.2.2　个例 2 云带与降水模拟验证

5 月 10 日过程以层状云降水为主,云中上升气流较弱。从模式模拟的云带演变(第一层网格模拟结果)与卫星反演的 TBB 产品对比来看,模拟的云带移向、移速与实况基本吻合。在 10 日 14 时的对比图上可看到(图 5),模拟云带的形状和走向也与实况云带基本一致,能较好地表现出陕西、山西和河南境内云系发展状况。

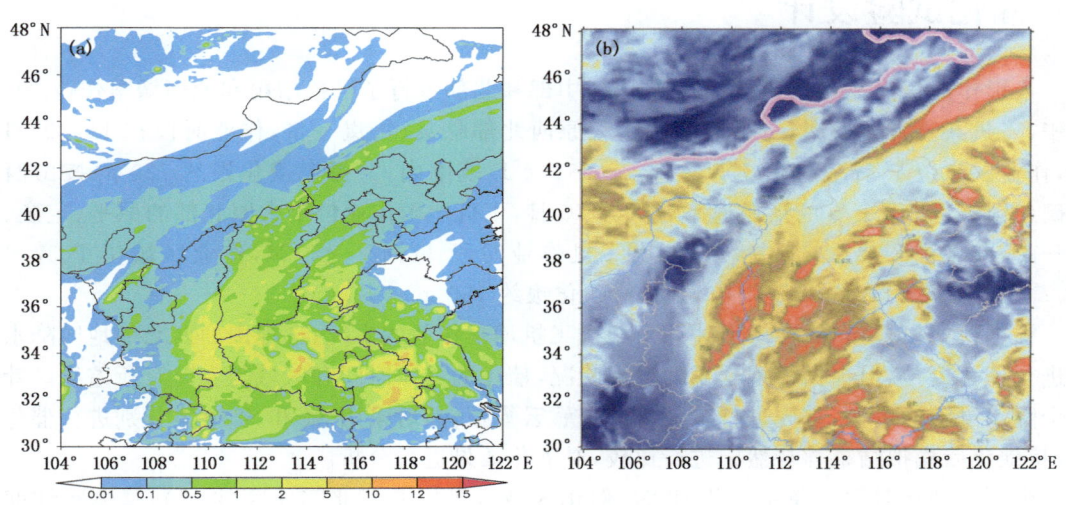

图 5　2014 年 5 月 10 日 14 时模拟的云带(a,单位:mm)与卫星反演的 TBB 分布图(b)

从模拟的 5 月 10 日降水情况看(图 6),模拟的 24 小时降水整个区域范围略小于实况,对山西境内的降水,模式模拟的山西西北部和西南部的两个 20 mm 以上的降水中心位置有偏差,且范围也偏小,但模拟的 10~20 mm 降水在山西境内的分布与实况比较接近。从降水量级上看,山西境内实况降水大部在 1~30 mm,模拟的降水量级与实况接近,其中山西西部、东北部的局部地区降水模拟偏强。总体上,模拟降水能够表现实况降水的分布和量级的主要特征。

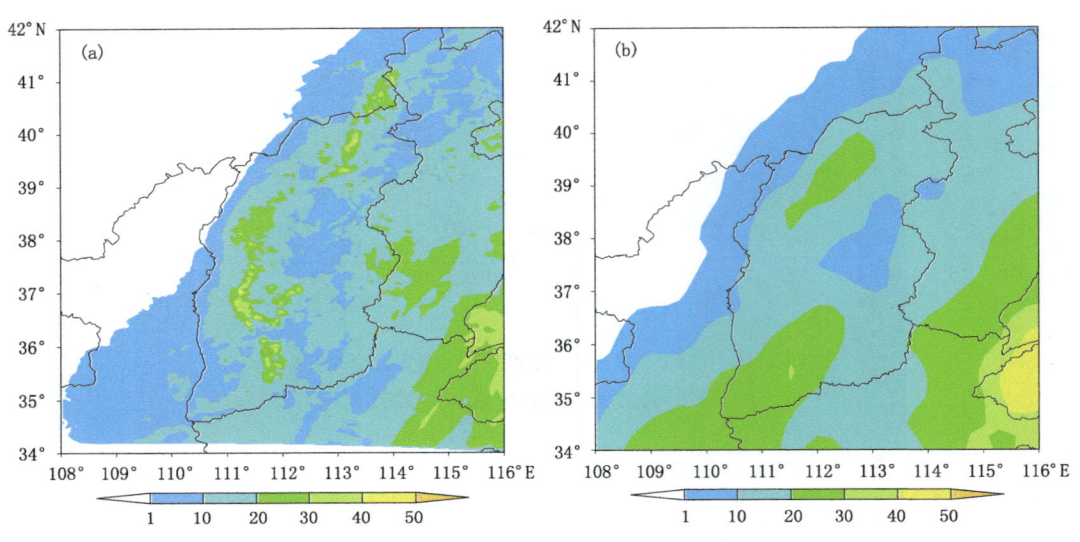

图 6　5 月 11 日 08 时 24 小时累积降水量对比(单位:mm)
(a)采用 S2 方案的模拟降水;(b)实况降水

4　催化试验设计

人影作业信息显示,5 月 9—10 日山西中部和北部进行了飞机增雨和地面增雨作业。9 日上午,飞机共飞行 1 架次,飞行地区位于太原西北部临县、岢岚一带,作业时段在 11:30—12:30,作业区域位于 37.9~38.7°N、111.2~112.4°E 范围内,共播撒碘化银约 720 g(按山西机载碘化银焰剂 0.2 g/s 的播撒速率计算)。10 日,飞机增雨作业位于太原北部的原平、定襄、盂县一带,共飞行 2 架次,其中第一架次飞机作业时段 11:45—12:24,作业区域位于 37.9~38.7°N、112.5~113.0°E 范围内,共播撒碘化银约 480 g。

根据模式模拟结果,参考上述两个架次飞机增雨作业的实况,选择山西西北部地区降水云系进行催化模拟,但根据模拟云系的发展状况,催化的具体时间和区域与实况有所差异。针对两个降水过程的个例,首先进行未催化的自然云模拟,然后采用 S1 和 S2 方案分别进行催化模拟,将催化后模拟结果与自然云进行比较,对催化效果进行分析。

个例 1 催化时间选择在 9 日 18 时,催化区域位于山西西北部地区(图 7),具体经纬度坐标范围为:38.6~38.7°N,110.8~111.5°E;催化高度在海拔 4.7~5.5 km,对应温度范围 −5.8~−10.2 ℃。催化方法采用了两种方式:一是直接播撒人工冰晶(下文以 S1 方案表示),每格点播撒冰晶剂量为 $2×10^6$ kg^{-1},S1 方案在一定程度上近似于液态制冷剂(如液氮、液态二氧化碳等)的播撒,上述剂量约合在播撒区域播撒制冷剂 360 kg(按成核率 10^{12} g^{-1} 计算);二是采用播撒碘化银催化剂的方法(下文以 S2 方案表示),播撒剂量参考实际作业剂量(1 小时播撒 720 g 碘化银),按照 Meyers 等(1995)的方法,计算 720 g 碘化银在 1 小时后的扩散浓度为 $8×10^6$ m^{-3},模式中即采用这个剂量进行播撒。

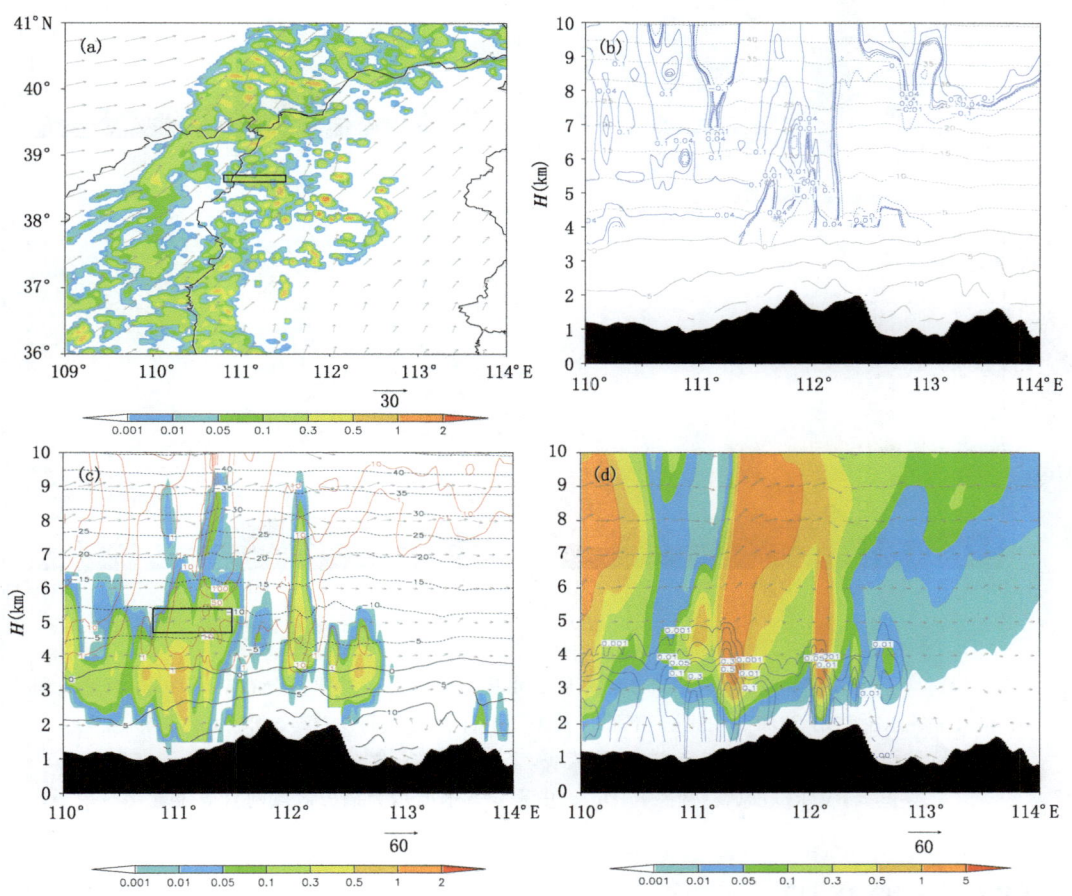

图 7 2014 年 5 月 9 日 18 时,(a)5 km 高度云水比质量(g/kg)的水平分布;(b~d)冰面过饱和比和云中各水凝物沿 38.65°N 的垂直剖面。其中,(b)冰面过饱和比;(c)云水(填色阴影,g/kg),冰晶(红色等值线,L^{-1}),温度(灰色等值线,℃);(d)雪+霰(填色阴影,g/kg),雨(蓝色等值线,g/kg);风场(箭头)。(a,c)中黑线方框所示为播撒区域的对应位置

个例 2 催化时间为 10 日 11 时,选择催化区域位于山西西北部(图 8),经纬度坐标范围:38.3~38.5°N,111.0~111.5°E;催化高度选择在海拔 4.4~4.8 km,对应温度范围 −6~−9.2℃;催化方法也分别采用播撒人工冰晶(S1)和碘化银催化剂(S2)两种方案,播撒剂量在 S1 方案为每格点播撒冰晶 $1×10^6$ kg^{-1}(总计约合播撒 55 kg 液态制冷剂),S2 方案参考实际作业播撒的 480 g 碘化银,换算出 40 分钟后的扩散浓度为 $1.8×10^7$ m^{-3},以其作为播撒用量。

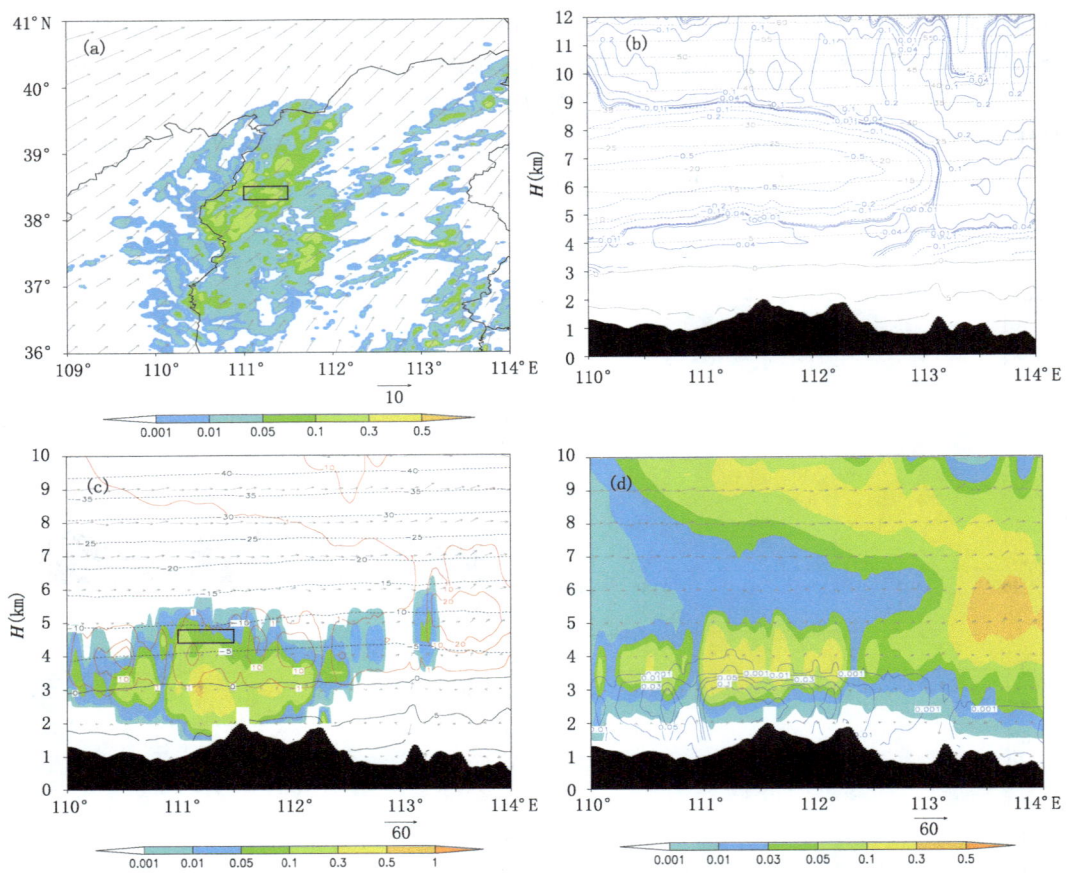

图8 2014年5月10日11时,(a)4.5 km高度云水比质量(g/kg)的水平分布;(b~d)冰面过饱和比和云中各水凝物沿38.5°N的垂直剖面。其中,(b)冰面过饱和比;(c)云水(填色阴影,g/kg),冰晶(红色等值线,L^{-1}),温度(灰色等值线,℃);(d)雪+霰(填色阴影,g/kg),雨(蓝色等值线,g/kg);风场(箭头)。(a,c)中黑线方框所示为播撒区域的对应位置

5 催化模拟分析

5.1 催化区域云发展状况

个例1中,模拟的降水云系过冷水区主体在9日下午开始移入山西境内,此时山西地面已有降水,云体发展较强,降水量较大,云系向东北方向移动,移速较快。从海拔5 km高度过冷水的水平分布(图7a)可看到,陕西、山西西部、内蒙古中部存在一个大范围的过冷水区,呈西南—东北的带状分布,过冷水含量丰富,大部分区域量值在0.1 g/kg以上,部分区域甚至高达1~2 g/kg,过冷水区内主要为西南气流。催化时刻沿38.65°N的垂直剖面图(图7b~d)显示,云区过冷水含量高,一些区域存在较强上升气流,在上升气流区冰相发展旺盛,冰面过饱和区深厚,利于冰相粒子成长。图中可看到雪霰层伸展至10 km以上,且雪霰比质量高,雨水比质量分布也显示地面降水较大,上述特征表明云系降水发展较为成熟。从图7中可看到,在催

化区域内(见图7a～c中黑色方框所示)过冷水含量大多在0.1～0.3 g/kg,自然冰晶数浓度在10～50 L^{-1},冰面过饱和比为0.04～0.1,催化区域位于上升气流区,最大上升速度可达1.5 m/s。

个例2中,过冷水区随云系的东移逐渐覆盖山西西北部大片区域,从海拔4.5 km高度的水平分布看(图8a),过冷水含量以0.01～0.05 g/kg为主,部分区域过冷水含量达0.1～0.3 g/kg,过冷水区主要为西南气流。从云垂直结构看(图8b～d),过冷水区冰晶含量很少,大部分区域在10 L^{-1}以下,云区内存在上升气流,云系冰相发展不充分,地面降水不大。可以看到在垂直方向5～7 km之间存在冰晶、雪、霰含量的低值区,图8b表明,云系在垂直方向有明显的"干湿"分层,5～7 km之间有一较厚的冰面欠饱和区,冰相粒子在该层蒸发较大,不利于下层云区降水发展。从图8可看到,催化区域(图中黑色方框所示)过冷水含量在0.01～0.3 g/kg,自然冰晶数浓度1～10 L^{-1},冰面过饱和比大于0.04,上升气流速度最大0.2 m/s。

5.2 催化对降水的影响

5.2.1 个例1降水变化分析

图9为S1、S2方案催化后3小时内地面每10分钟净增雨量的时间演变。每10分钟净增雨量是指整个第二层网格模拟区域在催化后每10分钟的降雨总量与未催化的降雨总量的差值。从图中可以看到,两种方案降水变化的演变情况类似,在催化后10分钟时地面均出现轻微增雨,此后地面降水持续减少,30分钟时达到净减雨量最大值(S1:3.3×10^5 t;S2:3.7×10^5 t),地面减雨持续至70分钟后才开始转为增雨,并在120分钟时达到最大净增雨量(S1:3.9×10^5 t;S2:3.7×10^5 t)。模拟结果表明,S1和S2方案在催化后3小时地面累积净增雨量分别为7.8×10^5 t和7.1×10^5 t,局地最大相对增雨率分别为1.8%和3.6%,两方案催化后3小时的总效果均为增雨,显然催化后期的增雨效果起到了重要作用。

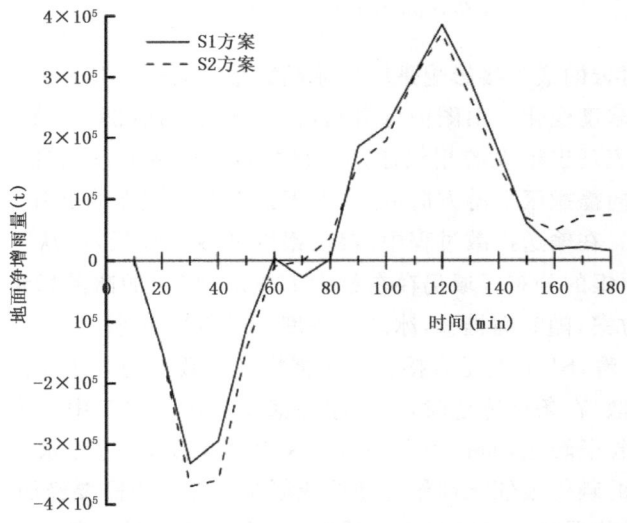

图9 个例1催化后3小时内,S1、S2方案中地面每10分钟净增雨量随时间变化

从催化 3 小时后地面累积降水量变化的分布可以看到(图 10),S1 和 S2 方案在播撒区位置的降水没有明显变化,在播撒区下游方向到 39°N 附近主要为减雨区,39°N 以北地区主要以增雨区为主。总体上,从播撒区向下游方向,两方案的累积降水变化均呈现出减雨—增雨的分布特征。在播撒区下游 39~39.5°N,两方案的降水都出现大范围的增雨,且分布区域类似,但在 39.5°N 以北地区,S1 方案催化对降水的影响减弱,降水变化区域明显缩减(图 10a),而 S2 方案则存在一个较大范围的增雨区并一直延伸至 40.6°N 附近。上述特征说明,相对于 S1 方案,S2 方案播撒区下游较远的区域仍有较强催化效果,图 9 中 S2 方案在催化 160 分钟后净增雨量再次递增的变化也说明了这一特点,其原因可从两种方案的催化机制及云系动力特征上来分析。

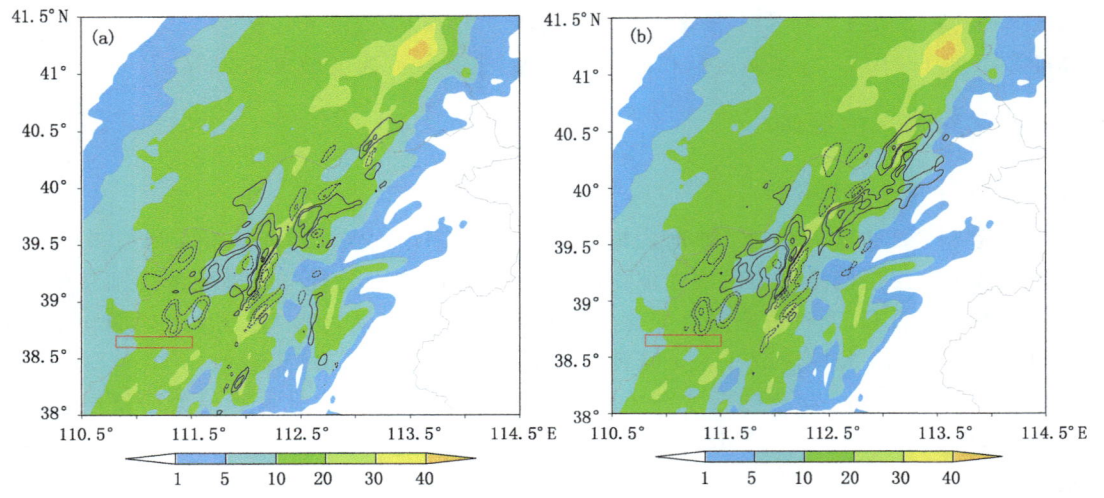

图 10 个例 1 催化后 3 小时地面增减雨区分布,(a)S1 方案;(b)S2 方案,
阴影:3 小时自然降水,等值线间隔 $-0.25,-0.2,-0.1,-0.05,0.05,0.1,0.2,0.25$,
单位:mm,图中红色方框为播撒区

催化剂播撒后,对云的最直接影响是增加冰晶数浓度,图 11 所示为 S1、S2 方案的催化云相对自然云的冰晶数浓度变化。由图中可看到,在催化的初期(图 11 a1,b1),两方案的冰晶变化分布和变化量级均表现出很大的相似性,但随时间推移,两方案表现出明显差异。S2 方案的碘化银随气流不断向播撒区下游方向输送,由于云系存在较强的上升气流,碘化银分布在垂直方向也有明显扩展。在输送扩散过程中,碘化银浓度逐渐降低,但从图中可以看到,在催化后 110 分钟时,在碘化银的分布区域仍存在最大 $100\ L^{-1}$ 以上的冰晶增量,说明催化的直接影响仍然存在。而 S1 方案,随时间推移,冰晶数浓度增量急剧减小,到 110 分钟时已经很低(图 11a2)。从催化机制上看,S1 方案是直接在云中播撒一定数量的人工冰晶,无论在播撒区还是随气流向下游迁移扩散,在条件适合时,人工冰晶都能直接参与云中水汽凝华、过冷水凝结碰冻等物理过程向降水粒子转化,而且该个例中云区内升速较强,过冷水含量高,更有利于冰晶成长;而 S2 方案播撒的碘化银催化剂作为冰核或凝结核在云中需要经历一个核化为冰晶或云滴的过程,因此在播撒位置的环境条件不合适时,碘化银粒子不会参与云中的微物理过程,并随气流向播撒区下游方向迁移扩散,直至条件适合形成冰晶或云滴,并参与到降水形成的过程中。由此可见,两种方案催化机制的差异是造成催化后期播撒区下游降水的变化出现不同的

一个重要原因。此外,在本个例中,云中存在较强的上升气流,碘化银在播撒入云后,部分碘化银很快会随上升气流输送到播撒区上空,由于高空风速大,向下游输送能力强,碘化银能向下游输送更长的距离,从而增大催化影响区的范围。

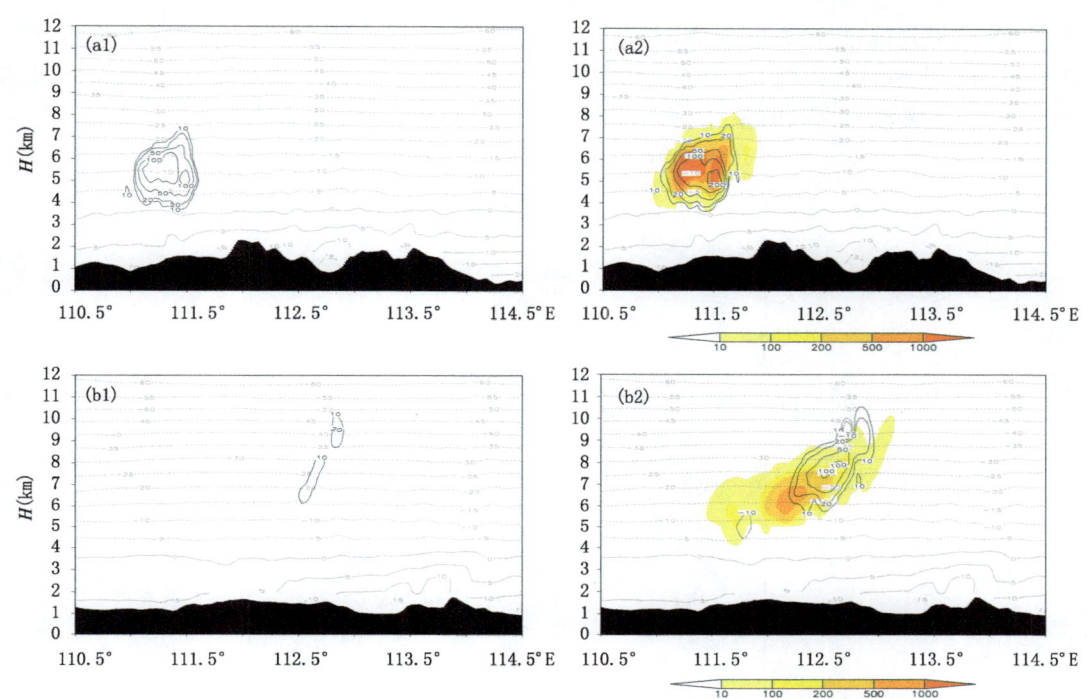

图11 个例1催化后不同时刻,S1方案(a1,b1)和S2方案(a2,b2)冰晶数浓度变化的垂直分布(单位:L^{-1}),剖面位置取自对应时刻地面降水变化中心(每10分钟的累积变化)。(a1,a2)催化后30分钟,沿38.9°N剖面;(b1,b2)催化后110分钟,沿39.8°N剖面。阴影为碘化银数浓度(单位:L^{-1})

5.2.2 个例2降水变化分析

个例2中,山西主要以稳定的层状云降水为主,云系缓慢向东北方向移动,催化时段云系降水量较小,3小时累积雨量(10日06时)为6 mm。从S1、S2方案催化后第二层网格区域的每10分钟地面净增雨量的时间演变(图12)可看到,两种方案的净增雨量变化特征相似,但与个例1的变化特征(图9)有较大区别。两方案在催化后地面减雨的持续时间不到30分钟,最大净减雨量均为$5.4×10^4$ t。从40分钟开始,两方案一直为增雨效果,S1方案在160分钟时达到净增雨量最大值($2.3×10^5$ t),S2方案则在180分钟达到最大净增雨量($1.8×10^5$ t)。S1和S2方案在催化后3小时地面累积净增雨量分别为$1.8×10^6$ t和$1.5×10^6$ t,局地最大相对增雨率分别为33%和30%,催化后3小时的总效果为增雨。

从催化后3小时降水变化的分布看,S1和S2方案表现出相似的特征(图13),两方案整个催化影响区范围接近,且影响区中增雨区面积较大,减雨区面积较小。与个例1不同,个例2中S2方案的降水变化区域相比于S1方案,没有出现向下游方向明显扩展的现象,这与云系本身物理特征有密切关系。一方面,由于云系属于较为稳定的层状云,云内气流上升速度不大,不利于碘化银垂直方向的扩散,不易形成类似个例1中碘化银随高空气流向下游快速迁输送扩散的情形,这可从图 14 中碘化银垂直分布的时间变化看到,随时间推移,大部分碘化银富集在播撒高度附近,垂直扩散范围有限,整体上随云系的移动缓慢向播撒区下游迁移。另一方面,由图 8b 可知,在播散云区,适宜碘化银核化的区域有限,垂直方向仅限于过冷云水区上层 $-10\sim-5$℃层,在播撒初期,由于环境条件较好,碘化银大量核化,增加的冰晶数浓度与 S1 方案相当(图 14a1,a2);但随时间推移,由图 14b2 中碘化银仍然保持较高浓度的现象说明,碘化银在后期的核化率显著降低,从而在冰晶数浓度上没有形成与 S1 方案显著的差别,导致其催化效果与 S1 方案没有太大的差异。

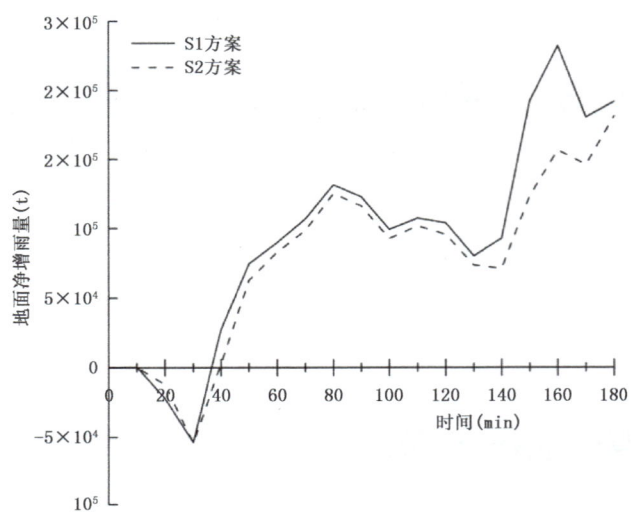

图 12　个例 2 催化后 3 小时内,S1、S2 方案中地面每 10 分钟净增雨量随时间变化

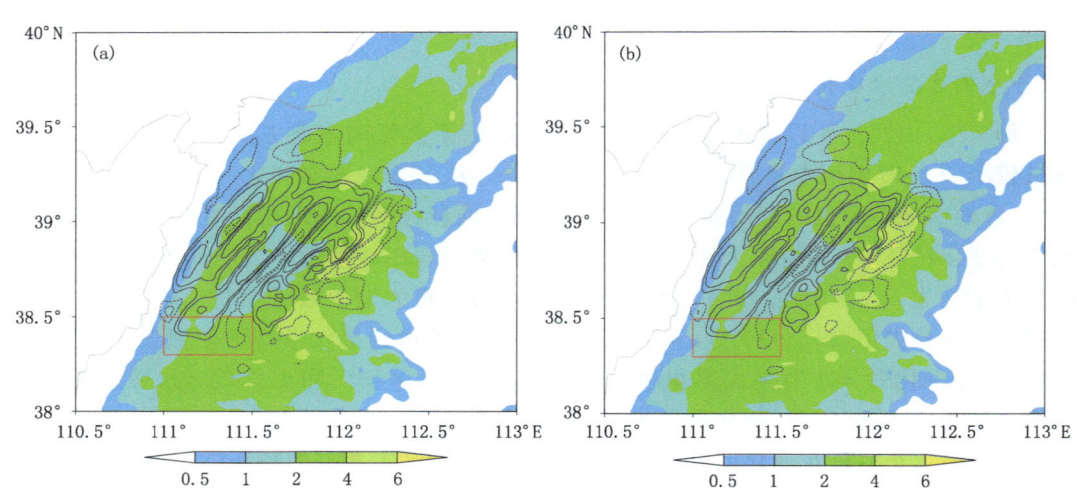

图 13　个例 2 催化后 3 小时地面增减雨区分布,(a)S1 方案;(b)S2 方案,
阴影:3 小时自然降水,等值线间隔 $-0.6,-0.4,-0.2,-0.1,-0.05,0.05,$
$0.1,0.2,0.4,0.6$,单位:mm,图中红色方框为播撒区域

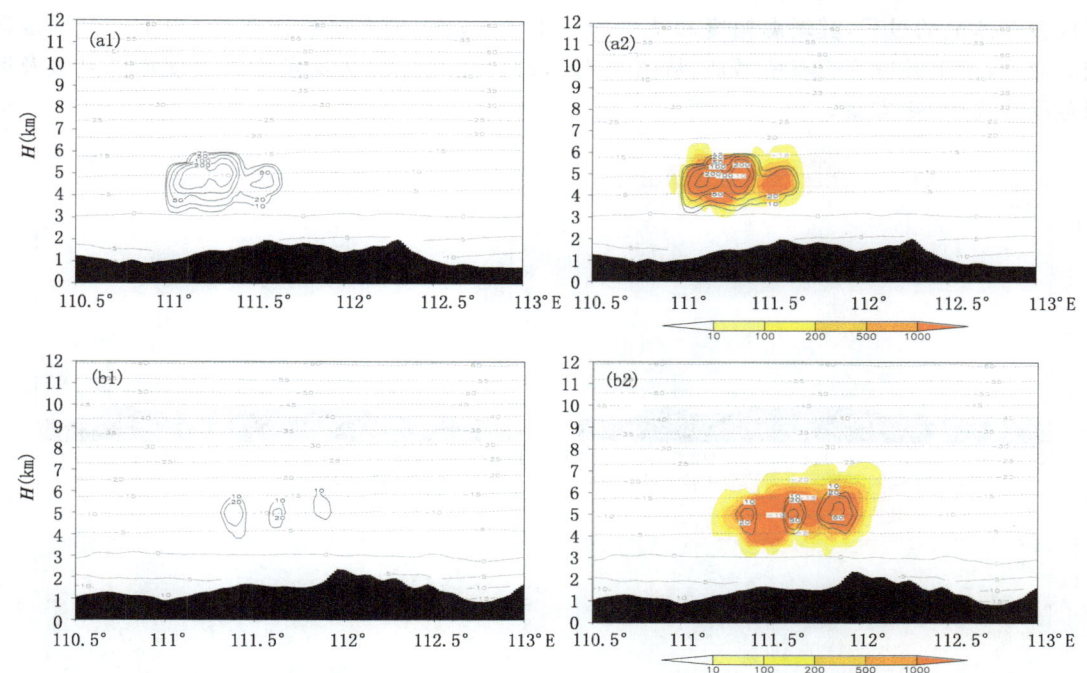

图 14 个例 2 催化后不同时刻,S1 方案(a1,b1)和 S2 方案(a2,b2)冰晶数浓度变化的垂直分布(单位:L^{-1}),剖面位置取自对应时刻地面降水变化中心(每 10 分钟的累积变化)。(a1,a2)催化后 30 分钟,沿 38.55°N 剖面;(b1,b2)催化后 120 分钟,沿 38.87°N 剖面,阴影为碘化银数浓度(单位:L^{-1})

5.3 催化对云物理量场的影响

5.3.1 个例 1 云物理量场变化分析

当人工冰晶或催化剂在云中合适部位播撒后,会通过各种微物理过程与水汽、云中水凝物粒子产生直接或间接作用,造成云微物理特征的改变。由图 15 可见,在主要的催化影响区域(112～113°N),S1、S2 方案均可看出云中微物理量的明显变化。−15℃层以上的过冷云水由于冰晶数浓度的增加以及冰晶、雪晶的增长被消耗,图中可看到该区域冰晶、雪晶明显增多;−15℃层以下,霰的比质量增加,云水减少,显然霰碰并过冷云水增长是云水减少的重要原因。与霰的增加相对应,下层的雨水比质量也增加,这说明降水增加主要来源与霰的增加。从图中微物理变化的垂直分布上看,两种方案的冰晶、雪晶、霰、雨各物理量的增减变化区域有很好的对应性,这也体现了通过催化引进冰晶数浓度变化进而影响云和降水的物理链条。

从图 15b1,b2 可看到,在冰晶增加区域,S2 方案中增加的冰晶数浓度以及浓度增加范围均明显高于 S1 方案,而这一区域与碘化银催化剂的分布区域相对应(图 15h),这说明碘化银粒子的核化起到重要作用。由于 S2 方案中碘化银粒子在向下游输送扩散过程中,在适宜条件下可不断生成新的冰晶参与到云物理过程中,从而有利于延长催化影响的时效,扩展催化影响的范围。催化不但会影响云中微物理量特征,而且在催化剂核化及冰相粒子增长过程中会涉及潜热地释放,这会引起云中温度的变化。从图 15f1,f2 可看到,催化引起的增温区主要位于冰晶、雪晶大量增加的区域,S1 方案最大增温超过 0.1℃,S2 方案由于存在碘化银大量核化形成较多冰晶的过程,其增温幅度和范围均高于 S1 方案,最大增温在 0.2℃以上。与增温区相对应,云中上升速度也有所增加,从图 15(g1,g2)可看到,S2 方案的上升速度增加量级及区域范围均高于 S1 方案。

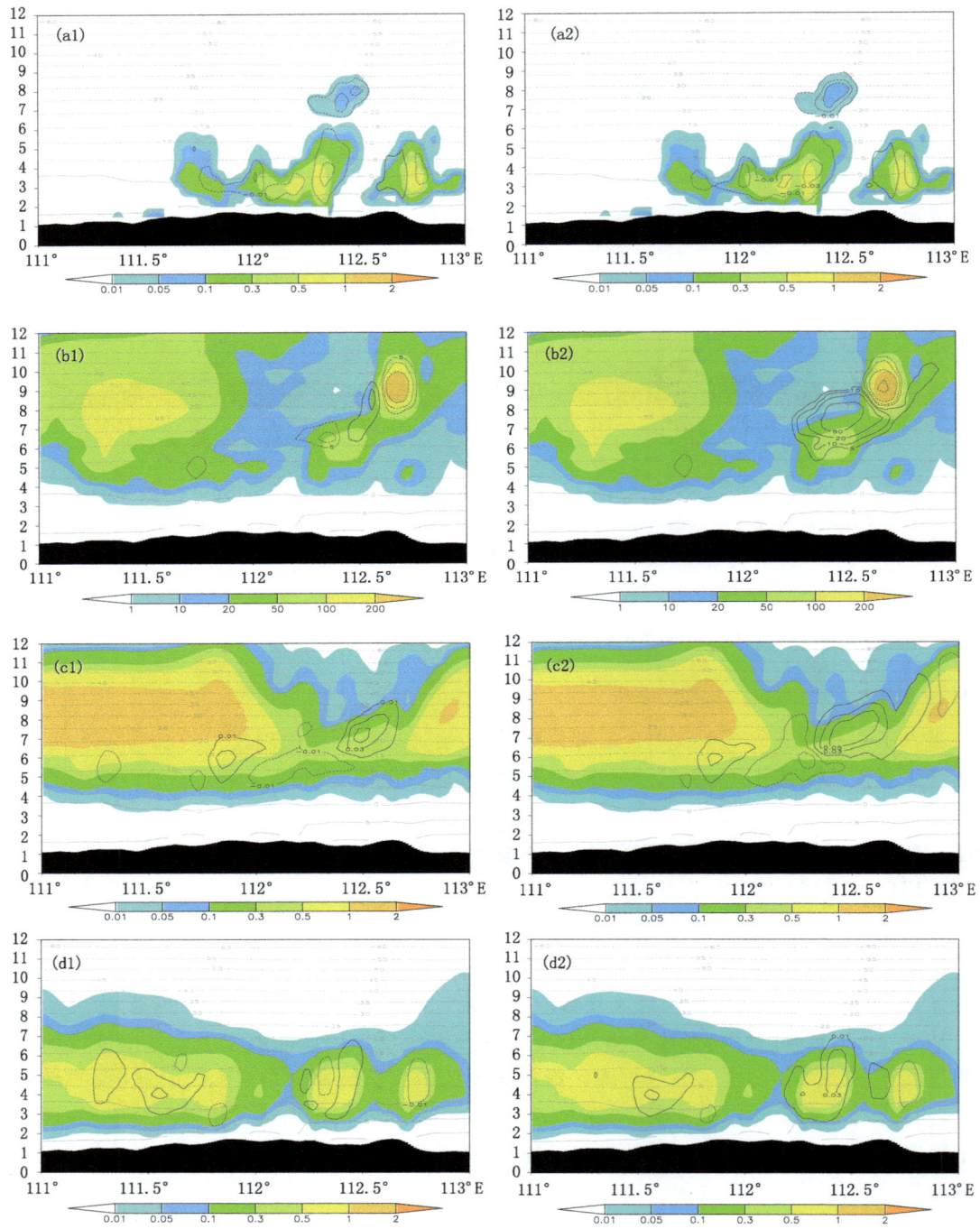

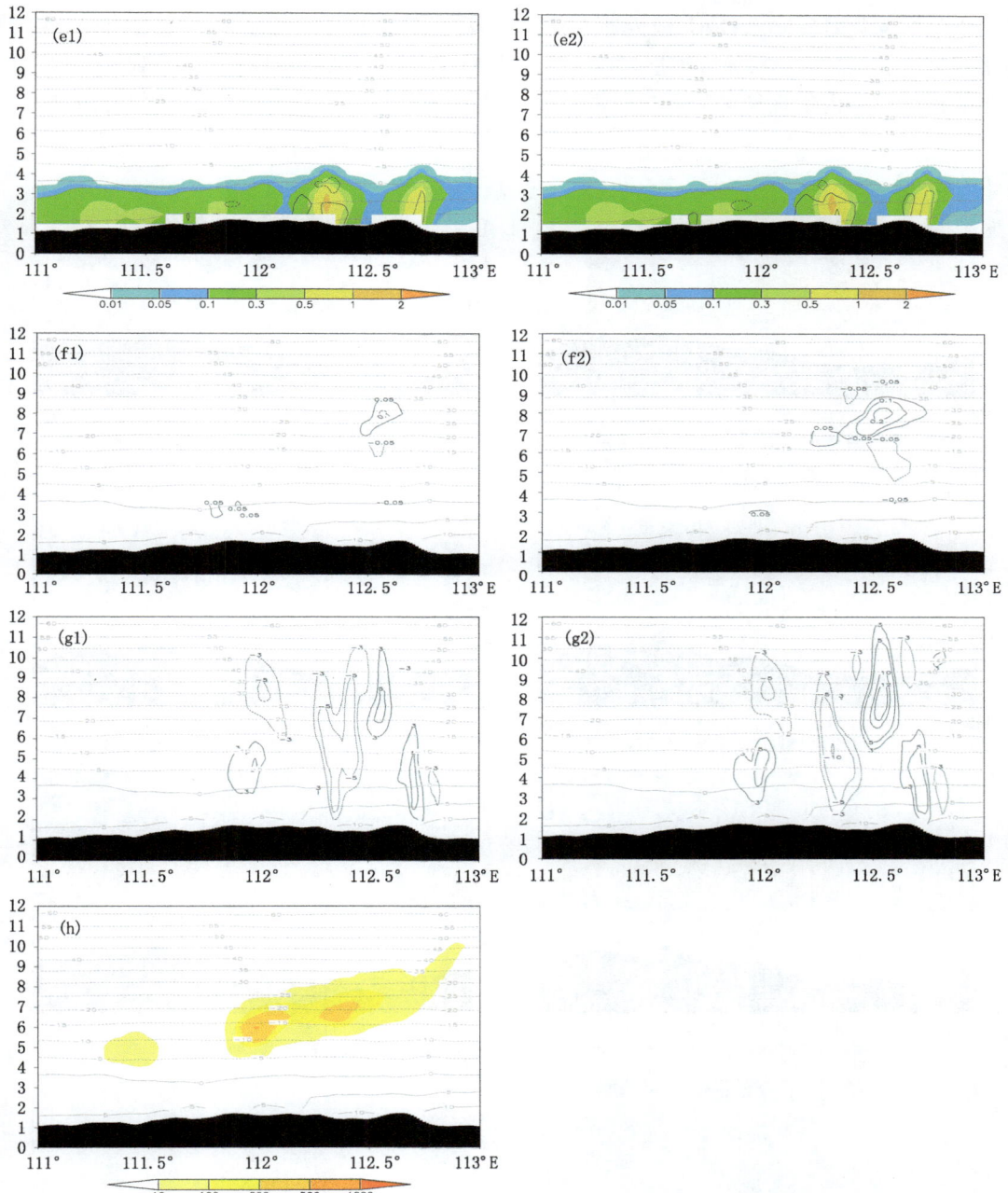

图 15 个例 1 催化后 100 分钟，S1 方案（a1~g1）和 S2 方案（a2~g2）各云物理量差值（催化后的值减去相应时刻自然云的值）及碘化银浓度（h，L^{-1}）沿降水变化中心（39.62°N）的东西向剖面。（a1，a2）云水比质量（g/kg）；（b1，b2）冰晶数浓度（L^{-1}）；（c1，c2）雪晶比质量（g/kg）；（d1，d2）霰比质量（g/kg）；（e1，e2）雨水比质量（g/kg）；（f1，f2）温度（℃）；（g1，g2）垂直速度（cm/s）。（a1~e1）和（a2~e2）中阴影为该物理量自然云中的值

5.3.2 个例2云物理量场变化分析

个例2催化时段降水较小,云内动力条件较弱,上层冰云与下层过冷云水区之间存在较厚的冰面欠饱和区(图8b),导致下层过冷水区冰晶粒子数浓度低。由图16可看到,S1、S2两方案在催化后对云内物理量场的影响非常相似。播撒催化剂后,由于云内动力条件的限制,催化

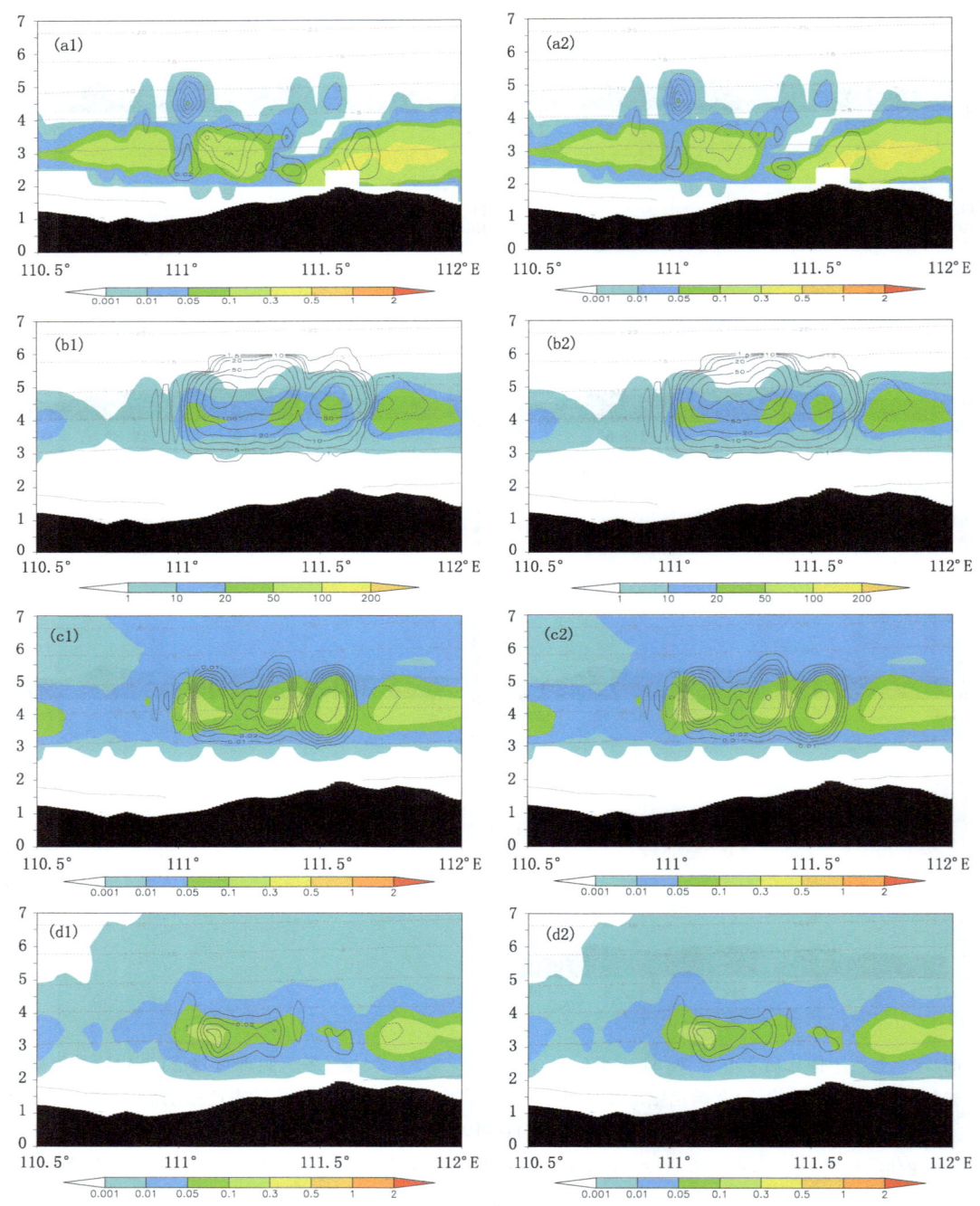

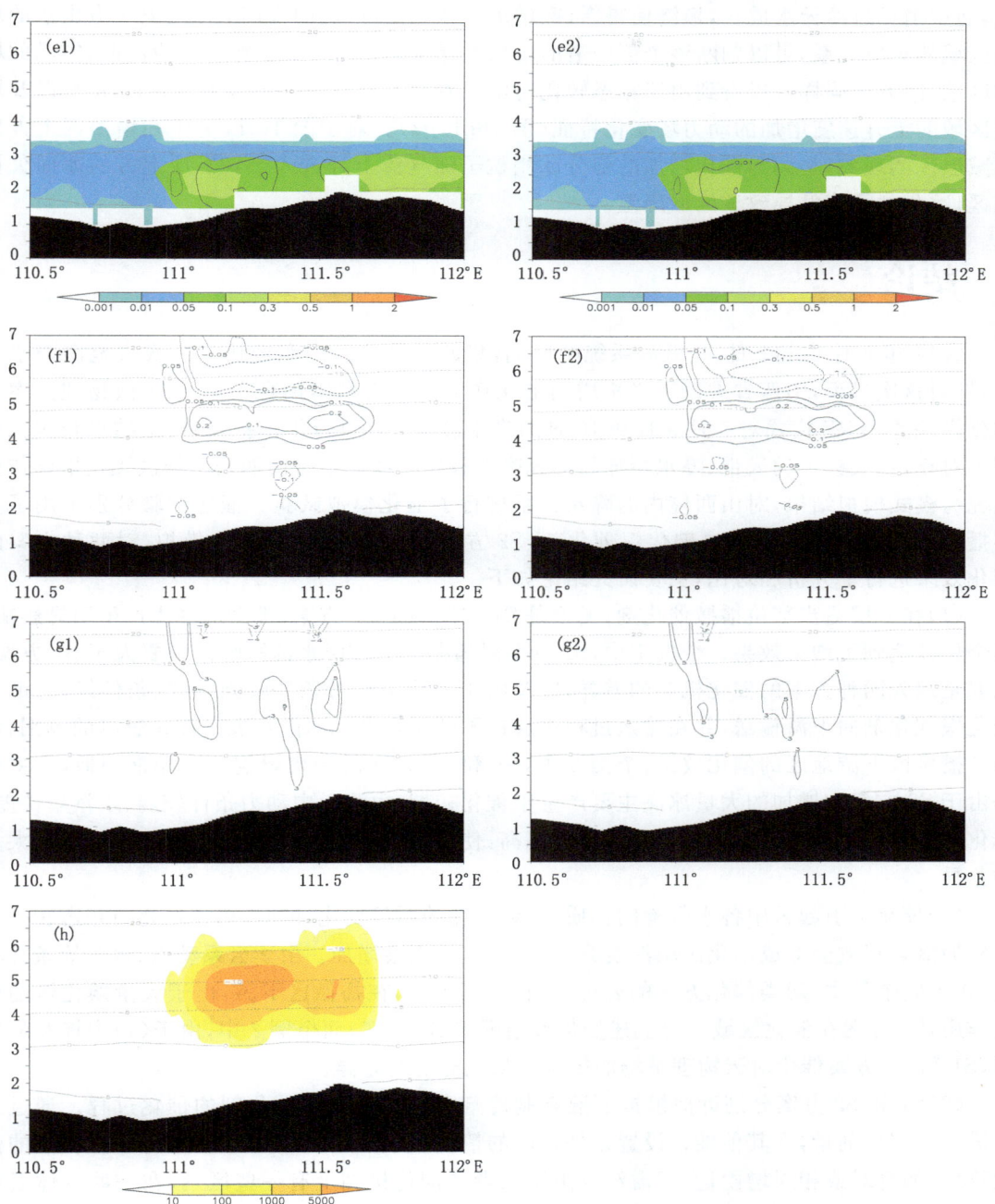

图16 个例2催化后40分钟，S1方案(a1~g1)和S2方案(a2~g2)各云物理量差值(催化后的值减去相应时刻自然云的值)及碘化银浓度(h，单位：L^{-1})沿降水变化中心(38.55°N)的东西向剖面。(a1,a2)云水比质量(g/kg)；(b1,b2)冰晶数浓度(L^{-1})；(c1,c2)雪晶比质量(g/kg)；(d1,d2)霰比质量(g/kg)；(e1,e2)雨水比质量(g/kg)；(f1,f2)温度(℃)；(g1,g2)垂直速度(cm/s)。(a1~e1)和(a2~e2)中阴影为该物理量自然云中的值

剂向上输送扩展有限,催化影响主要发生在下层云区,增加的冰晶以播撒区为中心向周围扩散,通过消耗过冷云水成长,最终使得雪、霰增加。从图 16 中霰的增加区域与其下方雨水的增加区域的对应关系,可以判断该个例中霰的增加是降水增加的主要来源。对应冰晶、雪晶的增加区域,两方案同样可以看到由于相态转化时潜热释放导致的增温现象(图 16f1,f2),以及增温区域的上升速度增加的动力场变化特征(图 16g1,g2)。对于图 16f1,f2 中在增温区上方出现减温区的现象,是因为催化增加的部分冰相粒子随气流上升进入-10℃层上方的冰面欠饱和区,冰相粒子蒸发导致该区域降温。

6 结论

  2014 年 5 月 9—11 日,受低涡系统的影响,华北地区自西向东经历了一次大范围降水过程,针对这次过程,山西省进行了飞机增雨催化作业。本文利用耦合了 CAMS 微物理方案及催化模块的 WRF 模式对 5 月 9 日和 10 日的降水过程分别进行了模拟,将模拟结果与实况进行了对比,模式模拟的云带、降水特征与实况吻合较好。我们结合山西两个架次飞机增雨作业实况与模式模拟结果,对山西境内的降水云系进行了催化模拟试验。催化试验分别采用了直接播撒冰晶(S1 方案)和播撒碘化银催化剂(S2 方案)两种方式进行催化模拟,对两种方案的催化效果进行了分析和对比,主要研究结论如下:

  (1)在云层适当部位播撒催化剂,无论是 S1 方案还是 S2 方案,都会对降水产生明显影响,两个例都达到了增雨效果。个例 1 中,S2 方案对播撒区下游降水的影响范围要大于 S1 方案,主要是因为两种方案的催化机制的差异,以及由于云系中动力条件较强、水汽条件好,有助于碘化银催化剂向下游输送,并在输送过程中通过不断核化形成冰晶扩展了催化影响的范围,增强了播撒区下游地区的催化效果;个例 2 中,S1 和 S2 方案的催化影响范围非常相似,这主要是由于 S2 方案中增加的大量冰晶主要产生于催化初期,由于云中动力条件较弱、水汽条件差,催化后期碘化银的输送扩散和核化效率均不高,使得 S2 方案的催化效果与 S1 方案没有太大的差异。

  (2)催化会引起云中各水凝物的比质量、数浓度的明显变化,同时,由于水物质相态转换而导致的潜热释放会造成催化区域温度升高,上升速度也会增加。由于云系动力、水汽等条件不同,在不同个例中,两类催化方案的表现不同:个例 1 中,在播撒区下游,由于大量碘化银的核化作用,S2 方案在催化区域引起上述变化普遍强于 S1 方案;而个例 2 中,由于(1)中提及的原因,S1 和 S2 方案催化对云物理量场的影响效果没有显著差异。

  (3)S1 和 S2 方案分别近似模拟了液态制冷剂和碘化银两种催化剂的催化过程。通过采用适当的催化剂量,在其他催化设置条件相同的情况下,S1 和 S2 方案可以取得一些相似的催化效果,如绝对或相对增雨量,但需注意由于二者在催化机制上有一些区别,在一些具体云系条件下,其催化效果会表现出某些差异,如个例 1 中催化影响区域的差异。目前,实际人影作业广泛采用碘化银催化剂,因此在对实际催化作业进行模拟研究时,应注意两种方案可能带来的差异,针对碘化银催化作业的模拟研究,选择 S2 方案更为适合。

  本文主要针对催化后降水和云物理场的变化进行了初步研究,有关云催化过程涉及的各种问题,如催化过程中催化时机、部位、剂量的优化选择、催化过程对自然云微物理过程的具体影响等,仍需进一步的深入分析。

参考文献

陈德辉,胡志晋,徐大海,等,2004. CAMS大气数值预报模式系统研究[M]. 北京:气象出版社.

崔雅琴,肖辉,王振会,等,2007. 三维对流云催化数值模式人工冰晶参数化方案的改进与个例模拟试验[J]. 高原气象,26(4):798-811.

方春刚,郭学良,王盘兴,2009. 碘化银播撒对云和降水影响的中尺度数值模拟研究[J]. 大气科学,33(3):621-633.

高茜,王广河,史月琴,2011. 华北层状云系人工增雨个例数值研究[J]. 气象,37(10):1241-1251.

何观芳,胡志晋,李淑日,2001. 鄂西北对流云及其人工催化的三维数值模拟个例研究[J]. 应用气象学报,12:96-106.

何晖,金华,李宏宇,等,2012. 2008年奥运会开幕式日人工消减雨作业中尺度数值模拟的初步结果[J]. 气候与环境研究,17(1):46-58.

何晖,高茜,李宏宇,2013. 北京层状云人工增雨数值模拟试验和机理研究[J]. 大气科学,37(4):905-922.

黄燕,徐华英,1994. 播撒碘化银粒子进行人工防雹的数值试验[J]. 大气科学,18(5):612-622.

刘诗军,胡志晋,游来光,2005. 碘化银核化过程的数值模拟研究[J]. 气象学报,63(1):30-40.

刘卫国,刘奇俊,2007. 祁连山夏季地形云结构和云微物理过程的模拟研究(I):模式云物理方案和地形云结构. 高原气象,26(1):1-15.

毛玉华,胡志晋,1993. 强对流云人工增雨和防雹原理的二维数值研究[J]. 气象学报,51(2):184-194.

史月琴,楼小凤,邓雪娇,等,2008. 华南冷锋云系的人工引晶催化数值试验[J]. 大气科学,32(6):1256-1275.

孙晶,史月琴,楼小凤,等,2010. 人工缓减梅雨锋暴雨的数值试验[J]. 大气科学,34(2):337-350.

DeMott P J, 1995. Quantitative descriptions of ice formation mechanisms of silver iodide-type aerosols. Atoms. Res., 38:63-99.

Guo X, Guoguang Z, Dezhen J, 2006. A numerical comparison study of cloud seeding by silver iodide and liquid carbon dioxide[J]. Atmos. Res., 79:183-226.

Hsie E Y, Farley R D, Orville H D, 1980. Numerical simulation of ice-phase convective cloud seeding[J]. J. Appl. Meteor., 19(8):950-977.

Koenig L R, Murray F W, 1983. Theoretical experiments on cumulus dynamics[J]. J. Atmos. Sci., 40:1241-1256.

Meyers M P, DeMott P J, Cotton W R, 1995. A comparison of seeded and noseeded orographic cloud simulations with an explicit cloud model[J]. J. Appl. Meteor., 34:834-846.

Xue L, Hashimoto A, Murakami M, et al, 2013a. Implementation of a silver iodide cloud—seeding parameterization in WRF. Part I: Model description and idealized 2D sensitivity tests[J]. J. Appl. Meteor. Climatol., 52:1433-1457.

Xue L, Tessendorf S A, Nelson E, et al, 2013b. Implementation of a silver iodide cloud—seeding parameterization in WRF. Part II: 3D simulations of actual seeding events and sensitivity tests[J]. J. Appl. Meteor. Climatol., 52:1458-1476.

第二部分

北方旱区各省（区、市）人工影响天气服务典型个例分析和服务概况

河北省春季一次层状云飞机增雨过程分析

闫 非[1]　周毓荃[2]　李宝东[1]　吴志会[1]　陈少波[3]　闫志银[3]

1. 河北省人工影响天气办公室,石家庄 050021;2. 中国气象科学研究院,北京 100081;
3. 河北省赤城县气象局,赤城 075500

摘　要　以 2014 年 4 月 25 日的一次低槽冷锋天气过程为例,主要从作业条件潜力预报、作业条件监测识别和作业方案设计、作业跟踪指挥与实施以及作业效果分析四个方面分析了河北省飞机人工增雨的业务流程。利用云模式产品确定增雨潜力区;在作业临近时,利用卫星、雷达等综合观测手段密切关注云系的发展演变,根据作业指标确定详细的作业方案;飞机起飞后登机作业人员根据宏观观察和机载 PMS 粒子探测系统观测数据选择合适的时机进行播云;作业完成后,对本次作业过程进行效果分析和总结。

关键词：层状云,飞机增雨,作业条件

1　引言

我国自 1958 年有组织开展人工影响天气工作以来,人工影响天气作业规模逐步扩大,在为地方经济社会发展,特别是"三农"服务中发挥了重大作用。随着社会的发展,社会各界对人工影响天气这项工作的重视程度越来越强,气象灾害防御、生态建设、云水资源开发等都对人工影响天气工作提出了迫切需求。在我国北方地区主要的人影工作是层状云人工增雨,为了提高人工增雨作业的科学性和有效性,很多专家学者对层状云的宏微观结构、降水机制、催化条件以及催化效果等进行了深入的研究。黄美元等[1]对梅雨锋云系的观测分析发现,层状云存在不均匀结构,这与云体上部冰相粒子的形状、质量和含水量的不均匀性有关。胡志晋等[2,3]利用建立的一维层状暖云和冷云模式,研究了层状暖云降水的临界条件和各种物理参量对降水过程的作用,以及冰晶的凝华、淞附和繁生等过程对云中分布要素和降水的影响,并作了不同条件下的播云数值试验。游来光等[4]提出中国北方层状云系中催化云与供应云在垂直方向上常是分离的云体,且由不同的动力过程产生。洪延超等[5]利用含有详细微物理过程的一维层状云模式,研究了一次冷锋降水性云系中的催化—供应关系。顾震潮[6]根据一些观测和理论分析,提出了层状云降水粒子形成的三层概念模型:第一层为云顶到过冷层顶,即冰晶层;第二层为过冷层顶到零度层,该内冰相粒子和云雨水共存,称为冰水混合层;第三层是零度层到云底,为暖层。该模型较为完整地概括了层状云降水粒子形成的全过程,阐明了播种云与供应云之间的关系。杨洁凡等[7]用一个包含详细微物理过程的一维层状云分档模式研究了三层云中微物理过程对粒子谱的影响以及三层云对地面降水的贡献率。段英等[8]利用河北省层状云系 60 多架次的飞机综合观测资料,分析了人工催化过冷性层状云的微物理特征和可播性条件。史月琴等[9]利用 CAMS 中尺度云分辨模式,结合实测地面雨量、卫星和雷达资料,

对一次华南冷锋云系的中尺度结构和微物理过程进行了分析。方春刚等[10]通过在 WRF 中尺度模式中引入碘化银与云相互作用过程,建立了中尺度播撒碘化银数值模式,研究了碘化银播撒对于云和降水的影响。龚佃利等[11]对一次冷锋云系微物理结构和播云条件进行了分析。

理论研究是业务应用的基础,在实际的人工增雨作业中如何应用好研究成果,如何科学地实施人影作业是我们关注的重要问题。本文利用一次个例来介绍河北省层状云飞机人工增雨作业过程,从作业条件潜力预报、作业条件监测识别和作业方案设计、作业追踪指挥和实施以及作业效果分析等方面进行了分析。

2 增雨服务概况

春季是河北省的旱季,4 月降水较少,干旱持续,人工增雨的需求迫切。根据气象台预报结果,2014 年 4 月 25—26 日,受低涡和发展北上的江淮气旋影响,河北大部有小到中雨。25 日 20 时,500 hPa 槽线、700 hPa 和 850 hPa 切变线位于东北地区西部至河套东部,整层系统近乎垂直,河北省处于槽前西南气流控制,地面冷锋位于本省西部地区,本省东部为江淮气旋顶部倒槽控制,低层辐合条件好,同时配合较好的湿度条件,有利于云系发展和降水形成。

河北省人影办抓住这次天气过程,积极开展了飞机人工增雨工作,利用两架飞机在冀西北、冀中南和冀东地区共作业 5 个架次。下面重点用第一个飞行作业架次(在冀西北)为例,分析本省层状云飞机增雨的过程。

3 作业条件潜力预报

根据 4 月 24 日 GRAPES 中尺度云模式的预报结果做人影作业条件分析。图 1 给出了模式预报的云带(用云水垂直累积含量代表)分布演变情况,云系呈东北—西南走向的带状分布,25 日 05 时开始移入冀西北地区,云系逐渐向东北方向移动,先后影响河北南部以及东部地区,到 26 日 08 时,云系基本移出河北。云系对冀西北地区的主要影响时段为 25 日 11—20 时,对冀中南地区的影响时段为 25 日 14 时—26 日 02 时,对冀东地区的影响时段为 25 日 20 时—26 日 08 时。

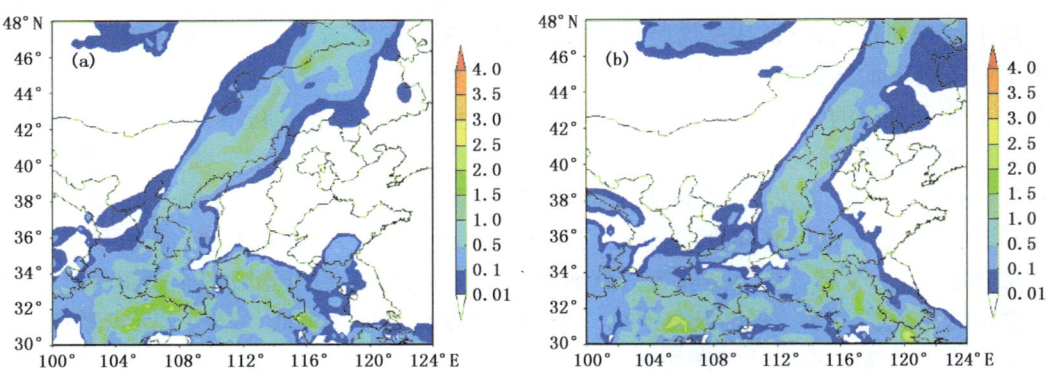

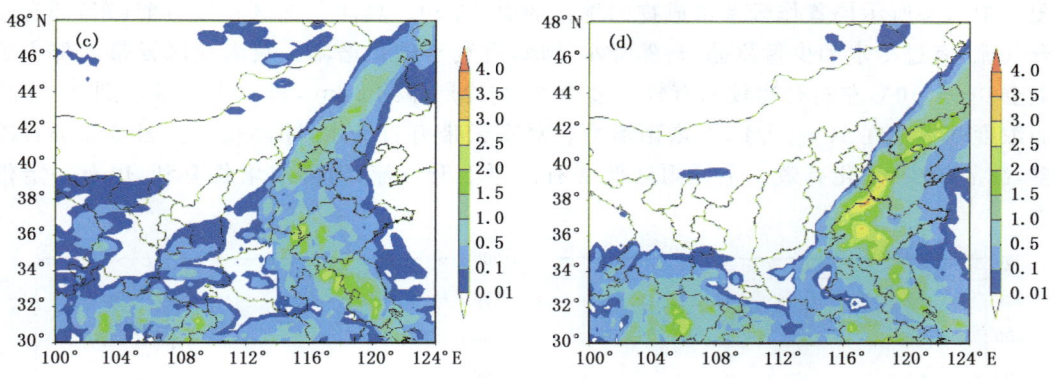

图1 2014年4月25日05时(a)、08时(b)、20时(c)和26日05时(d)模式预报的云场分布

图2为模式预报的垂直累积过冷水含量分布,25日12—16时冀西北地区有过冷水存在,过冷水含量较少,最大值约0.1 mm;25日18—22时冀中南地区有过冷水存在,26日02—06时冀东地区有过冷水存在,过冷水垂直累积含量达到0.5 mm。选取冀西北、冀中南和冀东三个目标区(如图中红色圆圈所示位置)有过冷水存在的三个时刻分别作云系的垂直结构分析,

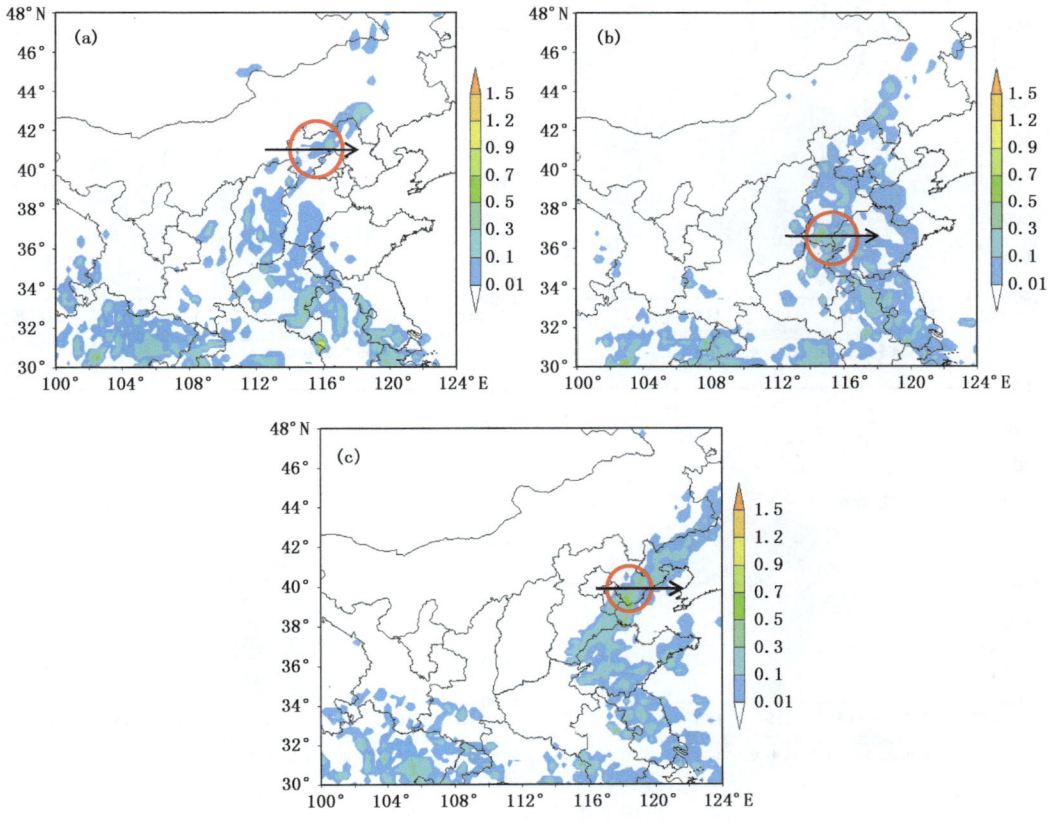

图2 2014年4月25日14时(a)、20时(b)和26日05时(c)模式预报的垂直累积过冷水含量(单位:mm)

沿图2中箭头所示位置作云系水成物的垂直剖面(图3)。冀西北地区在云带前(东)部有较强上升气流,有过冷水和少量冰晶,自然降水及地,有利于催化增雨。冀南地区云带前部主要雨区上空0～−10℃左右升速较强有较多过冷水,过冷层厚约2 km,过冷水含量达到0.6 g/kg,冰晶浓度基本上在10～20/L,有增雨潜力。冀东云带有过冷水,冰晶较多。云带前部过冷水较多,冰晶较少,催化有效。主要雨区低层有深厚上升气流,对降水增长有利,也有一定催化潜力。

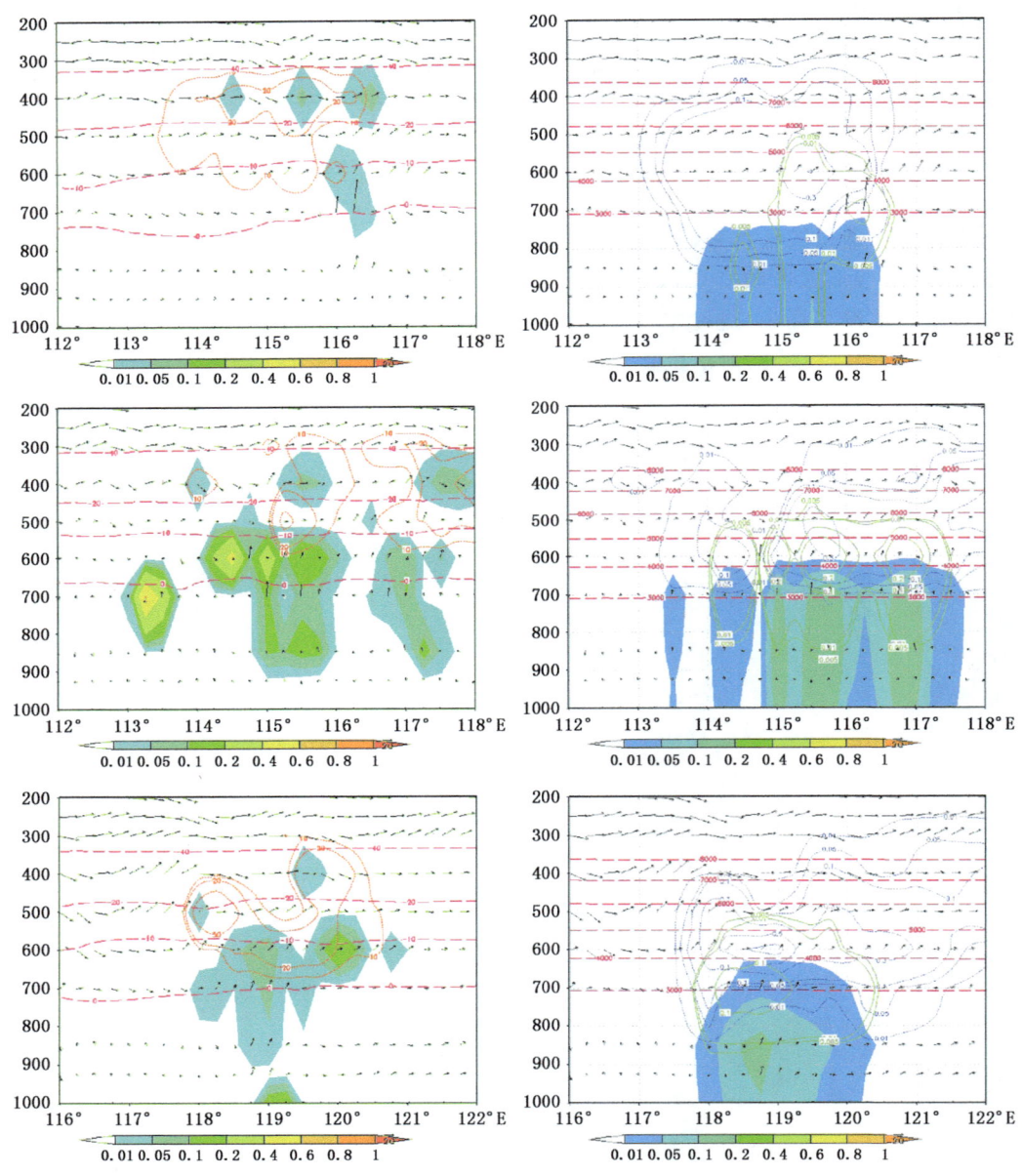

图3 沿图2中箭头的水成物垂直剖面

左图:云水(填色阴影,单位:g/kg),冰晶数浓度(红色等值线,单位:个/L),等温线(紫色等值线);右图:雨(填色阴影,单位:g/kg),雪(绿色等值线,单位:g/kg),霰(蓝色等值线,单位:g/kg),等高线(紫色等值线)

4 作业条件监测识别和作业方案设计

4.1 模拟云场的检验

用卫星反演的光学厚度与模式预报云场进行对比,检验模式预报的可靠性。图4给出了11时模式预报的云带分布与卫星反演光学厚度,由图可见,模式预报云场与实况基本一致。从内蒙古东部到山西,云系呈带状分布,11时已经有云系移入冀西北地区。

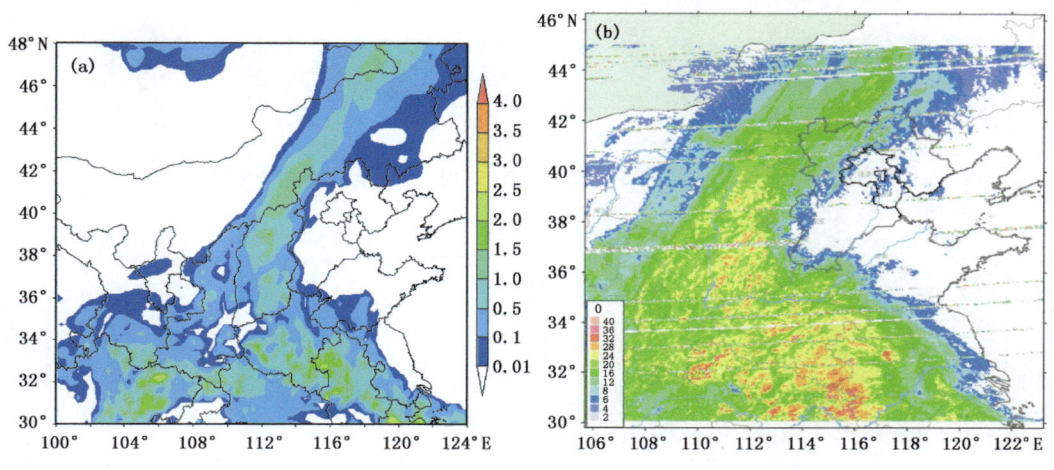

图4　2014年4月25日11时模式预报云场(a)和卫星反演光学厚度(b)

4.2 云场演变监测

卫星反演的光学厚度和云粒子数浓度呈正相关,而云顶高度、云顶温度和云黑体亮温反映的是云顶的情况,云光学厚度能更好地反映云体的内部特性。若云层光学厚度较小(低于10),即便云顶发展得很高,地面也几乎无降水或降水较小[12]。

故利用卫星反演的光学厚度来分析云场的演变,由图5可见,25日08时冀西北的大部分地区有云系覆盖,云光学厚度约12,之后随着云系向东北移动并且发展加强,冀西北地区几乎全部被云系覆盖,云光学厚度有所增强,到12时云光学厚度达16。

由张家口雷达09—12时的组合反射率图像(图6)可见,回波呈西南—东北向带状分布,自西南向东北方向移动,影响冀西北地区,回波强度逐渐加强,这段时间回波处于发展阶段,到12时回波主体进入张家口,雷达站西北部地区几乎全部有回波覆盖,回波强度比较均匀,基本上在15~25 dBz,是典型的层状云降水回波,云系稳定适合飞机人工增雨作业。

根据08—12时卫星和雷达对云系结构演变的实时监测和外推,预计13—16时冀西北地区云光学厚度20—30,回波强度约15~30 dBz,且云系处于发展阶段。结合模式预报结果,13—16时冀西北地区云带前部有较强上升气流,有过冷水和少量冰晶,自然降水及地,适合飞机冷云催化作业,作业高度4500 m附近(约−10℃)。

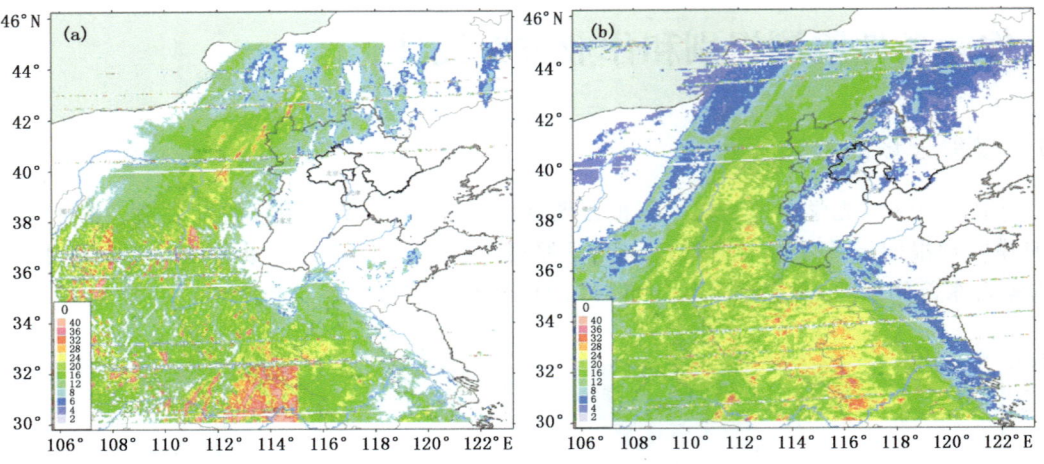

图 5　2014 年 4 月 25 日 08 时(a)和 12 时(b)卫星反演光学厚度

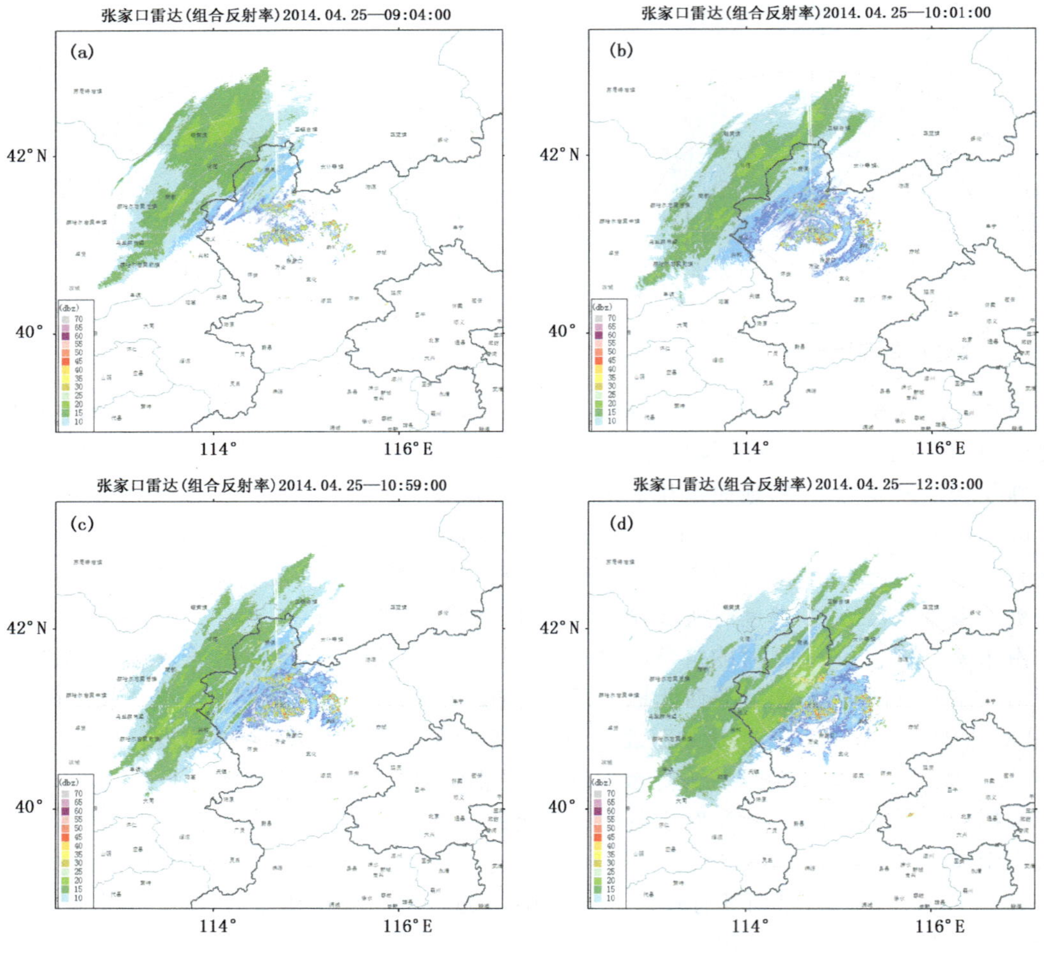

图 6　2014 年 4 月 25 日 09—12 时逐小时雷达组合反射率

4.3 飞机作业方案设计

根据以上分析,飞行作业计划为25日14时在正定机场起飞,经过涞源4500 m平飞到张家口地区进行"S"型冷云催化,作业区域需在(114°33′~115°24′E,40°46′~41°29′N)范围内。催化结束后回穿探测,然后经涞源原路返航。催化和探测轨迹设计如图7所示,飞行方向为由点1依次到点15。作业轨迹为点1~10的航线上,航程共434 km,"S"型作业轨迹上平行的两条航线之间的距离为20 km。回穿探测的轨迹为点10~15的航线,航程共265 km。

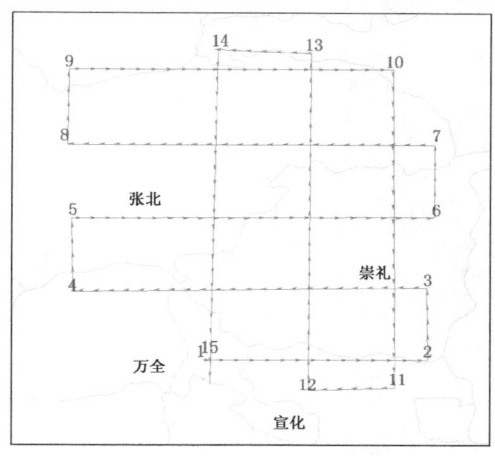

图7 预设航线示意图

5 作业跟踪指挥与实施

由于空域原因,14时飞行计划未被批准,地面指挥中心持续跟踪监测云系的发展演变。图8给出了13—16时的回波强度和垂直剖面。由图可见,13时云系前缘移动到张北,且张北地区回波较强,达到30 dBz;回波继续向东北方向移动,移速较慢,14—16时回波主体覆盖张北和崇礼地区。回波垂直剖面上可以看到,回波顶高约6 km,随时间变化不大,在大范围较均匀的回波中镶嵌着回波强度超过30 dBz的柱状回波,有积层混合云的特点。积层混合云中的积云区上升速度较大,对降水增长有利,如果有过冷水存在,有一定的催化潜力。

15:30左右飞行计划被批准,实际起飞时间为15:51,飞行轨迹如图9a所示,飞行高度、温度和飞行轨迹上的雷达回波垂直剖面如图9b所示,飞机起飞后爬升到4500 m高度,保持平飞向目标作业区飞行,16:32到达张家口地区(A点),然后上升到4800 m高度,16:36开始沿着东西向的S形轨迹播云作业,作业高度约4800 m,温度约-10 ℃,17:25作业结束(B点)。作业历时49分钟,采用的催化剂为碘化银烟条,每根烟条碘化银含量约10 g,作业燃烧了19根烟条,碘化银用量约190 g。作业结束后做南北向的S型回穿探测,18:20再次到达A点,回穿探测结束,返航。由图9b可见,飞行轨迹在回波顶附近,回波很弱,有些部位在云外,如果作业高度降低到4000 m左右(约-5 ℃)作业条件将优于实际作业高度情况。

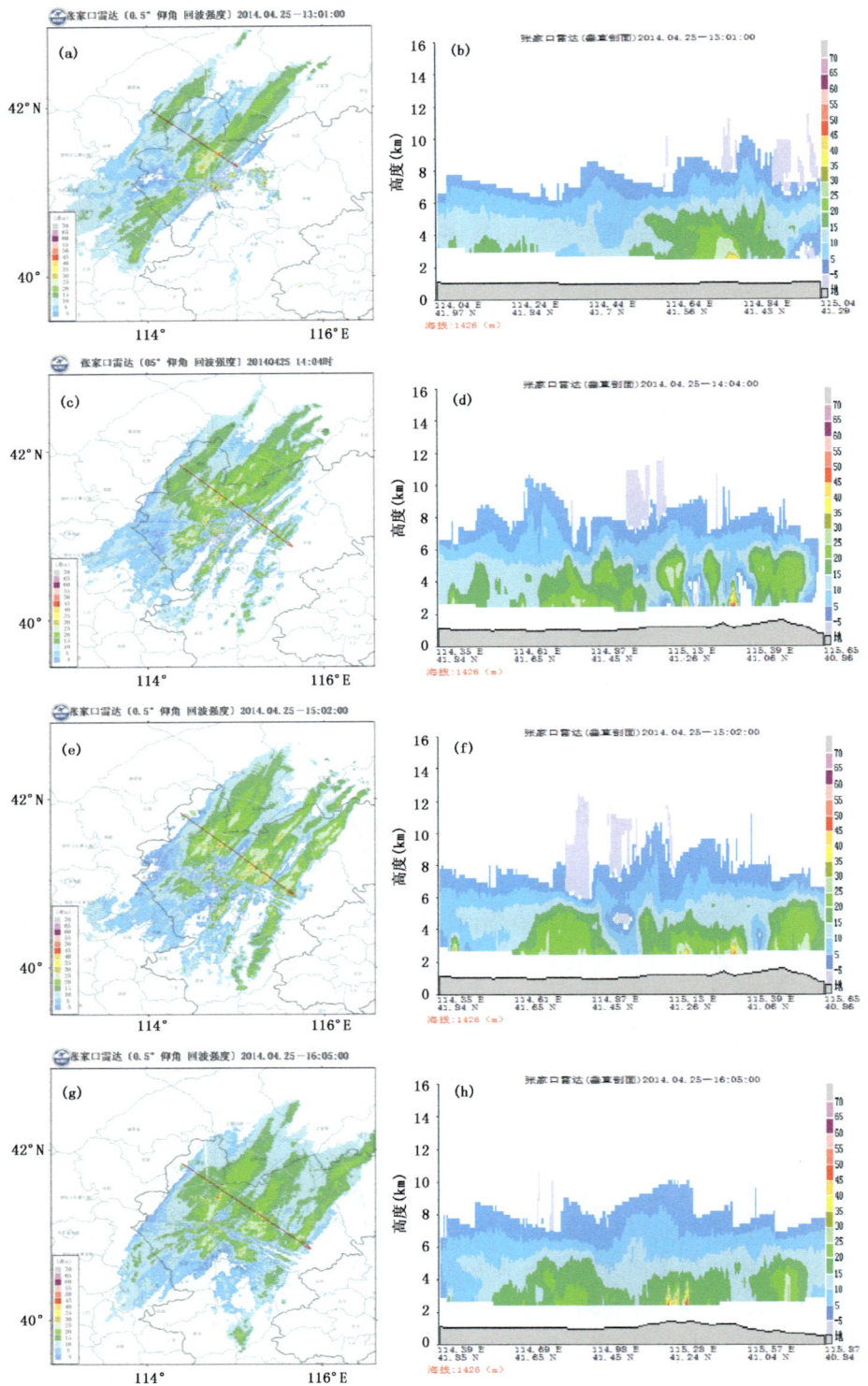

图 8　张家口雷达回波强度(a,c,e,g)和垂直剖面(b,d,f,h)

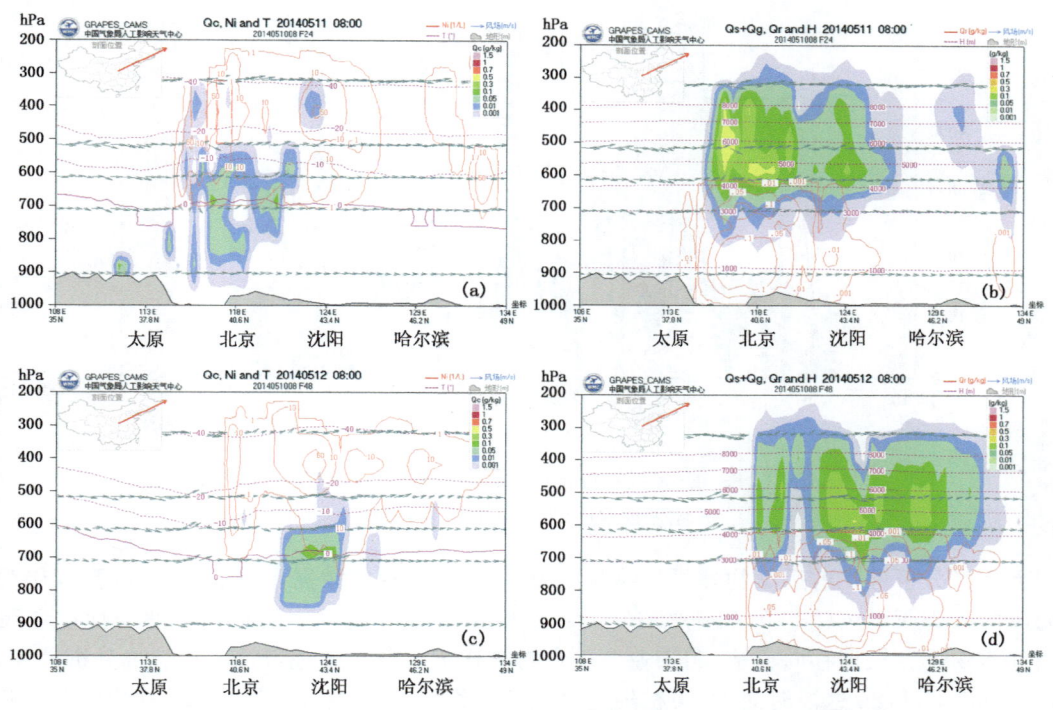

图9 (a)飞行轨迹;(b)飞行高度(红线)、温度(紫线)和飞行轨迹上的雷达回波垂直剖面(彩色阴影)

在飞机飞行作业过程中,地面指挥中心通过数传系统实时接收飞行轨迹和PMS粒子探测系统观测数据,并通过业务指挥系统实时显示这些数据,同时利用语音电台与登机作业人员保持通讯联络。指挥人员通过卫星、雷达产品监测云系发展演变情况,在空域允许的条件下根据实时监测情况调整作业航线。

登机作业人员主要根据机载PMS粒子探测系统探测结果选择催化区域,飞机飞到作业目标区后,一般先做垂直探测,了解云系垂直结构,选择负温区FSSP探测小云粒子浓度大于10个/cm³的云区进行催化。

6 作业影响区云降水演变

6.1 飞机探测微物理响应

图10为机载FSSP探头探测的云粒子数浓度,16:36—17:25为催化时段,17:25—18:20为回穿探测阶段,这两个时段飞行高度在4800 m附近(−10℃左右)。由图可见,在整个飞行过程中,FSS探测的小云粒子浓度大部分小于10个/cm³,我们判定入云的条件为FSS探测的小云粒子浓度大于$10^6 m^{-3}$,所以观测到的这些部位应该是处于云系稀薄的地方或云系边缘,这与图9b表明的结果一致。在催化阶段部分云区云粒子数浓度大于10个/cm³,但不超过30个/cm³,过冷水很少,播云条件不理想;在回穿探测时,有两个云粒子数浓度的峰值,超过100个/cm³。由于飞行位置处于云顶附近,云粒子浓度较小,几乎没有过冷水存在,播云条件不好。

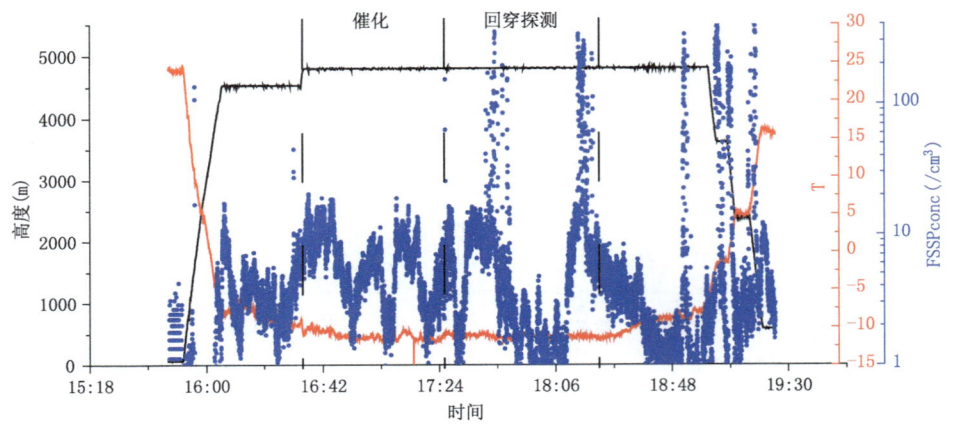

图 10　飞行高度(黑线)、温度(红线)和轨迹上 FSSP 探头探测的
云粒子数浓度(蓝色点)(单位:cm^{-3})

下面来分析催化前后微物理量的响应。根据 20 时的探空数据和飞机 4800 m 高度层观测到的风向都为西南风(230°),风速约 20 m/s,追踪云系中回波单体的移向移速与探空和飞机观测基本吻合。根据移向移速,利用业务平台对催化剂扩散平流进行计算。经过分析发现,大约在 17:23—17:24 这段时间内,飞机经过之前催化作业的点,图 11 为 17:23 时的作业轨迹扩散图,图中 a 点为当前作业位置,a 点与之前催化点扩散后的轨迹重合,之前催化点发生在 17:03—17:04 左右,其在作业轨迹上的位置如图中 b 点所示。b 点测到的数据为催化前,a 点观测到的数据为催化后,下面将 a、b 两点的观测数据进行对比分析,a 点数据选取 17:23—17:24 观测值,b 点数据选取 17:03—17:04 观测值。催化前后粒子浓度变化见表 1,催化后 FSSP 观

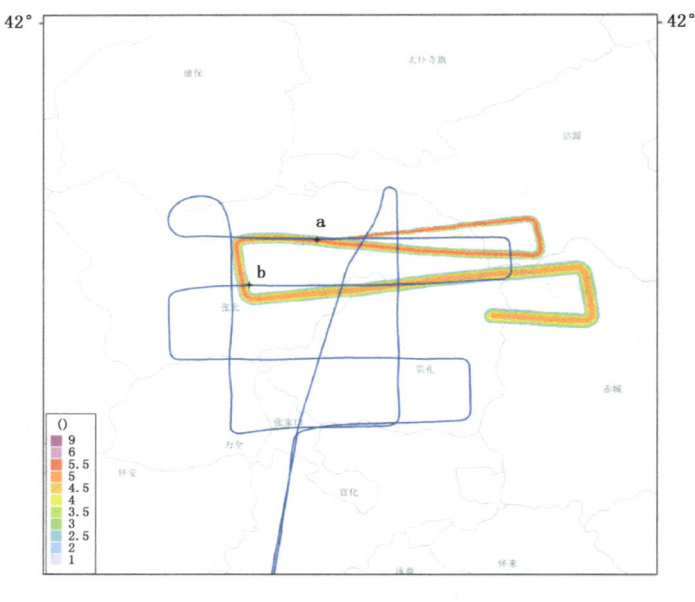

图 11　17:23 催化剂扩散轨迹

测的小云粒子、2DC 观测的大云粒子和 2DP 观测的降水粒子平均浓度和最大浓度都有所增加,但变化不明显,自然变率的可能比较大。对粒径的统计分析同样显示,催化前后粒径变化也不明显。原因可能是催化云体小云粒子浓度太小,基本上都小于 10 个/cm^3,催化条件不好,作业后效果不显著。

表 1 催化前后粒子浓度变化

	小云粒子平均浓度(cm^{-3})	小云粒子最大浓度(cm^{-3})	大云粒子平均浓度(m^{-3})	大云粒子最大浓度(m^{-3})	降水粒子平均浓度(m^{-3})	降水粒子最大浓度(m^{-3})
催化前(17:03—17:04)	3.32	8.05	27.98	177.37	3.41	5.17
催化后(17:23—17:24)	4.33	8.44	44.41	187.46	4.67	8.91

6.2 雷达回波变化

图 12 为 17—20 时的组合反射率图,图 12(a)中红色轨迹为飞机的飞行轨迹。由图可见,回波主体由东、西两条回波带组成,飞机先后飞过东、西两块云体,依据催化剂扩散平流计算,跟踪催化过的两个回波单体发现,17 时,A 和 B 两个回波单体分别向东北方向移动到图 12(a)中黑色圆圈所示位置,强度变化不明显;到 18 时,A 和 B 两个回波单体已经消散,B 单体的西南方向有新的回波单体发展,并向东北方向移动;19 时,回波范围和回波强度都已经明显减小,云系演变成两个细长的条形云带,几乎没有大于 30 dBz 的回波存在;之后云系继续东移减弱。

下面来定量分析作业影响区回波的变化,根据催化扩散平流计算确定作业影响区(图 13b~d 中阴影区域),16:34 为作业前,选取作业所在区域回波值做统计分析,17:08 为作业中,17:37 和 18:06 为作业后。图 13 给出的是 16:34—18:06 张家口雷达 2 km 高度上的 CAPPI 演变。将作业影响区内的 CAPPI 值做统计得到图 14,由图可见,CAPPI 的区域平均值呈递减趋势,自然变化的可能较大,作业对回波变化没有明显影响。作业高度上 CAPPI 值很小,均小于 10 dBz,从 16:34—18:06 也成逐渐减小的趋势(图略)。

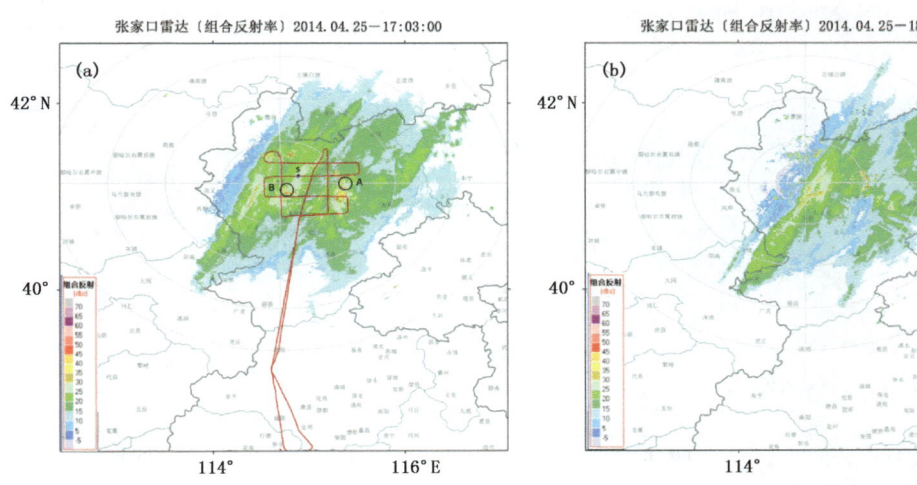

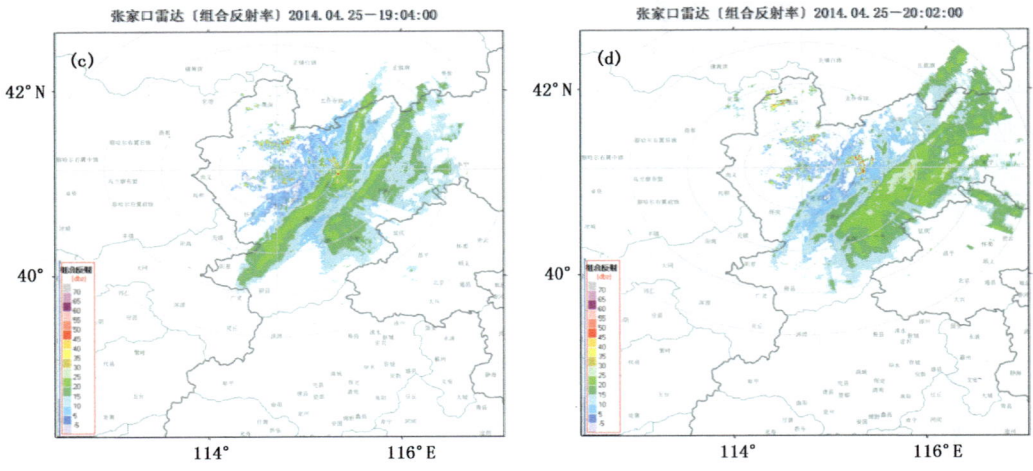

图12 2014年4月25日17—20时逐小时雷达组合反射率

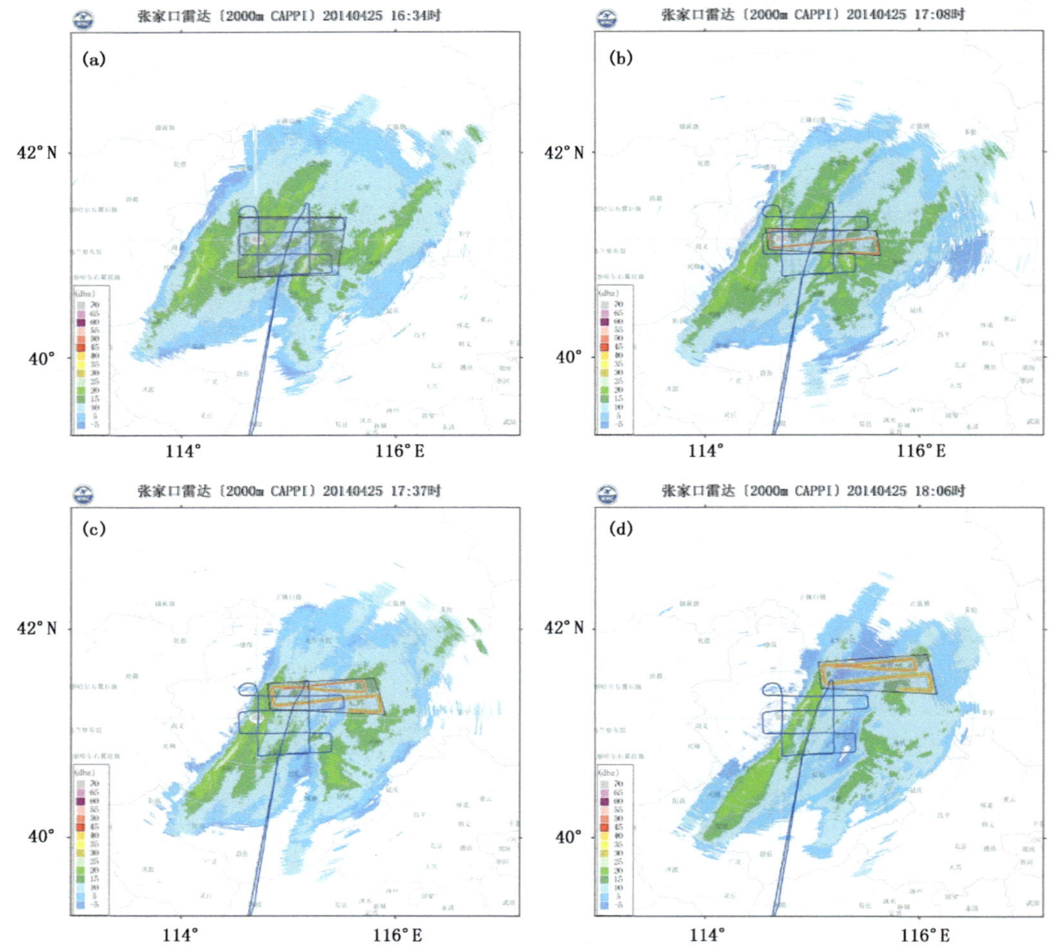

图13 2014年4月25日16:34(a)、17:08(b)、17:37(c)和18:06(d)张家口雷达2000 m高度层CAPPI

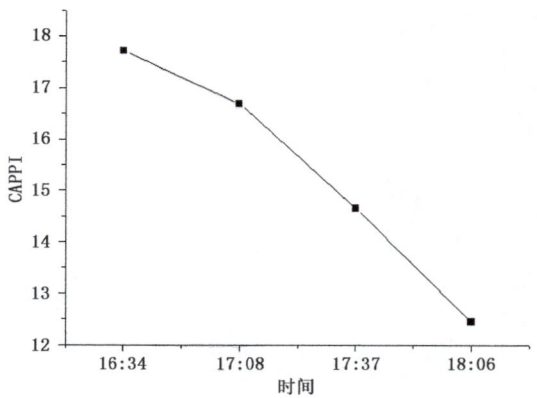

图 14　16:34—18:01作业影响区2 km高度上CAPPI平均值的变化

6.3　雨量变化

下面分析作业催化对降水是否产生影响,根据催化扩散平流计算确定作业影响区(图15b~d中红色方框所示范围),因为催化剂向东北方向扩散,所以在影响区的东侧选取和作业影响区相同范围和形状的一块区域作业对比区,该区域不受催化剂影响。16时为催化前,通过跟踪回波单体的移动,作业区云团16时所在位置如图15(a)中红色方框所示,同样在其东侧选取对比区。

分别统计影响区和对比区的小时平均雨量,图16给出了影响区和对比区16—19时的逐小时平均雨量,以及影响区和对比区平均雨量的比值(K)。作业时间为16:36—17:25,所以16时是作业前雨量,17时是作业中雨量,18—19时为作业后雨量。由图可见,作业影响区雨量呈递减趋势,对比区雨量在16—18时变化不明显,19时影响区和对比区平均雨量都减少到0.1 mm,之后两个区域降水都趋于消失;影响区和对比区雨量比值K一直小于(或等于)1,说明催化对降水没有产生正效果,由于云系处于消散期,降水波动主要是自然变化。

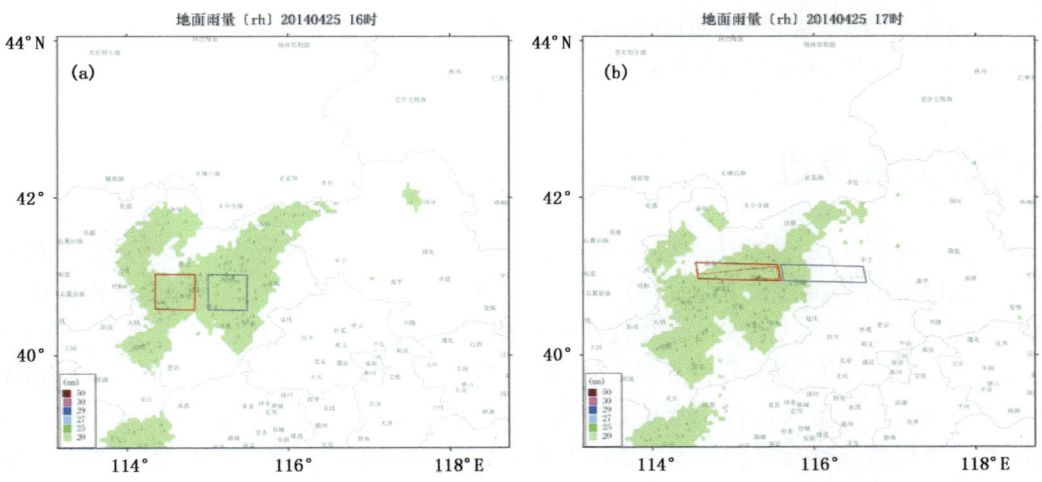

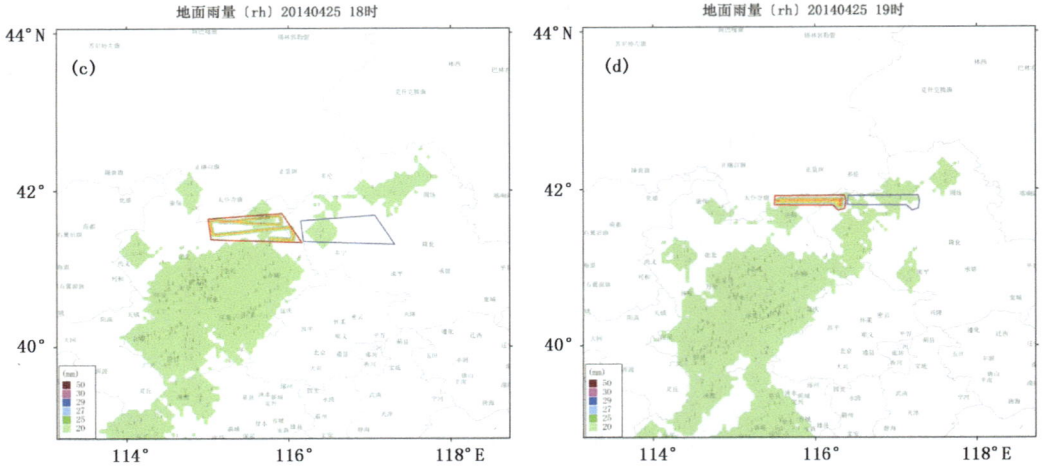

图 15　2014 年 4 月 25 日小时雨量分布 16 时(a)、17 时(b)、18 时(c)和 19 时(d)
（红色框代表影响区，蓝色色框代对比区）

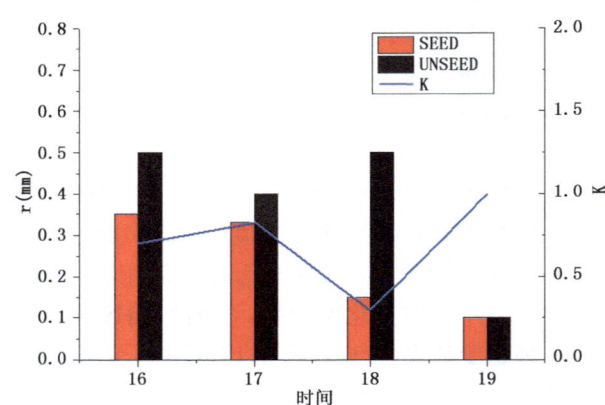

图 16　影响区和对比区 16—19 时的逐小时平均雨量及其二者的比值
（红色柱状代表影响区，黑色柱状代表对比区，蓝色折线代表比值 K）

7　作业方案改进

通过以上分析发现，该次作业效果不显著，部分原因是作业方案设计不够合理。该例作业高度处于云顶附近，作业条件较差，4000 m 高度左右（约－5℃）处于模式预报的过冷水中心位置，雷达回波垂直剖面显示 4000 m 高度附近回波值约 20 dBz，作业条件优于实际作业高度；2014 年 4 月 25 日 08 时探空分析表明 1 km 以上都是西南风，飞机观测到作业层风向为 230°，作业催化应该垂直于风向且向下风方飞行，这样有利于催化扩散且容易布满整个作业区；该例中设计的回穿探测飞行与催化扩散轨迹没有重合点，所以并没有达到回穿检验的效果，考虑到催化剂向下风方扩散，回穿探测向下风方飞行更容易与之前催化扩散轨迹交叉而找到重合点。改进后的飞行方案如图 17 所示，作业和探测区域飞行高度 4000 m，从 A 点开始垂直于风向做

"S"型催化作业,间隔 10 km,到 B 点作业结束,B 点到 C 点为探测区。

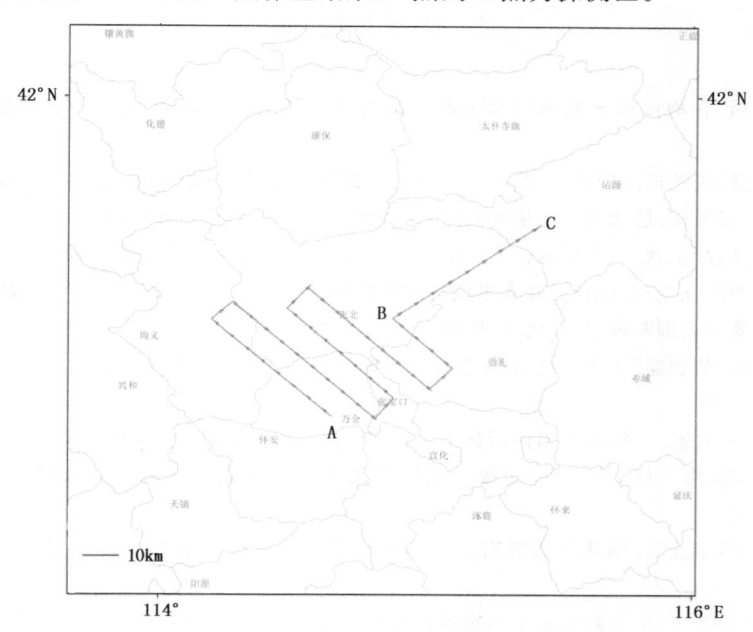

图 17　改进后的作业和探测航线示意图

8　总结和讨论

（1）河北省飞机增雨业务以作业实施为基点,根据不同时段的主要任务,依次进行作业条件潜力预报、作业条件监测识别和作业方案设计、作业跟踪指挥与实施以及作业效果分析,形成了四段式的人影作业流程。

（2）文中介绍的个例,作业条件潜力预报结果基本反映了云系的结构和发展演变情况,可以了解云系的性质,大概确定作业方式、作业区域、作业高度、作业时段等,对于作业方案的制定具有较好的指导作用。

（3）作业条件识别主要通过卫星、雷达、探空和飞机实时观测等手段判别适合作业的时段、区域和作业方案。云系呈西南—东北向带状分布,作业层风向为西南风,与云带轴向相同,作业催化应该垂直于风向且向下风方飞行,这样有利于催化扩散且容易布满整个作业区;回穿探测向下风方飞行更容易与之前催化扩散轨迹交叉而找到重合点。

（4）该例中采取东西向的"S"型催化作业,与风向夹角较小不利于催化剂扩散;然后在作业区南北向回穿探测的飞行方案,这样的回穿探测飞行与催化扩散轨迹没有重合点,所以并没有达到回穿检验的效果。通过作业影响区云降水演变的分析也表明,本次作业效果不显著。

（5）由于作业高度在回波顶附近,回波很弱,有些部位在云外,FSS探测的小云粒子浓度也较小,作业条件不理想,如果作业高度降低到 4000 m 左右(约 $-5℃$)作业条件将优于实际作业高度情况。飞到作业目标区后,应该先做垂直探测,了解云系垂直结构,选择有作业条件的云区,同时地面指挥人员根据实况在空域允许的情况下及时调整飞行航线。

参考文献

[1] 黄美元,洪延超.在梅雨锋云系内层状云回波结构及其降水的不均匀性[J].气象学报,1984,42(1):80-87.
[2] 胡志晋,严采蘩,王玉彬.层状暖云降雨及其催化的数值模拟[J].气象学报,1983,41(1):79-88.
[3] 胡志晋,秦瑜,王玉彬.层状冷云数值模式[J].气象学报,1983,41(2):194-202.
[4] 游来光,马培民,胡志晋.北方层状云人工降水试验研究[J].气象科技,2002,30(增刊):19-56.
[5] 洪延超,周非非."催化—供给"云降水形成机理的数值模拟研究[J].大气科学,2005,29(6):885-896.
[6] 顾震潮.云雾降水物理基础[M].北京:科学出版社,1980,173-179.
[7] 杨洁帆,雷恒池,胡朝霞.一次层状云降水过程微物理机制的数值模拟研究[J].大气科学,2010,34(2):275-289.
[8] 段英,吴志会,石立新.飞机人工增雨催化条件的研究[J].生态农业研究,1998,6(1):80-83.
[9] 史月琴,楼小凤,邓雪娇,等.华南冷锋云系的人工引晶催化数值试验[J].大气科学,2008,32(6):1256-1275.
[10] 方春刚,郭学良,王盘兴.碘化银播撒对云和降水影响的中尺度数值模拟研究[J].大气科学,2009,33(3):621-633.
[11] 龚佃利,王俊,刘诗军.山东降水云系微物理结构数值模拟和播云条件分析[J].高原气象,2006,25(4):723-730.
[12] 蔡淼,周毓荃,朱彬.FY2C/D卫星反演云特性参数与地面雨滴谱降水观测初步分析[J].气象与环境科学,2010,33(1):1-6.

内蒙古中部地区一次飞机人工增雨作业技术分析

王 凯 苏立娟 达布希拉图 史金丽

内蒙古自治区气象科学研究所,呼和浩特 010051

摘 要 结合内蒙古中部地区一次混合性降水过程,根据飞机探测的积层混合云微物理结构特征资料,综合卫星、雷达、探空、雨量等宏观观测资料,分析了内蒙古中部地区飞机人工增雨作业的实际情况,为今后在内蒙古地区实施飞机人工增雨作业提供可靠的依据。结果表明:此次降水过程主要受高空冷涡的影响,低层切变明显,高低空配置对降水过程十分有利;多资料的配合判别,认为内蒙古增雨作业指标体系能很好地应用于实际的人影业务工作;通过飞机观测识别,两次飞行过程云中温度均约为−5℃,湿度均达80%以上,此次降水云具有很好的可播性;飞机作业效果评估较好,平均增雨达 0.8 mm 以上,其中试验区增雨可达 2.0 mm。

关键词:作业分析,增雨指标,可播性,效果评估

1 引言

自然界中有些降水云,自然降水效率不高,可以通过人工干预,提高其降水效率。可行的方法是在云降水过程中的某些环节,在有效范围内施放适用的催化剂,充分借助自然规律,因势利导,促使云、降水按照预定的方向加速发展,从而达到增雨的目的。20 世纪六七十年代,我国就开始利用自行设计建造的云雾物理实验室以及外场实验,分别开展北方层状云和南方对流云的人工增雨试验研究,对云水含量、云滴尺度谱等参数进行了探讨,分别建立了相应的降水物理模型。

如何把握合适的人工增雨条件十分受限于云降水的宏、微观探测条件,需要重点加强利用卫星、雷达、飞机等探测手段,研究开发多尺度云降水的监测技术,完善云降水和人工催化过程的实时监测识别系统。国内外不同的研究者利用各种探测设备对云降水结构特征及人工催化物理响应做了许多方面的研究。如 Yum[1] 采用粒子总数浓度大于 1 个/cm^3 为阈值确定云中的可播区域。Hobbs[2] 则认为,当利用 FSSP-100 探头探测到云中大于 2 μm 的粒子总浓度超过 1 个/cm^3,看作为云水区。段英[3] 等利用河北省层状云系飞机综合观测资料,分析了人工催化过冷性层状云的微物理特征和可播性条件。周毓荃和欧建军[4] 利用探空数据,计算分析了不同云的垂直结构,验证了相对湿度阈值判断云垂直结构方法的可行性,提出了将相对湿度超过阈值判别云的方法。蔡兆鑫等[5] 利用 2009 年 4 月 18 日一次积层混合云飞机云物理观测和播云试验资料,结合卫星、雷达、加密探空和雨量等观测资料,对该次积层混合云系人工增雨作业条件作业效果和云降水变化进行了综合分析。黄梦宇等[6] 利用机载 PMS(Partical Measurement System)粒子探测系统获得云的宏微观特征分析北京消云实验结果。

本文主要针对 2014 年 5 月 8 日 20 时至 5 月 10 日 20 时内蒙古中部地区一次飞机人工增

雨作业过程,详细介绍了内蒙古自治区人工影响天气作业的技术特点。分别从天气过程、作业条件分析、作业条件监测识别、作业方案设计及实施、作业效果评估几个方面进行具体的概述。

2　资料来源

人工影响天气作业具有实效性强、信息传输要求高、天气时空转化快等特点,依托现有的基本气象业务现代化系统,实现多种尺度和不同种类的信息采集、快速传输、集中存贮、综合分析和直观显示,确保能够把握稍纵即逝的人工影响天气作业机会。

文中资料主要有 Micaps 高空观测、FY-2C 卫星观测资料,多普勒雷达(CB)观测资料、L波段探空资料、地面逐时加密雨量资料、MM5 数值模式产品、中国气象局人影中心指导产品以及飞机探测资料。

3　天气过程概况

3.1　天气形势

从 500 hPa 高空观测图(图1)上看出,5月8日20时内蒙古中西部地区主要受贝湖冷涡底前部控制,河套地区主要受西南风所控制,河套西部存在一定的风切变。9日08时,冷涡维持少动略有南压,河套北部有明显的风场辐合,中东部处于槽前,后部横槽东移过程中和前面的冷空气汇合,冷涡加强缓慢东移。9日20时,冷涡减弱,河套一带受高空槽影响,系统逐渐东移,主要影响内蒙古东部地区,河套一带的降水趋于结束。

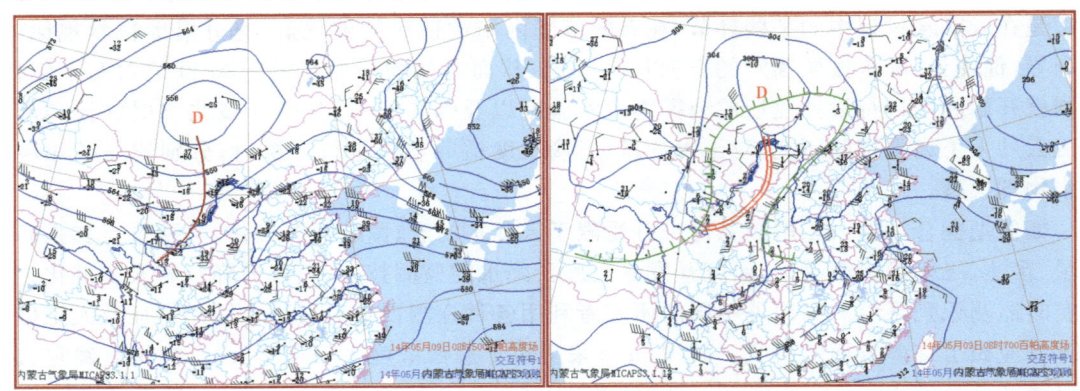

图1　2014年5月8日20时至5月9日20时500 hPa 高空风场实况图

3.2　云场条件

从红外云图(图2)的分布看出,5月9日10时左右云场主要集中在巴彦淖尔市、鄂尔多斯市北部、呼和浩特市南部以及乌兰察布市东部,云场主要分布在作业区偏南及偏东区域。5月9日14时左右云场主要分布在巴彦淖尔市、包头市北部、鄂尔多斯市大部、呼和浩特市北部以及乌兰察布市西部,云场主要分布在作业区偏西及偏北区域。

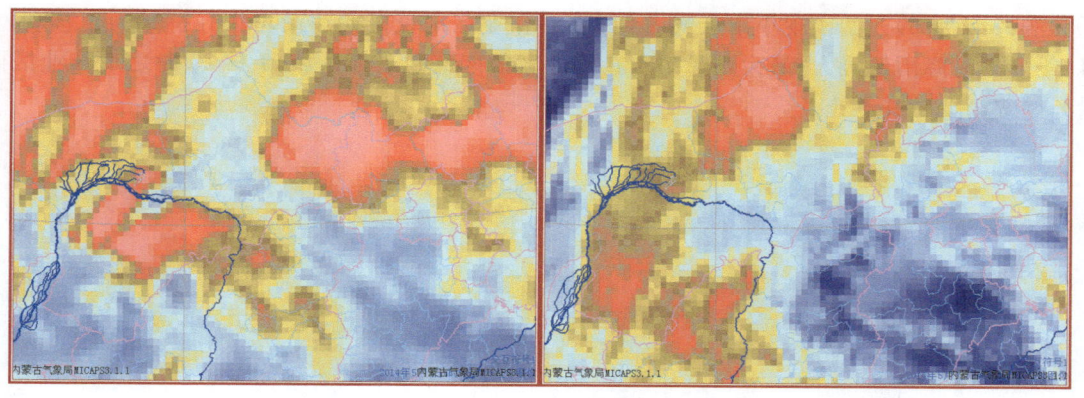

图 2　2014 年 5 月 9 日 10 时及 14 时红外云图

3.3　雷达条件

从呼和浩特市雷达拼图(图 3)的分布看出,5 月 9 日 10 时左右雷达回波主要集中在呼和浩特市南部及东部区域,大部分回波强度小于 40 dBz,南部局地回波达 30 dBz 以上。9 日 14 时左右雷达回波主要集中在呼和浩特市南部及西北部区域,雷达回波强度发生了明显的变化,偏北部地区强度有所增强,与上午的飞机作业有一定关系,但总体回波强度仍小于 40 dBz,判定此次降水过程以混合性为主。

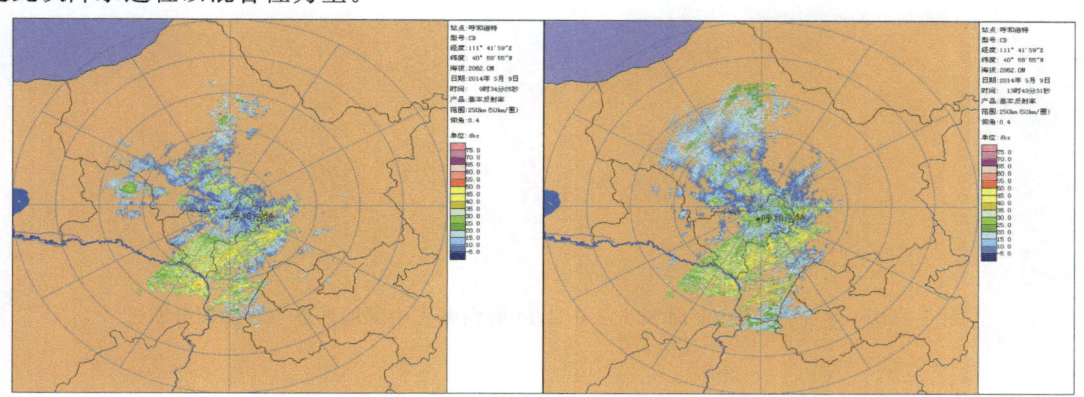

图 3　2014 年 5 月 9 日 10 时及 14 时呼和浩特市雷达拼图

3.4　探空分析

从呼和浩特市探空图(图 4)看出,5 月 9 日 08 时呼和浩特市探空资料显示无明显逆温层,无对流不稳定能量,零度层高度在 3 km 以上,中低层以西南风为主,水汽输送条件较好,适合飞机进行人工增雨作业。

3.5　降水实况

根据 5 月 9 日 08 时和 5 月 9 日 14 时内蒙古中部地区的地面逐小时降水加密雨量的数据分布情况来看(图 5),从 08 日 05 时起作业区的西部地区(巴彦淖尔市、鄂尔多斯市、包头市、呼和浩特市西部)开始出现小雨天气,14时左右作业区雨量开始逐渐增大并持续向东移动,9日14—17时降雨量最大,最大雨量出现在作业区的南部和东部区域,9日20时之后作业区雨量开始逐渐变小并渐止。

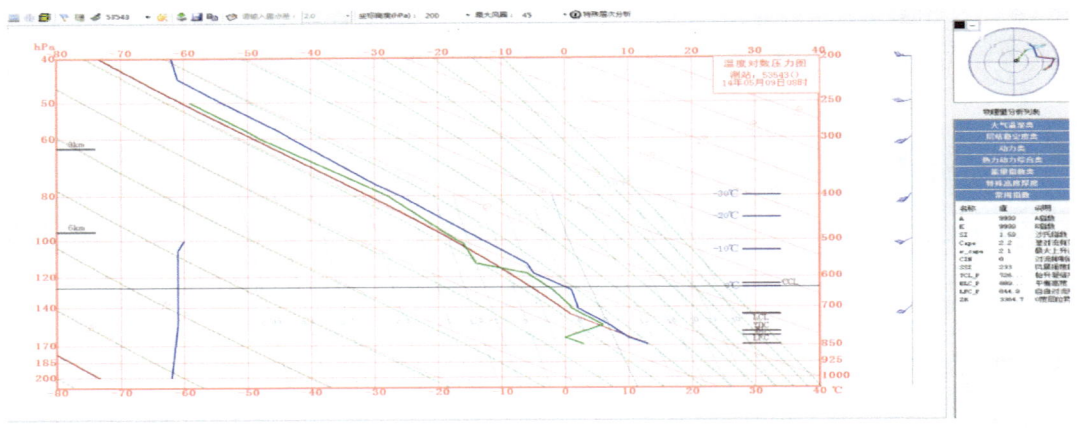

图4 2014年5月9日08时呼和浩特市探空曲线图

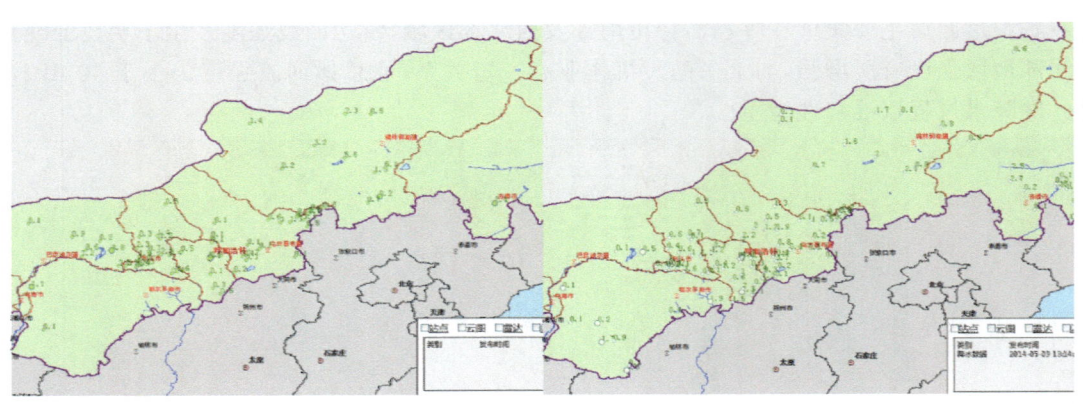

图5 2014年5月9日08时和5月9日14时内蒙古中部地区逐小时降雨分布图

4 作业条件分析

4.1 mm5模式产品应用

图6为中尺度MM5模式预报5月8日20时至5月9日20时内蒙古全区可降水量和云水含量的分布图。可降水量的分布看出,全区可降水量均大于30 mm,其中鄂尔多斯市东部、包头市东部、呼和浩特市、乌兰察布市以及锡林郭勒盟西部可降水量可达40 mm以上,内蒙古中部作业区的南部及东部可降水量较丰富。云水含量的大值区分布与可降水量的分布基本类似,其大值区主要分布在内蒙古自治区河套偏东部区域。

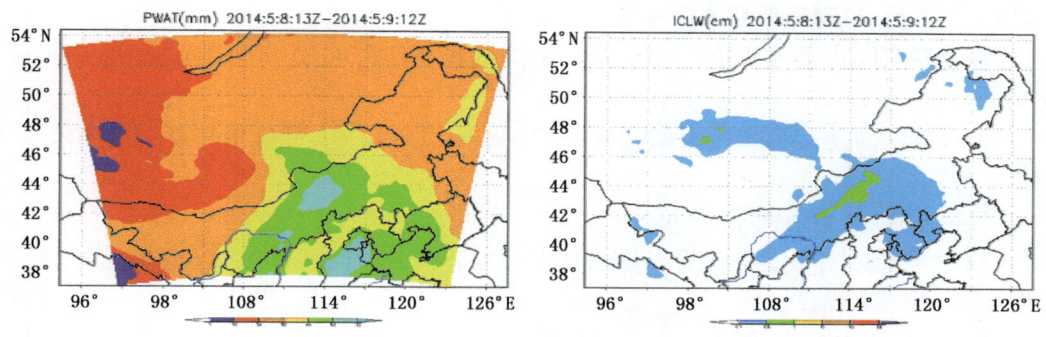

图6 2014年5月8日20时至5月9日20时内蒙古全区可降水量和云水含量分布图

4.2 人影中心产品应用

由图7全国垂直累积过冷水含量分布情况看出,5月10日08时左右,我区过冷水含量的大值区主要分布在河套偏东区域,可达0.1 mm以上,判定内蒙古中部地区的增雨潜力区在作业区的偏东区域。

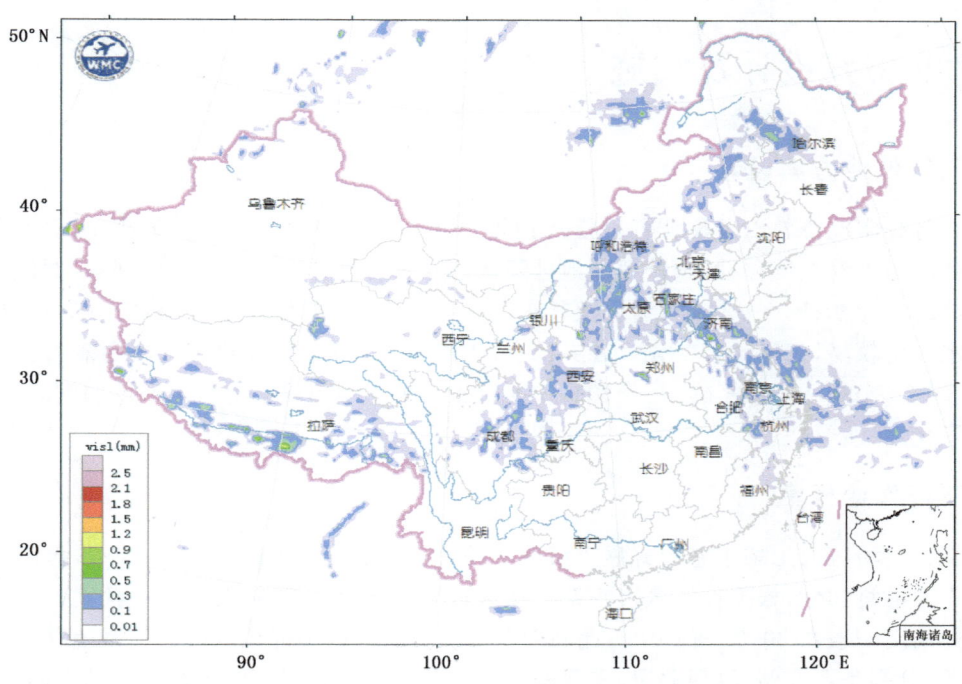

图7 2014年5月10日08时垂直累积过冷水含量分布图

4.3 增雨指标体系

根据多年人影作业指标分析,初步得出适宜于内蒙古自治区飞机人工增雨作业的各项预报指标,供飞机人工增雨作业预报和决策使用。

(1) 天气系统：以河套低涡和蒙古低涡为主。
(2) 零度层高度：4月在3500 m以下，5月、7月和9月在4000 m以下，6月在4600 m以下，8月在5000 m以下。
(3) 抬升凝结高度：4月抬升凝结高度在750 hPa以下，5—9月份抬升凝结高度值在800 hPa以下。
(4) 可降水量：平均值大于22 mm。
(5) 积分云水量：作业区内积分云水量基本值为1~2 mm，中心值在3 mm以上，大面积均匀分布。
(6) 500 hPa云水含量：作业区内云水含量基本值为0.1~0.5 g/kg，中心值在1 g/kg以上，云水含量大面积均匀分布。
(7) 750 hPa雨水含量：作业区内雨水含量基本值为0.1~0.5 g/kg，中心值在1 g/kg以上，雨水含量大面积均匀分布。
(8) 雷达回波的基本强度达到或超过15 dBz，主体回波强度达到或超过25 dBz，回波中心强度一般不超过35 dBz，如果超过，其连续面积也不应太大；
(9) 以垂直累积液态含水量作为辅助参数，其基本值应达到3 kg/m^2，主体值达到5 kg/m^{2}或10 kg/m^2，最大值一般不超过40 kg/m^2。

5 作业方案设计及实施

5.1 飞行作业方案设计

综合各种实况资料以及集合各种模式预报，预计8日20时—10日20时，内蒙古中部地区有自西向东天气系统移动，预计西部地区降水从9日凌晨开始，全区大面积降水时段集中在9日08—20时。9日08—20时，河套及其东部乌兰察布市、锡林郭勒盟、赤峰一带整层水汽、积分云水含量较高，(700~550 hPa)分层云水、雨水含量丰富，具有较好的增雨潜力。建议作业高度3500~4000 m，温度在0~−20℃。同时密切关注中部地区不稳定条件的发展，注意飞行作业安全。

5.2 飞行作业预案

内蒙古自治区人工增雨基地开展飞机增雨作业已有几十年的历史，为进一步提高飞机人工增雨作业的科学性，根据作业区影响系统及区域特点制订不同的飞行作业预案。飞机人工增雨作业高度一般在3000~5000 m，此高度范围内影响我区中部地区的天气系统移动路径主要有两条，分别是西北路径(西北风)和西南路径(西南风)。根据天气系统的移动方向和风向，在作业区内制定不同的飞行方案(图8)。当高空风为西南风时，作业区内飞行方案以"几"字型开展，如图8所示。当高空风为西北风时，作业区内飞行方案以"田"字型开展，如图8所示。

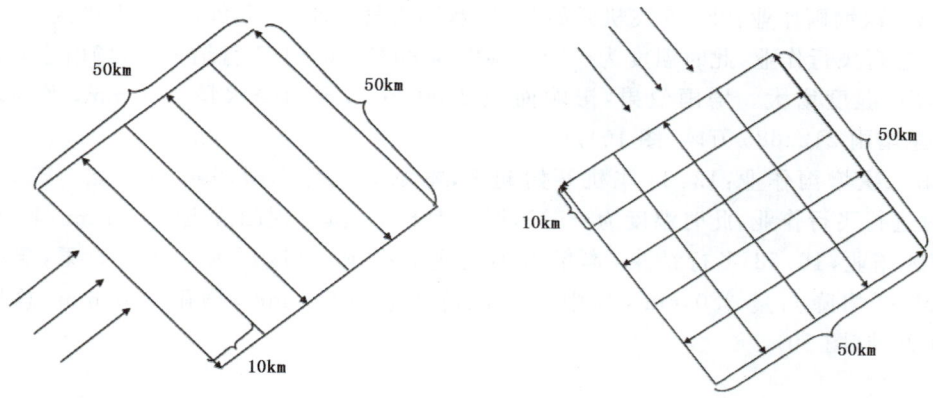

图8 内蒙古中部人工增雨作业设计方案(西南风)

5.3 实际飞行作业方案

5月9日08时,内蒙古中部地区处于冷涡底前部所控制,河套西部有风场切变存在,作业区南部有湿舌向北延伸,作业区南部及东部有较密实的云场覆盖,云顶温度较低,因此申报作业区南部及东部航线进行作业。5月9日14时,随着高空冷涡向东移动,作业区的西部及北部有大量云系覆盖,巴彦淖尔市和鄂尔多斯市有大片均匀回波向东北方向移动,预计对作业区的降水影响可以持续到夜间,因此考虑申报作业区偏西部及北部的航线作业,同时在作业区的西北部地区选取试验区进行飞机增雨催化作业(图9)。

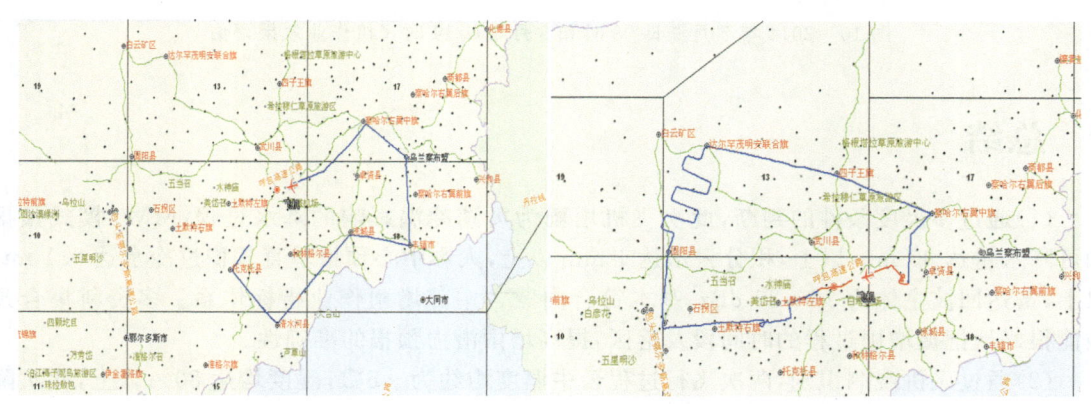

图9 2014年5月9日08时和5月9日14时内蒙古中部飞行航线图

6 作业效果评估

飞机作业效果评估:根据作业起始点经纬度、垂直于风向的作业跨距、作业层平均风速、催化剂影响时效,利用作业前后的雨量实况、雷达回波观测信息、作业剂量、雨滴谱和作业情况等,结合核化理论,自动计算影响面积,并在地理信息图上显示影响区域。自动计算影响时段内影响区的平均降水量、划定的对比区降水量,进行作业效果的初步评估。

(1)第一次增雨作业:08:15飞机开始起飞,本场天气为小阵雨,2000 m飞机入云,上升至3600 m时进行飞行作业,此时温度为-5℃,湿度为80%,10:51飞行结束,本场由小阵雨变成持续性小雨,湿度增大。增雨效果:影响面积2500 km²,平均降水量5.6 mm,平均增雨量0.8 mm,总增雨212.685万吨(图10)。

(2)第二次增雨作业:13:25飞机开始起飞,本场天气为小雨,900 m开始入云,上升至3600 m时进行飞行作业,此时温度为-5℃,湿度为85%,其中固阳段飞机有5 mm积冰,选择进行作业区作业,16:58飞行结束,本场由小雨变成中雨,湿度增大。增雨效果:影响面积17150 km²,平均降雨量3.0 mm,其中作业区降雨量13.5 mm,增雨2.0 mm,总增雨量1233.274万吨(图10)。

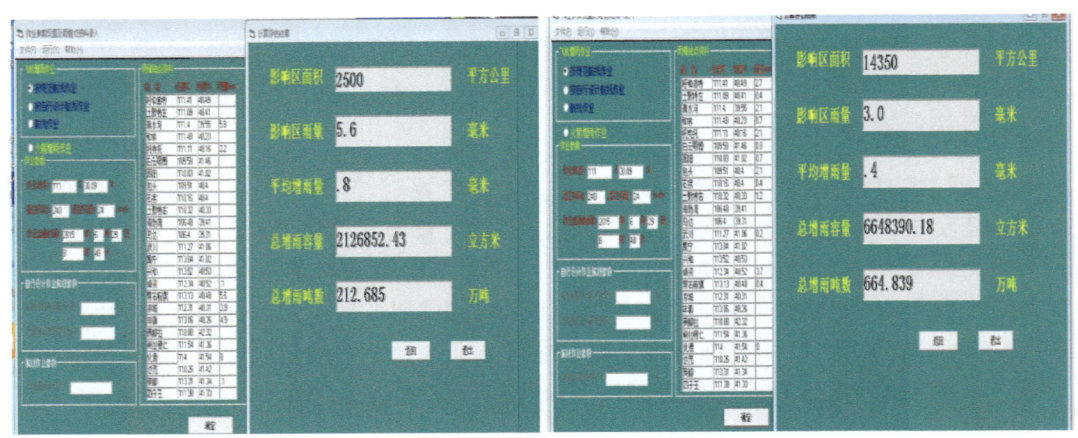

图10 2014年5月9日08时和5月9日14时飞机作业效果评估

7 总结

(1)通过多尺度条件的判断,此次飞机增雨为贝湖冷涡影响的降水过程,MM5模式预报的可降水量达30 mm以上,积分云水达1 mm以上,人影中心预报垂直累积过冷水达0.1 mm以上,雷达回波主体为25~35 dBz,基本符合内蒙古中部增雨作业指标体系。多资料集合预报能很好地把握增雨过程的时间段及落区,提高增雨潜力预报的准确性。

(2)通过飞机观测识别,两次飞行过程云中温度均约为-5℃,湿度均达80%以上,此次降水云具有很好的可播性,以混合性降水为主。

(3)通过飞机作业效果评估发现,此次作业过程雨量明显增加,平均增雨量达0.8 mm以上,其中作业区增雨量可达2.0 mm。飞机作业后雨量增加是否是作业效果引起的,还需更多的试验和统计。

参考文献

[1] Yum S S, Hudson J G. Maritime/continental microphysical contratus in stratus[J]. TELLUS SERIES BCHEMICAL AND PHYSICAL METEOROLOGY,2002,**54**(1):61-73.

[2] Hobbs P V. Research on clouds and precipitation past, and future[J]. Bull Amer Meteor Soc, 1989, **70**:282-285.
[3] 陶树旺,刘卫国,胡志晋,等. 层状冷云人工增雨可播性实时识别技术研究[J]. 应用气象学报,2001,**12**(sj)14-22.
[4] 段英,吴志会,石立新. 飞机人工增雨催化条件的研究[J]. 生态农业研究,1998,**6**(1):80-83.
[5] 周毓荃,欧建军. 利用探空数据分析云垂直结构的方法及其应用研究[J]. 气象,2010,**36**(11):51-59.
[6] 蔡兆鑫,周毓荃,蔡淼. 一次积层混合云系人工增雨作业的综合观测分析[J]. 高原气象,2013,**32**(5):1460-1469.
[6] 黄梦宇,张蔷,魏强,等. 2005年北京消云试验微物理检验[J]. 气象,2008,**12**(34):191-194.

一次层状云飞机增雨作业的综合分析

张苗苗　牛忠清

黑龙江省人工影响天气办公室,哈尔滨 150030

摘　要　本文应用 GRAPES 模式预报资料、卫星云特征参量产品、雷达、区域小时雨量等资料,基于云降水精细分析系统(CPAS),对 2014 年 5 月 12 日一次层状云飞机增雨作业过程进行了综合分析。结果表明:GRAPES 模式为此次增雨作业潜力区识别提供了重要依据,模拟的云带范围、云层厚度、发展趋势与实况基本一致,垂直累积过冷水含量及其高度的预报为作业时机选择提供了重要参考;从作业效果看,作业后影响区内雷达回波强度增大,云层增厚,垂直累积液态水含量有所增加,影响区内平均雨量明显高于对比区。

关键词:层状云,飞机增雨,效果分析

1　引言

由于水资源的短缺,我国大部分地区都实施人工增雨,大范围的层状云降水云系是主要作业目标。我国的西北、华北和东北在春秋季都要对层状云开展人工增雨作业,冬季有时还要进行人工增雪。受需求推动,近几十年层状云成为我国大气科学领域的主要研究对象[1]。国内众多学者在层状云云系结构、降水机制、人工增雨条件、作业方法等方面做了大量的研究工作[2—7],为人工增雨业务工作的科学开展奠定理论基础。黑龙江省自 1987 年开展飞机人工增雨作业以来已有多年历史,层状云是春季森林防火增雨作业的主要对象,人工增雨作业的业务流程也日渐完善。

本文以 2014 年 5 月 12 日一次典型的层状云飞机增雨作业过程为例,基于国家级云降水精细化分析平台(CPAS),应用 GRAPES 模式预报产品、卫星云特征参量产品、雷达、区域小时雨量等资料,从需求分析—增雨潜力预报—监测分析—作业方案设计—作业实施—效果评估进行了综合分析。

2　需求分析

根据黑龙江省农业与生态气象中心发布的 4 月下旬和 5 月上旬的农业气象旬报,4 月下旬,黑龙江省松嫩平原西南部、大兴安岭大部、黑河部分县(市)无降水或降水微量,与历年同期相比偏少 1~9 成。5 月上旬,大兴安岭、黑河、齐齐哈尔、大庆大部降水量不足 10 mm,与历年同期相比,偏少 1 成~1 倍。统计黑河和大兴安岭地区区域站 4 月下旬至 5 月上旬降水量,结果显示,150 个区域站中仅 6 个站出现 10 mm 以上降水,88.7% 的区域站,20 天内降水不足

5 mm。受持续高温、大风、少雨等天气影响,大兴安岭林区森林火险等级持续偏高。4月24日至5月2日,黑龙江省气象局和省森林防火指挥部多次联合发布大兴安岭地区、黑河市等地区森林火险橙色、红色预警信号。

3 增雨潜力预报

3.1 GRAPES模式预报产品分析

根据欧洲中心和T639模式预报,受高空低涡东移北上的影响,黑龙江省自5月11日开始有一次降水过程。12日08时,冷涡中心位于吉林省西部,黑龙江省大部整层水汽充沛,随着系统的北移,雨带向北、向东扩展,带来全省范围的降水。14时,伴随低涡北上,关注区域黑河、大兴安岭地区位于低涡顶部,雨量逐渐增大。此外,考虑到风向、风速对催化剂扩散的影响,关注区域700 hPa为东北偏北风,风速10~12 m/s。

GRAPES模拟的云带显示(图1),5月11日23时云带已基本覆盖黑河地区,随着云系的进一步北上,黑河地区云层发展得更加密实紧凑,12日14时云系最为强盛,云中垂直累积过冷水含量也不断增加,过冷水含量为0.01~0.5 mm,具备一定的增雨潜力。

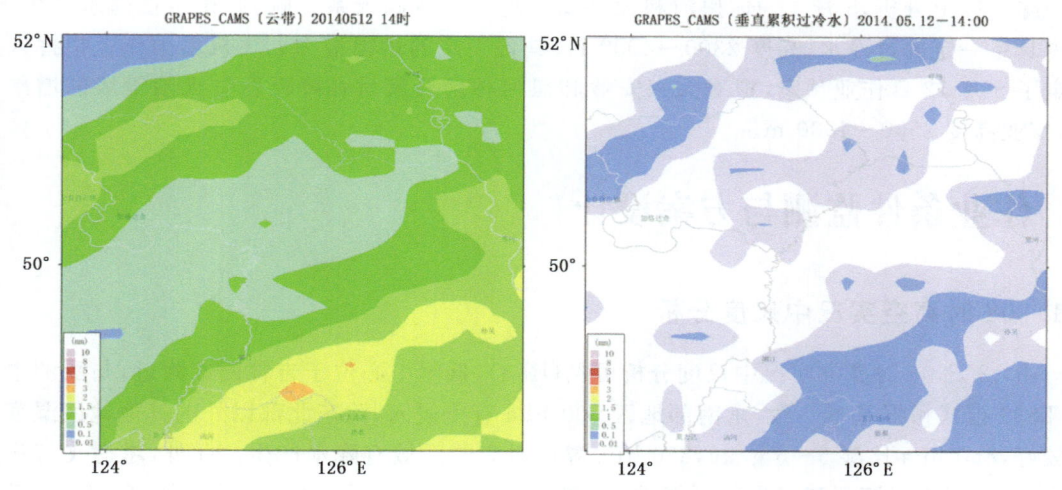

图1 GRAPES模拟5月12日14时云带(左)和垂直累积过冷水(右)

沿50°N纬线对应位置为大兴安岭南部、黑河北部地区,由图2可见,5月12日14时,以上地区过冷水位于0~-10℃层,高度2300~4000 m,过冷水含量0.01~0.05 g/kg,过冷云水层有一定厚度,冰相粒子发展较好,有一定的增雨潜力。

沿50°N纬线做水成物垂直剖面,对应大兴安岭地区南部、黑河北部。由图2可见,5月12日14时左右,云水含量0.001~0.05 g/kg,分布在800~600 hPa;雨水比含水量0.001~0.5 g/kg,集中分布在800 hPa以下;过冷水位于0~-10℃层,高度2300~4000 m。冰晶分布在800~300 hPa,数浓度1~10/L,4000~8000 m冰晶浓度相对较高;雪晶和霰粒子分布在850~300 hPa,比含水量0.001~0.3 g/kg。从以上模拟结果来看,12日14时,大兴安岭南部、黑

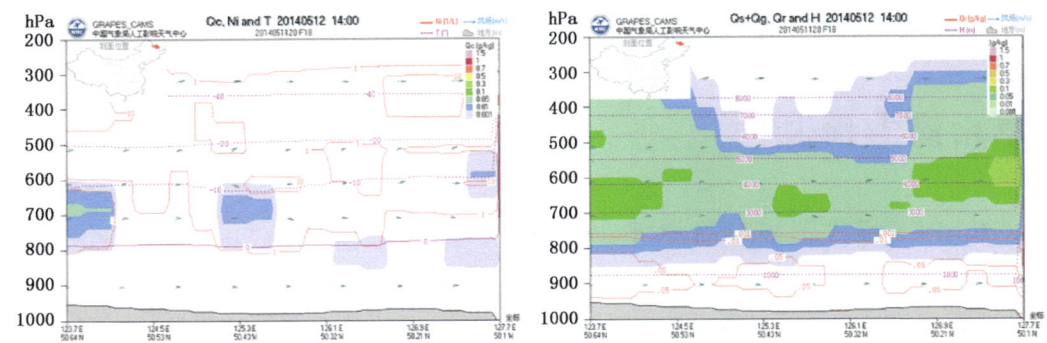

图2 2014年5月12日14时沿50°N纬线水成物垂直剖面
左图:云水(填色阴影),冰晶(红色等值线),等温线(紫色等值线)
右图:雪+霰(填色阴影),雨(红色等值线),等高线(紫色等值线)

河地区过冷云水层具有一定厚度,冰相粒子发展较好,具备一定的增雨潜力。

3.2 作业预案设计

综合以上分析,5月12日,黑河和大兴安岭地区受冷涡云系影响,有稳定性降水产生,云系中具备一定的过冷水,高度2300～4000 m,具备一定的增雨潜力。飞机增雨作业指挥人员制定了5月12日作业预案,拟对大兴安岭和黑河林区开展旨在降低森林火险等级的增雨作业,作业高度2500～4000 m。

4 作业条件监测与方案设计

4.1 08时高空实况中尺度分析

由12日08时高空实况中尺度分析可见(图3),低涡中心位于吉林西部附近,与欧洲中心和T639模式预报基本一致,东南部地区500 hPa有干侵入,除东北部以外的其他地区湿度条件较好,850 hPa比湿5～6 g/kg,850 hPa湿区对应的区域有降水产生。此外,考虑飞行作业安全,需预报强对流天气发生的可能性,已知沙氏指数、K指数、对流有效位能(CAPE)、垂直风切变等是衡量大气稳定度的重要判别指标[8]。08时探空显示,嫩江站K指数24,SI指数6.91,CAPE值为0,整层湿度条件好,层结稳定,不利于对流的发展。随着低中心的北移,雨区自南向北扩展,黑河、大兴安岭地区位于低涡顶部,以稳定性降水为主,距离涡中心较远,雨量较涡中心附近偏小。

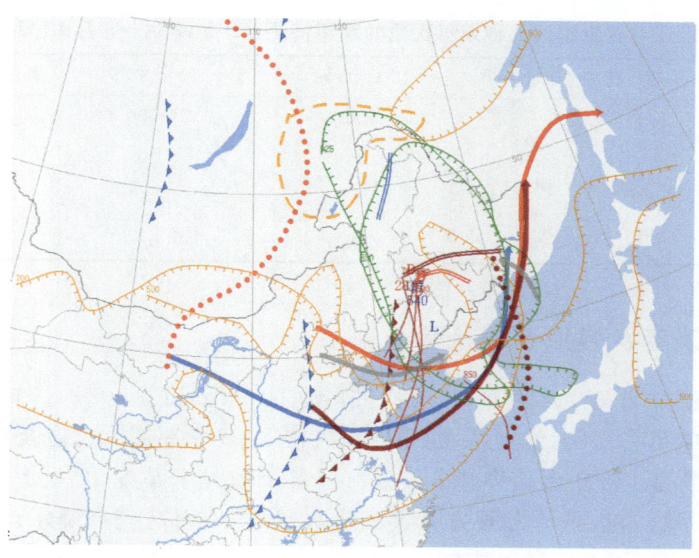

图3 2014年5月12日08时高空实况中尺度分析(按中尺度分析标准)

4.2 云垂直结构分析

选取距离目标区最近的嫩江探空站,利用相对湿度阈值法,分析嫩江上空的云系垂直结构[9]及其演变特征。由图4可见:11日08时,关注区域以中高云为主,云底高度4100 m,与人工观测云底高度(2500 m)存在一定差距(表1);11日20时,系统主体云系进入嫩江站,0℃层高度降低,整层相对湿度明显增加,云层增厚,云底降低,地面观测云底高度1500 m,此时本站降水尚未开始;12日02时以后,本站开始有降水产生,到12日08时,嫩江站云底高度降低至600 m,云层厚度约为6 km,0℃层高度降低至2000 m左右,−10℃层高度变化不大,约4000 m,与GRAPES模式预报高度基本一致。随着系统北上,中低层风向由偏南风逐渐转为偏东风,近地面风速约12 m/s。

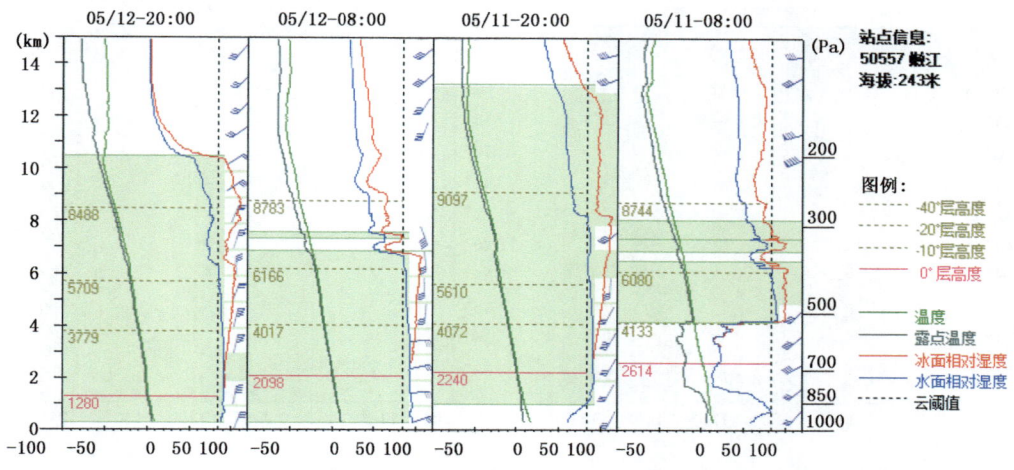

图4 嫩江站(50557)L波段探空分析云垂直结构(5月11日08时—5月12日20时)

表1 嫩江站探空瞬间云和天气现象的观测（5月11日08时—5月12日20时）

	12日20时	12日08时	11日20时	11日08时
云底高度(m)	600	600	1500	2500
总云量(成)	10	10	10	6
低云量(成)	8	8	8	6
天气现象	小雨	小雨	—	—

4.3 云场发展演变及模拟云场检验

图5中，红色框区为关注区域黑河、大兴安岭地区，由图可见，08—11时低涡北部光学厚度增大，云层发展的更为密实，云区范围、干冷空气侵入、光学厚度大值区及云带的发展趋势与GRAPES模式预报的云带变化趋势基本一致。卫星反演光学厚度12以上的区域与0.3 mm云带的范围基本一致，雷达显示为弱的层状云降水回波，地面对应有降水产生，0.7 mm云带与地面小时雨量1 mm以上区域对应较好。随着光学厚度的增大，降水由前期的分散性逐渐转变为大范围的稳定性降水。

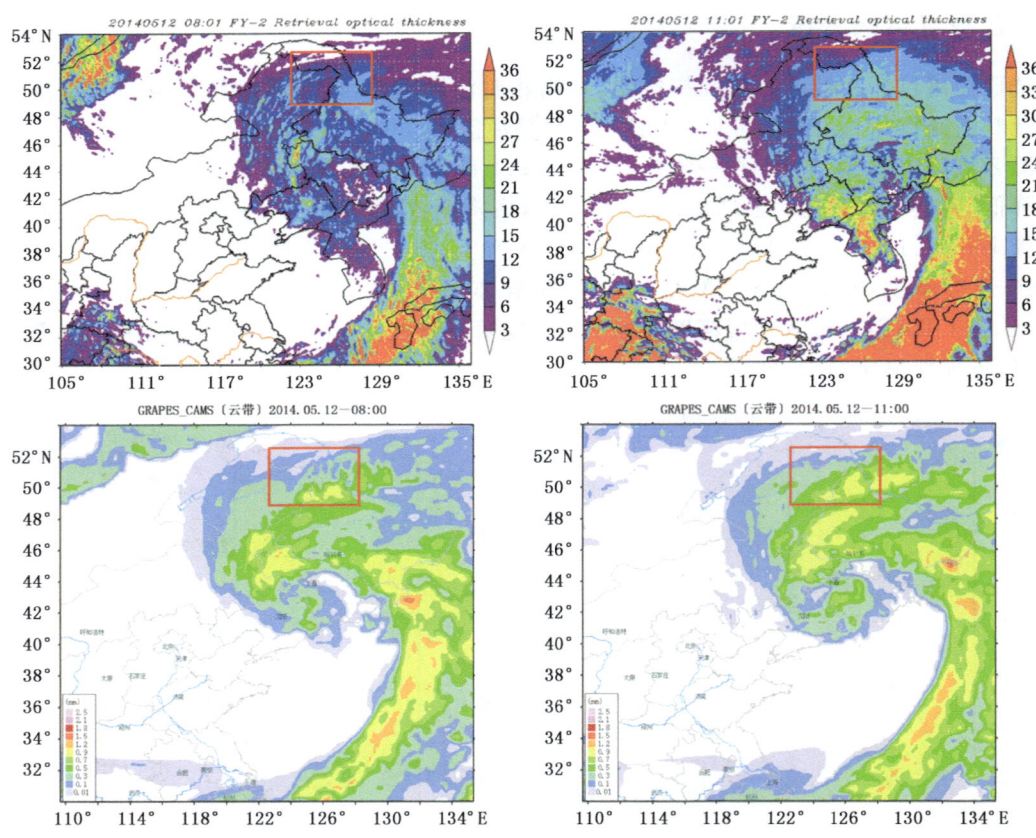

图5　5月12日08时和11时卫星反演光学厚度与GRAPES模式预报云带

4.4 飞行航线的设计

根据探空、卫星和雷达对云系宏微观结构演变的实时监测进行外推,预计 14 时左右黑河西部光学厚度 18 以上,云层增厚,回波增强,适合开展增雨作业,指挥人员制定了黑河机场增雨飞机的作业方案(图 6a),作业高度 2500～4000 m。

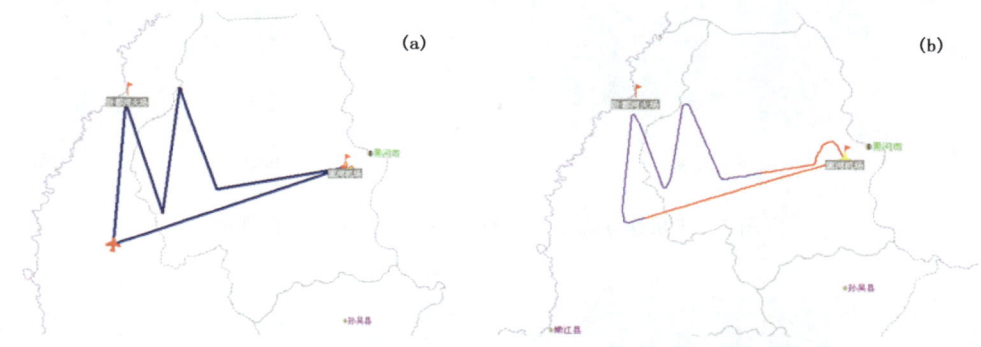

图 6　5 月 12 日黑河增雨飞机航线设计

5　作业效果评估

5.1　作业情况简介

5 月 12 日 12:52—15:06,黑河的增雨飞机对黑河西南部林区开展了增雨作业,播撒时间为 13:28—14:43,飞行轨迹与预设航线基本一致(图 6b),作业高度 2800～3000 m,温度 −2～−5℃。机上宏观记录表明,作业云系为层状云,云中飞行,云体厚,分布均匀,水汽充足,作业过程中,机翼、机头出现不同程度积冰,表明云中过冷水含量较丰富。此次作业消耗 AgI 焰弹 100 发、烟条 2 根、19 管焰弹 10 根,纯 AgI 含量 320 g。

5.2　作业后雷达回波强度与垂直累积液态水含量的变化

根据机上宏观观测和卫星云图可知,增雨飞机在云内进行播撒作业,图 7 给出了播撒轨迹上的雷达回波强度,可见,播撒路径上雷达回波较弱。如图 8 所示,A 点,飞机开始催化作业,B 点结束播撒,播撒结束时间 14:43,由 14:41 雷达回波组合反射率可见,B 点以西雷达回波强度较弱。图 9a 给出了作业后催化剂随高空风的扩散情况及影响范围,受偏东风影响,催化剂向西偏西南方向扩散。图 8 中 14:53 雷达回波组合反射率可见,作业结束后约 10 分钟,云系向西偏南方向移动,框区西南部雷达回波强度增大,云层增厚。作业结束后 20 分钟至 1 小时,随着作业影响云系向偏西方向移动,影响范围扩大,15 dBz 以上回波区域面积也有所增大。以上区域垂直累积液态水含量也有所增加,面积增大,结构也更加密实(图略)。需要说明的是,由于此次作业区域为低涡外围云系,降水强度远小于低涡中心,雷达回波强度偏弱,垂直累积液态水含量偏低,作业前后雷达回波强度和垂直累计液态水变化不明显。

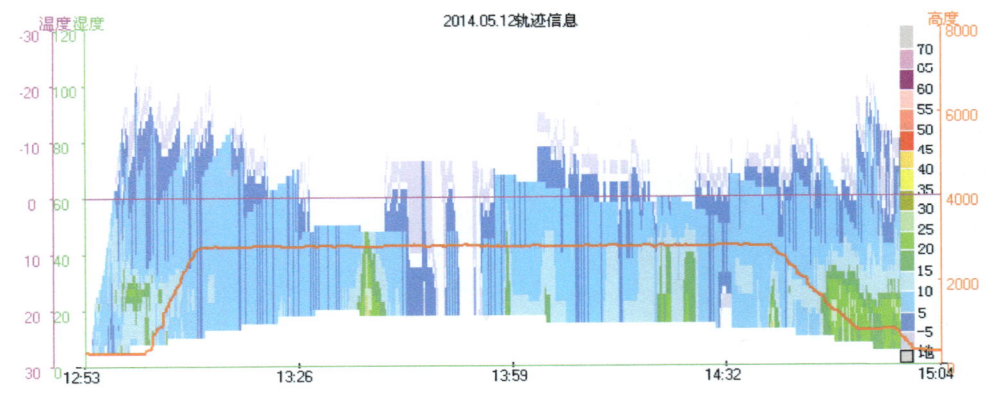

图 7　飞机作业高度及飞行轨迹上的上雷达垂直剖面

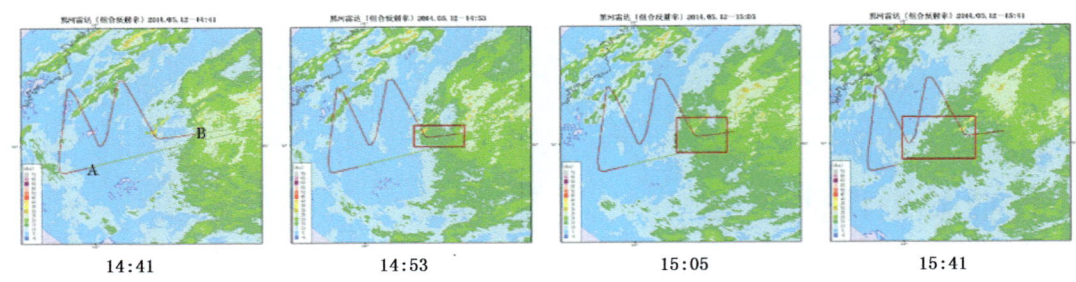

图 8　飞机增雨作业后雷达回波组合反射率的变化特征

5.3　作业影响区与对比区雨量对比

为了分析此次作业的增雨效果,应用 CPAS 平台,根据 08 时探空所得作业高度层的风向、风速计算作业后 3h 的影响区,风向 70°,风速 10m/s,生成作业影响区,即图 9a 中红色框区,同时自动生成对比区,考虑到位于加格达奇机场的增雨飞机对周边地区开展了增雨作业,所以影响区西侧的对比区未列入统计,共选定了 3 个对比区。

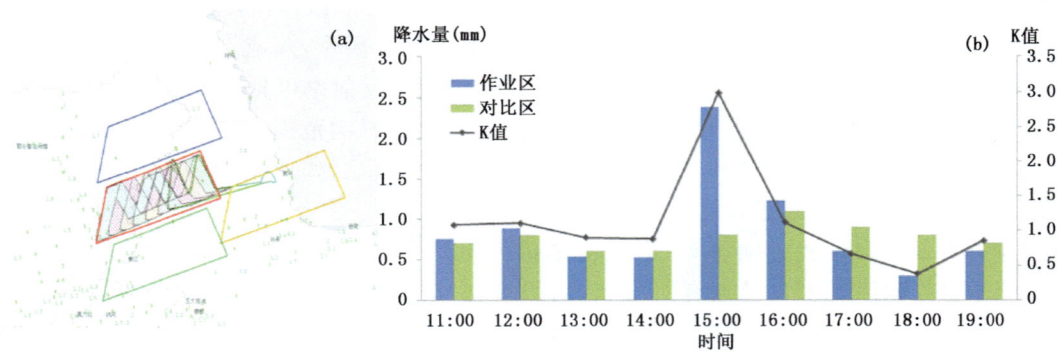

图 9　(a)作业影响区与对比区示意图;(b)作业影响区与对比区逐时雨量平均雨量对比

比较影响区和对比区内区域雨量站小时雨量均值(图9b),结果显示,作业前(14时以前),作业影响区和对比区小时雨量的变化相对平稳,作业区与对比区雨量比值(K值)变化不大,在0.9~1.1;作业后1 h,K值增至2.99[10],即作业结束后影响区雨量明显高于对比区,表明作业存在一定的效果;而作业2 h以后,影响区内降水明显减少,K值亦减小。值得注意的是,作业结束后17时开始,影响区内雨量明显下降,对比区雨量则变化不大,是否意味着作业后随着云水转变为雨水降落至地面,空中水汽未得到有效补充,导致影响区降水量的减少?

综合以上分析,作业后影响区内雷达回波组合反射率有所增强,云层增厚,垂直累积液态水含量有所增加,影响区内平均雨量明显增加,表明此次作业存在一定效果,但区域内降水量偏少,作业效果不显著。

6 小结

(1)此次降水过程,作业区域位于低涡顶部,受低涡外围云系影响,为稳定的层状云降水,降水持续时间长,具有一定的增雨潜力,但水汽含量、水汽的输送及动力条件都较低涡中心差,因此降水量也较低涡中心偏少。

(2)GRAPES模式对此次过程的云带的预报效果很好,云带范围、云层厚度、发展趋势与实况基本一致,0.3 mm、0.7 mm云带对增雨潜力区的选取具有一定指示意义,垂直累积过冷水含量及其高度的预报为作业时机选择提供了重要参考。

(3)从作业效果看,作业后雷达回波强度增强,云层增厚,垂直累积液态水含量有所增加,影响区内平均雨量明显增大,且高于对比区。

参考文献

[1] 洪延超.层状云结构和降水机制研究及人工增雨问题讨论[J].气候与环境研究,2012,17(6):937-950.
[2] 洪延超,李宏宇.一次锋面层状云云系结构、降水机制及人工增雨条件研究[J].高原气象,2011,30(5):1308-1323.
[3] 胡志晋.层状云人工增雨机制、条件和方法的探讨[J].应用气象学报,2001,12(增):10-13.
[4] 洪延超,周非非.层状云系人工增雨潜力评估研究[J].大气科学,2006,30(5):913-924.
[5] 孙鸿娉,李培仁,闫世明,等.华北层状冷云降水微物理特征及人工增雨可播性研究[J].气象,2011,37(10):1252-1261.
[6] 石爱丽,郑国光,孙晶,等.河南省一次秋季层状云降水增雨潜力的观测和数值模拟分析[J].气象,2013,39(1):67-73.
[7] 郭世昌,李慧晶,李艳伟.一次层状云人工增雨过程的数值模拟研究[J].南京大学学报(自然科学版),2011,33(1):60-66.
[8] 廖向花,周毓荃,唐余学,等.重庆一次超级单体风暴的综合分析[J].高原气象,2010,29(6):1556-1564.
[9] 周毓荃,欧建军.利用探空数据分析云垂直结构的方法及其应用研究[J].气象,2010,36(11):50-58.
[10] 蔡兆鑫,周毓荃,蔡淼.一次积层混合云系人工增雨作业的综合观测分析[J].高原气象,2013,32(5):1460-1469.

用一次卫星反演积层混合云降水宏微观特征来探讨人工增雨的可播性*

孙鸿娉 李培仁 申东东 李义宇 封秋娟

山西省人工降雨防雹办公室,太原 030002

摘 要 通过对 2010 年 8 月 17—19 日山西层状云降水过程的分析,用 FY2C 静止卫星跟踪云系的演变发现:云系维持时间达 35 h,17 日白天到夜间云层增厚,云滴有效半径(Re)稳定,降水少,云系的自然降水过程较弱,具有较好的增雨作业潜力。从 FY-2C/D 卫星资料反演云系微物理特征结果表明:(1)8 月 17 日白天云顶温度−10 ℃,Re 小于 12 μm,云体较厚,含有丰富过冷水,冰晶或大滴不足;(2)夜间在有高云参与(可能有播种效应)的情况下,产生了较好的降水;(3)持续稳定的中低层状云系存在较好的增雨作业机会;(4)综合分析得到适宜于这次过冷层状云人工增雨作业条件的卫星判据为:云厚达 2 km 以上,云顶温度−10 ~ −20 ℃,云顶 Re 小于 15 μm。这为卫星资料在人工增雨的条件选择上提供了个例应用实例。

关键词:卫星反演,层状云,人工增雨条件,过冷云,卫星判据

1 引言

层状冷云是中国北方主要的人工增雨作业云系。冷云催化是指云中自然降水不很充分、云水较多且冰晶不足,具有增雨潜力的前提下,通过人工引入适量的冰核(或直接注入制冷剂触发均质核化生成冰晶),加快冰水转化、促进冰晶增长,提高降水效率,达到增加降水的目的[1-3]。因此,利用云探测技术了解云的状况和增雨潜力,识别适宜作业云体和时机成为人工增雨的关键技术之一。

多年来,人们一直致力研究识别适宜作业云体和时机的手段和方法[4-7]。播云温度窗的概念,指出云顶温度处于−10 ~ −24 ℃ 时具有可播性[8]。热带海洋气团的云顶温度高于−20 ℃ 时才具有可播性,并估计了可增加的降水效率为 2% ~ 15%[9]。对于一定状态的云,其最充分的降水对应于最佳冰晶浓度[10]。根据云降水的宏观特征(云顶、云底高度和温度、过冷层厚度、云中上升速度)和云微物理特征(冰面过饱和水汽差、过冷水、冰晶浓度)来识别人工增雨作业云体[11]。但是,受观测技术及成本限制,人工增雨作业中有时很难获取较为准确的云中上升速度、云厚、过冷水、冰晶浓度等资料,而这些又是冷云催化中很关键的量。

众所周知,云探测最有效的手段是飞机、雷达、卫星。由于卫星具有大范围连续性等优势,探测技术发展迅速,极轨和静止卫星均搭载了多通道探测器,获取高时空分辨率的多光谱资

---

* 资助项目:公益性行业(气象)专项(GYHY201206025);山西省重点研发计划(201603D321123);山西省气象局重点项目(SXKZDRY20165204)。

料,用于反演多种云物理特征参数,其中最具代表性的是云光学厚度、云顶粒子有效半径、云顶相态。国内外在卫星遥感反演云特征上做了大量的工作。利用 NOAA 卫星 3.7μm 反射率确定了北极地区云的相态[12]。建立了云微物理卫星反演方法,利用可见光反射率、温度和粒子有效半径识别水云、冰云、沙尘等,分析云降水物理过程;用于研究森林大火烟气、城市和工业污染物等对降水的抑制作用、大盐核对降水的恢复作用,以及过冷层云中催化云迹的微物理结构[13-15]。利用 Cloudsat、卫星资料中的欧洲中心中期天气预报(ECMWF)温湿度廓线、雷达反射率因子等产品结合探空秒数据和地面观测资料从云物理的角度分析了 2008 年初发生在我国南方地区的一次典型冻雨天气的云结构特征[16]。李俊等提出了卫星气象为适应良好的发展机遇所面临的挑战,它们是:绝对辐射定标和真实性检验、发展快速精确的辐射传输模式、全球模式中同化卫星遥感的水汽和云等资料、在区域模式中同化卫星遥感的高分辨率资料和发展先进的反演算法[17]。将增雨潜力与不稳定能量联系起来[18];观测分析指出,−22 ℃ 的云顶温度为地形云增雨的分界线[19]。因此,结合增雨假定和已有的研究成果,借助现代常规的云探测工具,标识适宜的催化对象和时机是实用技术之一。

以往的这些研究多基于极轨卫星的观测分析,少有从云系发展变化到形成降水的时空演变方面分析云参数的演变。本文试图通过一次层状云降水过程中的卫星资料云参数演变特征的研究,得出云和降水的时空演变规律,给降水分析预测及人工影响天气条件的分析提供依据。

2 云微物理特性参数产品简介

FY-2C 静止卫星是由我国自主研制并于 2005 年 6 月 1 日正式投入运行的业务卫星,拥有较高的时间频次,2007 年 FY-2D 的发射使得卫星资料的时间间隔缩短至 15 分钟,十分有利于跟踪监测目标云系。其主要探测器 VISSR 除可见光通道、两个长波红外窗区通道及水汽通道外,还有对粒子大小十分敏感的中红外通道(3.5~4.0 μm),这些条件为反演获得高时间分辨率较高精度的云物理特性参量打下了基础。根据 FY-2C/D 卫星的条件,融合高空和地面等其他观测信息联合反演,开发了一套包括云顶高度、云顶温度、云过冷层厚度、云暖层厚度、云底高度、云体厚度、云光学厚度、云粒子有效半径、云液水路径等云宏微观物理特征参数的反演方法,并业务化运行,形成了近 10 个云宏微观物理特征参数的系列产品[20]。这些宏微观量的获取为分析适宜飞机人工增雨的宏观云层条件提供了强有力手段。本文利用周毓荃等研发的 FY2C/D 卫星云参数反演系统,对 2011 年 8 月 17—19 日山西一次降水过程的 FY2C/D 静止卫星资料进行反演,得到云黑体亮温、云顶高度、云顶温度和云光学厚度等参数。反演产品的分辨率为 5 km×5 km,双星反演的时间间隔为 0.5 h。

系列云参数产品的物理意义和可能作用分别为:

• 云顶高度(Ztop):云顶相对地面的距离,单位为(km)。有助于了解云系的发展程度和演变趋势。

• 云顶温度(Ttop):云顶所在高度的温度,单位为(℃)。可用于进行人工增雨云系播云温度窗的选择。

• 云过冷层厚度(hh):0℃ 层到云顶之间的厚度,单位为(km)。可用于了解云系冷暖云垂直结构配置。

• 云暖层厚度(hw):云底到 0℃ 层之间的厚度,单位为(km)。有助于了解云系垂直冷暖配置结构和发展演变趋势。

- 云底高度（Zbot）：云底相对地面的距离,单位为(km)。有助于了解云系发展演变程度和降水发生的可能趋势。
- 云体厚度（Z）：云底到云顶之间的厚度,单位为(km)。有助于了解云系垂直方向整层发展演变趋势。
- 云光学厚度（τe）：是指云系在整个路径上云消光的总和,为无量纲参数,可用于了解云系垂直方向厚实程度。
- 云粒子有效半径（re）：在假设云层水平均一且较厚的条件下,云顶粒子的有效半径,单位为（μm）。可用于进行云中平均粒子大小的判断。
- 液水路径（Lwp）：是指单位面积云体上的垂直方向的液水总量,或叫柱液水量,单位为（g/m）。可用于了解垂直方向上云水的丰沛程度。

3 卫星探测与反演分析

3.1 天气形势

2011 年 8 月 17—19 日,西太平洋副热带高压控制长江以南地区,其脊线位于北纬 30°,584 线北抬至山西省中部地区,向西伸至西藏东部。从青海及新疆移入的短波槽沿西太平洋副热带高压北缘移入山西省,700 hPa 暖式切变线位置基本稳定在山西中部略偏北,850 hPa 暖式切变线随着西太平洋副热带高压等 5880 gpm 线位置变动而南北变化;而低空急流出口均指向暖式切变线南侧;两层切变线之间（T－Td）均≤4℃。受冷暖空气的共同影响 17 日山西省大部下了中到大雨部分地区暴雨。降雨量分布见图 1。

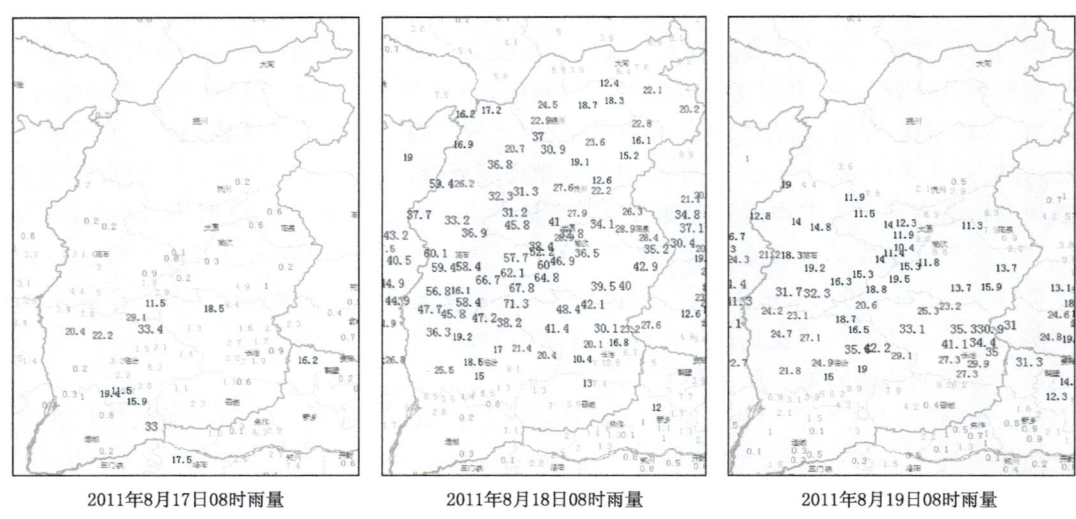

图 1　2011 年 8 月 17—19 日逐日雨量

多普勒天气雷达回波分析显示,17 日 13—18 时为非连片的降水回波,说明云滴转化成雨滴不充分,回波强度 20～30 dBz;17 日夜间至 18 日上午为连片的降水回波,回波强度 20～30 dBz。

3.2 卫星资料与地面降水定性分析

反演得到的各云参数对地面降水有一定指示意义,一般降水发生前,云顶不断抬升,云顶温度都较低,云光学厚度增大,强降水发生前,云顶超过 10 km,云顶温度低于 -40℃,云参数先于地面降水变化,降水开始前,云顶高度的跃增有大约 4 小时的提前量,降水开始后云参数较地面雨强变化的提前量为 1.5 小时左右。云的光学厚度与地面降水的相关性比云顶高度、云顶温度更好。一般地面降水强,云光学厚度也大,光学厚度较小(低于 10),即便云顶发展得很高地面也几乎无降水或降水较小;但云光学厚度大时地面降水强度并不一定大,有可能降水粒子数浓大,地面多降毛毛雨,云光学厚度和地面降水的关系还同云体的其他结构有关。

3.3 云层的增雨条件判别

-5~-24℃ 播云温度窗是层状冷云催化作业的重要条件之一,只有对云顶温度符合播云温度窗的云层作业才会有增雨效果。我国飞机人工增雨(雪)作业业务规范给出云顶温度的可播性指标为 -4~-24℃。卫星红外通道观测的是假定云为黑体下的亮度温度,由于云的发射率小于 1,所以云顶亮温要比实际的云顶温度低。增雨作业的目标云为具有一定厚度的降水性层状云,其云厚约在 2 km 左右,由卫星测值按普朗克公式推算出的亮温需加 5~10℃ 的修正[6],适宜增雨作业的云层的云顶红外亮温大致应在 -9~-34℃,而有些过冷却水云通道的亮度温度可以低至 -40℃[7]。为不丧失作业机会,将适宜作业云层的云顶亮温范围扩大到 -9~-40℃。

3.4 云微物理特性参数产品分析

图 2 为 FY-2C 静止气象卫星反演的红外云图,山西省上空云体主要为白色和浅粉色,上部粉红色云区为顶部冰晶化的高云,地表为蓝色,青色云区为薄云。白色和粉红色云区云较厚。

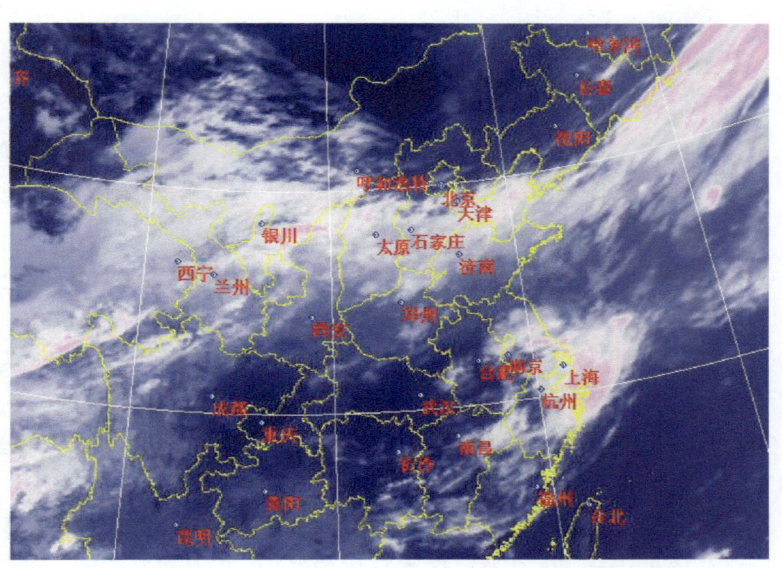

图 2 2011 年 8 月 18 日 10 时红外云图

图 3 为 FY-2C 静止气象卫星反演的云物理特性参数,由图 3a 可见,图 2 红外云图所示粉红色云区云顶高度最高约 11~12 km,白色和浅粉色云区云顶高度约 7~8 km。由图 3b 可见,粉红色云区云顶温度最低-40~-47 ℃,白色和浅粉色云区云顶温度为-27~-33 ℃。由图 3c 可见,粉红色云区 Re 较大(27~30 μm),白色和浅粉色云区 Re 小(18~21 μm)。

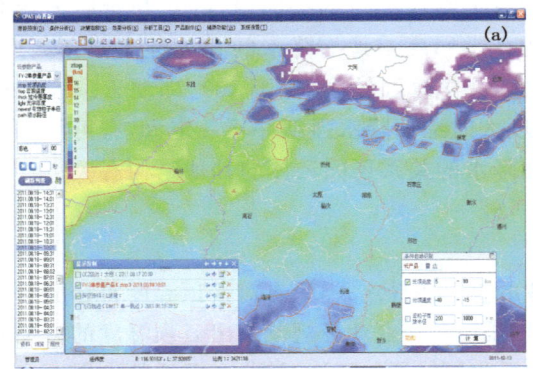
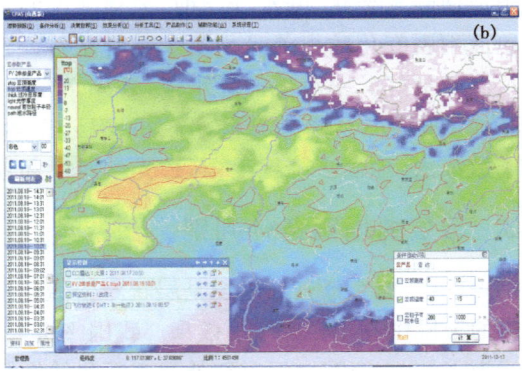
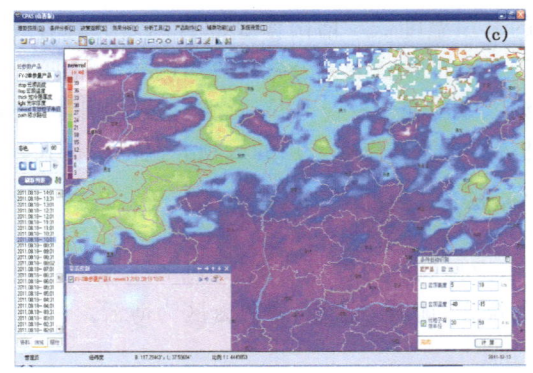

图 3 2011 年 8 月 18 日云参数
(a.云顶高度;b.云顶温度;c.云粒子有效半径)

综合分析,粉红色云区 Re 较大、云顶高度较高,白色云区 Re 较小,云顶较低,云顶温度南高北低。根据 Re 和 T 的大小,确定粉红色和浅粉色云区为过冷云区域。浅粉色区域对应地面有弱降水。

山西省上空覆盖云系 Re 为 3~30 μm(粉红色云区 Re 最大达 30 μm,青色云区的云滴很小,Re 为 3~6 μm),云顶温度-27~-40 ℃(南高北低),按 6.5 ℃/km 估算过冷层云厚为 4~6 km,根据飞机探测结果和小滴不易用冻结的特点,在此温度范围内 Re 为 6~15 μm 的云,以液态滴为优势,因此,主要为过冷水云。云底温度 3~5 ℃(南高北低,与附近最暖云顶近似,地面和探空观测近似),估算云厚为 6~8 km。粉红云区呈泡状,为冷云,云滴较大,云顶温度($T \approx -40$ ℃)较周围浅粉色云区低 7 ℃左右,其边缘部位有部分白色覆盖,表明有新生的云产生。东部、南部青色云区为暖云,云滴较大($T \approx 2$ ℃,$Re \approx 14$ μm)。右上部粉红色云区云顶 Re 大于 25 μm,温度低于-40 ℃,为顶部冰晶化的高云,其下部有低云,两层云有间隙。分析 12 时地面加密自动站小时雨量表明,粉色和浅粉色云区与地面降水区有较好的对应关系,表明有大滴时是可以产生降水的,供云滴长成雨滴的云厚(云滴生长环境)是够的。从这个意义上说,对白色云区播入冰晶(或冰核),启动快速冰水转化的贝吉龙过程产生大粒子,可望产生较好的降水,起到增雨作用。

利用 FY-2C 静止卫星每小时一次的多通道观测资料跟踪分析表明,8 月 17 日上午,可见光反射率递增,云顶温度递减,RGB 合成图上云体主要为白色和浅粉色,Re 较小且稳定,表明云体虽在逐渐加厚,但 Re 增大不明显,云体仍缺乏大滴或冰晶。虽然中低云系的厚度从白天到傍晚持续加厚(2 km→4.8 km),但是云顶温度相对较高(-7~-12℃),Re 较小(小于 9 μm)。说明云内缺乏冰晶或大滴,降水不充分,如 8 月 17 日 08—13 时山西北中部各站的降水量仅为 1 mm 左右,也说明了这一点。8 月 17 日下午至夜间,山西北中部地区有高云的引晶作用,云顶温度-35℃左右,17 日 21 时至 8 日 08 时降水量达 7~26.3 mm,约占过程降水量的 75%,说明中低云系配合高云的引晶作用有助于降水的增加,降水更加充分。山西南部地区在夜间虽然也有高云形成,但由于中低云条件差(云底高、云底温度低、云厚度小、云水含量低),地面降水很小(过程降水量小于 1 mm)。

太原站(53772)地面和探空资料分析表明:08 时云底高约 2 km,顶高 6 km,云顶温度-12℃,云底温度 3℃,云厚 4 km;20 时云底高 0.6 km,顶高 7 km,云厚 6 km,云顶温度-35℃。云层从白天到夜间逐渐加厚,与卫星探测的结果基本一致。

综合上述的个例分析,适宜过冷层状云人工增雨作业条件的初步卫星判据为:云厚达 2 km 以上(对应的云底、顶温度差 13℃),云顶温度-10~-20℃(高于-10 ℃时不利于 AgI 活化,低于-20℃时云滴一般可自然冻结),云顶 Re 小于 15 μm。

4 人工增雨作业

4.1 催化作业方案

8 月 17 日夜间,虽然云层较厚(2~4.8 km),云顶 Re 很小(5~8 μm),云顶温度为-10~-35℃,云层较厚,云内大滴或冰晶不足(Re<15 μm),符合冷云催化条件,但由于局部雷暴,因此,飞机人工增雨作业选择在 8 月 18 日早上实施。

10:05 起飞,起飞时本场小雨,湿度 89.7%,温度 17.8℃。起飞后一直爬升,10:27 到达高度 5000 m,并开始作业。随后一直保持 5000 m 平飞作业,从五寨—兴县—离石,10:46 到达五寨,11:07 到达兴县,12:03 到达离石附近。根据飞行时段宏观记录,五寨—兴县之间飞机在云外飞行。从兴县开始入云,云底较高,3000 m 左右,兴县—离石一直在云中飞行。离开离石平飞一段后飞机逐渐下降,12:38 落地。起飞和降落本场均为小雨。飞机催化作业轨迹见图 4。

4.2 云参数变化分析

图 5 为作业时段航线云参数与雷达回波变化图,可见雷达回波顶高 4~8 km,雷达回波与云参数有较好的正相关性。催化云系云顶高度 6.5~10 km,云顶温度-12~-35℃,且云顶温度的变化趋势与云顶高度变化趋势相反,即云顶发展得越高,云顶温度越低。催化云系云粒子有效半径 3~25 μm。

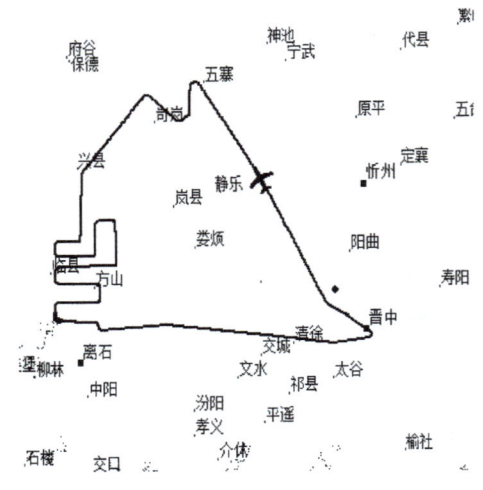

图 4　飞机催化作业轨迹图

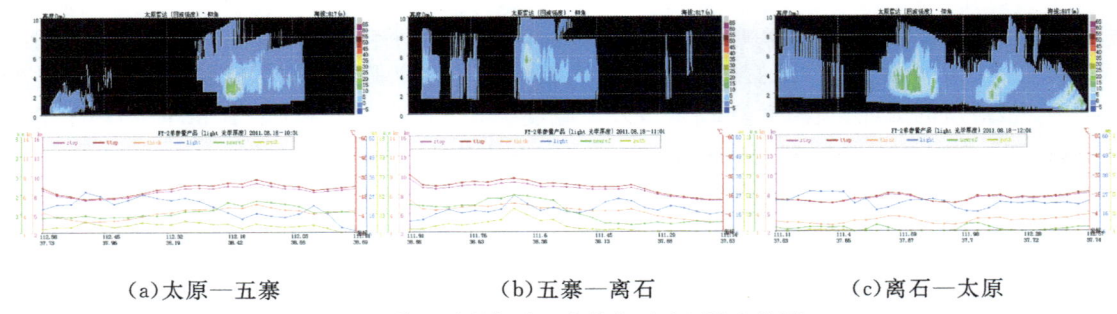

(a)太原—五寨　　　　　　　(b)五寨—离石　　　　　　　(c)离石—太原

图 5　作业时段航路云参数与雷达回波变化图

4.3　云粒子变化分析

由图 5 和图 6 可见飞机起飞后,在飞往五寨的过程中,从地面爬升到 5000 m,除起飞时穿过一层薄云外,基本在云外飞行,云滴浓度小于 1 个/cm³。与云参数与雷达回波探测结果一致。10:30—10:37 飞机探测小云滴浓度 20~40 个/cm³,基本无大云滴与降水粒子。探测对应雷达回波 15~20 dBz,反演云参数云顶高度 9 km,云顶温度-28℃,光学厚度较低仅 16,说明体结构松散,与飞机探测较低的云滴浓度一致。在五寨飞往离石的过程中,小云滴、大云滴与降水粒子浓度均有所增加,但起伏较大,最大值均出现在离石附近,小云滴最大浓度为 140.05 个/cm³,大云滴最大浓度为 15.53 个/cm³,降水粒子最大浓度为 0.0917 个/cm³ 对应该区域反演云参数,云顶高度降低为 7 km,云顶温度升高达-24℃,云体光学厚度显著增大为 27,说明云体结构密实,与飞机探测到较大的云滴与降水粒子浓度一致。在离石飞往太原的过程中,飞机开始降高,云滴浓度与降水粒子浓度均呈下降趋势,对应该区域反演云参数,云顶高度、云粒子有效半径均减小。

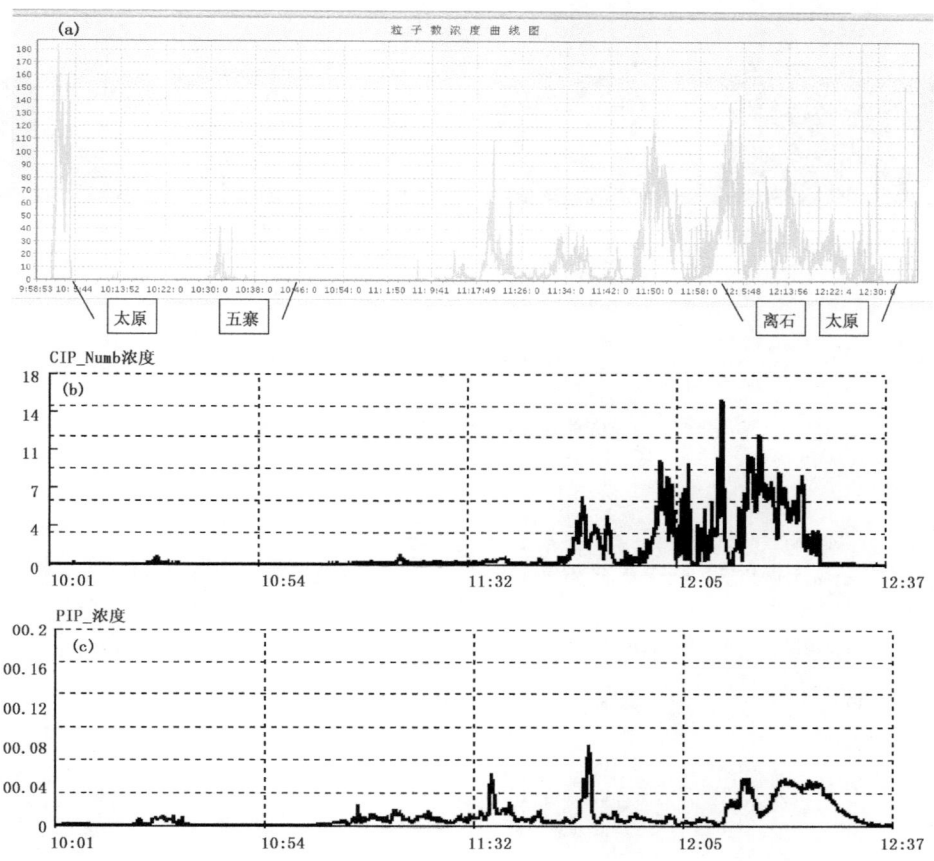

图 6 作业时段航路云粒子变化图
（a.CDP 粒子浓度的时间变化；b.CIP 粒子浓度的时间变化；c.PIP 粒子浓度的时间变化）

5 作业效果初评

选取作业区及下风方向 20 km 范围为作业及影响区，分别选择作业区东、南、西、北四个方向同时段未作业相同面积区域为对比区，利用作业区和对比区内区域加密自动雨量站平均降水进行雨量分析。

5.1 云参数变化

从图 7 作业区作业前后的云参数变化可以看出，作业后较强云系的云顶高度降低，云体较作业前均匀，作业后光学厚度明显增大，雷达回波顶高增大，回波范围较作业前明显增大。图 8 可见降水初期，云底由小粒子组成，作业后整层云粒子的有效半径增长明显，作业效果较明显。

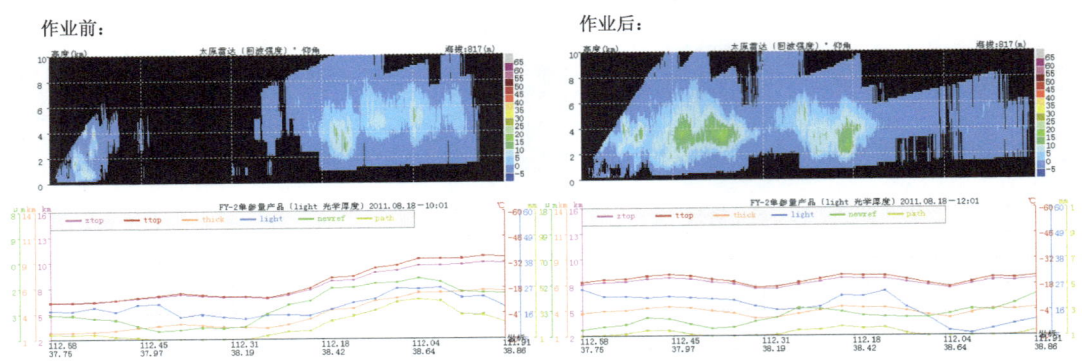

图 7 作业区作业前后的云参数与雷达回波变化

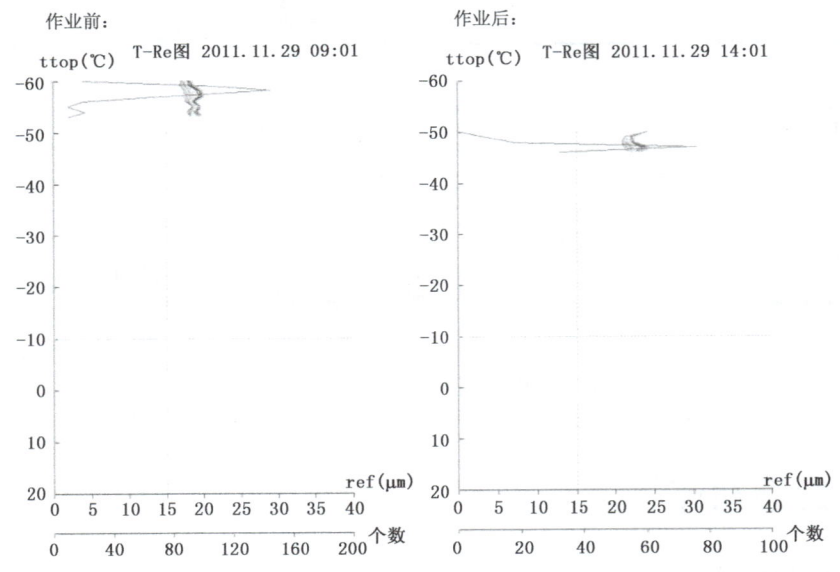

图 8 作业区作业前后 T-Re 变化

5.2 雨情变化分析

由图 9 可见催化时间段内兴县、方山,云顶高度 8 km,云顶温度约 $-24℃$,地面无降水,催化后反演的云顶高度、光学厚度、有效粒子半径均有所增加,地面出现降水。

表 1 为作业区与对比区雨量,在作业影响时段内(11—14 时)作业区的雨量大于北、西、东对比区,远小与南部对比区,这是由于南部对比区内存在小块对流云,引起局部降水量增加。而在 17—20 时,降水系统东移自然降水阶段作业区与北、南对比去降水量相差不大,西部对比区较小,东部对比区较大。

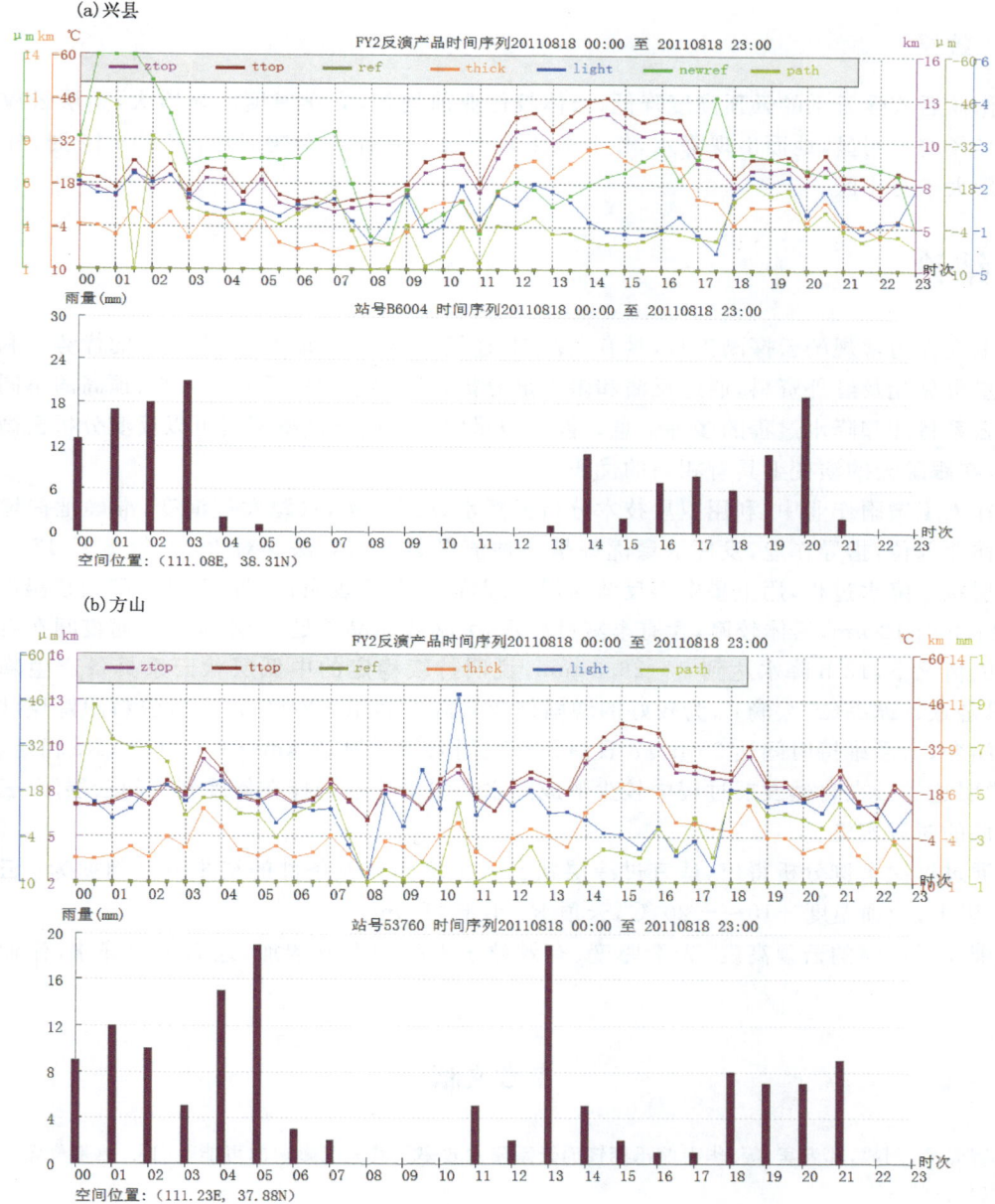

图 9 作业区代表站点的雨量变化图

表 1 作业区与对比区雨量

区域	11—14 时	17—20 时
作业区	9.88	1.41
北部对比区	8.71	1.81
南部对比区	14.2	1.77
西部对比区	9.00	0.34
东部对比区	8.29	6.14

5.3 效果

作业后较强云系的云顶高度降低,云体较作业前均匀,光学厚度明显增大,整层云粒子的有效半径增长明显,地面出现降水,作业效果较明显。在作业影响时段内(11—14时)作业区的雨量大于对比区。

6 结论

卫星作为常规的云探测工具,具有大范围、连续性、资料获取便利、多光谱的优势。利用静止卫星可见光及红外资料,通过反演和多光谱分析,可以从云厚、云粒子大小、顶高的不同配置获得云系特征和降水过程的多种信息。静止卫星的高时间分辨率资料可以反演分析云微物理结构,在跟踪云的演变上具有相当的优势。

在人工增雨作业中,利用卫星技术分析云降水物理结构,跟踪发展演变,准确把握增雨时机和作业部位,指导作业,发挥卫星优势是一种值得尝试的方法。对 2011 年 8 月 17—19 日山西层状云降水过程,用卫星资料反演云微物理特征,分析表明:8 月 17 日夜间云顶温度－10 ℃,Re 小于 12 μm,云体较厚,含有丰富过冷水,大滴或冰晶不足,降水很少。而夜间在有高云参与的情况下,12 h 降水达到 7～26.3 mm,说明持续稳定的中低层状云系具备产生降水环境,只是缺乏冰晶(或大滴),为较好的增雨作业云区。利用 FY-2C 每小时资料跟踪层状云的发展演变,云系维持时间达 35 h,17 日白天到夜间云层增厚(2 km→4.8 km),Re 稳定,降水少,说明这类云在自然发展过程中较少形成降水。增雨作业选择在傍晚到夜间云层厚、云顶温度较低的时段实施。

通过这次个例分析得出,适宜过冷层状云人工增雨作业条件的初步卫星判据为:云厚达 2 km 以上,云顶温度－10～－20 ℃,云顶 Re 小于 15 μm。

催化后反演的云顶高度、光学厚度、有效粒子半径均有所增加,地面出现降水,作业效果明显。

参考文献

[1] 曾光平,刘峻,郑淑宾,等.华南前汛期锋面云系降水效率及其人工影响的可能性[J].热带气象,1990,6(4):365-371.

[2] 唐仁茂,向玉春,叶建元,等.多种探测资料在人工增雨作业效果物理检验中的应用[J].气象,2009,35(8):70-75.

[3] 蒋年冲,吴林林,曾光平.抗旱型火箭人工增雨效果检验方法初步研究[J].气象,2006,32(8):54-58.

[4] 白卡娃.我国南方夏季人工增雨效果评估[J].气象,2002,28(增刊):38-41.

[5] 蒋年冲,申宜运.安徽省人工增雨效果评价研究[J].气象,2002,28(增刊):48-49.

[6] 文继芬.一种检验对流云人工增雨效果的方法[J].气象,2002,28(增刊):43-44.

[7] 陈英英,周毓荃,毛节泰,等.利用 FY-2C 静止卫星资料反演云粒子有效半径的试验研究[J].气象,2007,33(4):29-34.

[8] Grant I. Elliott R E. The cloud seeding temperature windows[J]. J Appl Meteor, 1974,**13**(3)

355-363.

[9] Hudak D R, List R. Precipitation development in natural and seeded cumulus clouds in southern Africa [J]. J Appl Meteor, 1988, **27**(6) 734-756.

[10] Rokicki M L, Young K C. The initiation of precipitation in updrafts[J]. Journal of Applied Meteorology, 1978, **17**(6): 745-754.

[11] 胡志晋. 层状云人工增雨机制、条件和方法的探讨[J]. 应用气象学报, 2001(Z1), **12**: 10-13.

[12] Key J R, Intrieri J M. Cloud particle phase determination with AVHRR[J]. J Appl Meteor, 2000, **39**: 1797-1804.

[13] Rosenfeld D. I_ensky I M. Spaceborne sensed insights into precipitation formation processes in continental and maritime clouds[J]. Bull Amer Meteor Soc, 1998, **79**: 2457-2476.

[14] Rosenfeld D. TRMM observed first direct evidence of smoke from forest fires inhibiting rainfall[J]. Geophysi Res Lett, 1999, **26**: 3105-3108.

[15] Rosenfeld D. Suppression of rain and snow by urban and industrial air pollution[J]. Science, 2000, **287**: 1793-1796.

[16] 陈英英, 武文辉, 唐仁茂, 周毓荃, 等. 利用 Cloudsat 卫星资料分析冻雨天气的云结构[J]. 气象, 2011, **37**(6): 708-712.

[17] 李俊, 方宗义. 卫星气象的发展——机遇与挑战[J]. 气象, 2012, **38**(2): 129-146.

[18] Cooper W A, Marwitz J D. Winter storms over the Sanjuan moun-tains, part III. seeding potential[J]. Journal of Applied Meteorolo-gy, 1980, **19**: 942-949.

[19] Hill G E. Seeding-opportunity recognition in winter orographic clo-uds[J]. Journal of Applied Meteorology, 1980, **19**: 1371-1381.

[20] 周毓荃, 陈英英, 李娟, 等. 用 FY-2C/D 卫星等综合观测资料反演云物理特性产品及检验[J]. 气象, 2008, **34**(12): 27-35.

吉林省一次飞机增雨作业过程分析

孙海燕　李　薇　张景红　齐　颖　王周翔　刘　岩

吉林省人工影响天气办公室,长春 130062

摘　要　本文针对2014年5月11日吉林省一次飞机增雨作业过程进行分析,从作业需求、作业条件预报、飞机作业与观测、作业效果等几方面进行分析总结,以期能够积累经验,查找不足,为今后飞机增雨作业提供参考。

关键词:人工增雨,作业潜势,效果评估

1　引言

与常年同期相比,2014年1—4月,吉林省平均气温偏高1.4℃,平均降水量偏少43%,西部白城平均降水量偏少89%,进入4月份,本省中西部粮食主产区降水比常年同期少95%,居同期少雨第3位,白城全区无降水,为历史同期最少。

旱区主要位于白城地区东部和北部、松原地区南部、长春地区东部、吉林地区中部和北部和延边地区大部,其中白城地区北部、长春地区东部、吉林地区北部、延边地区东南部出现了大旱,见图1。

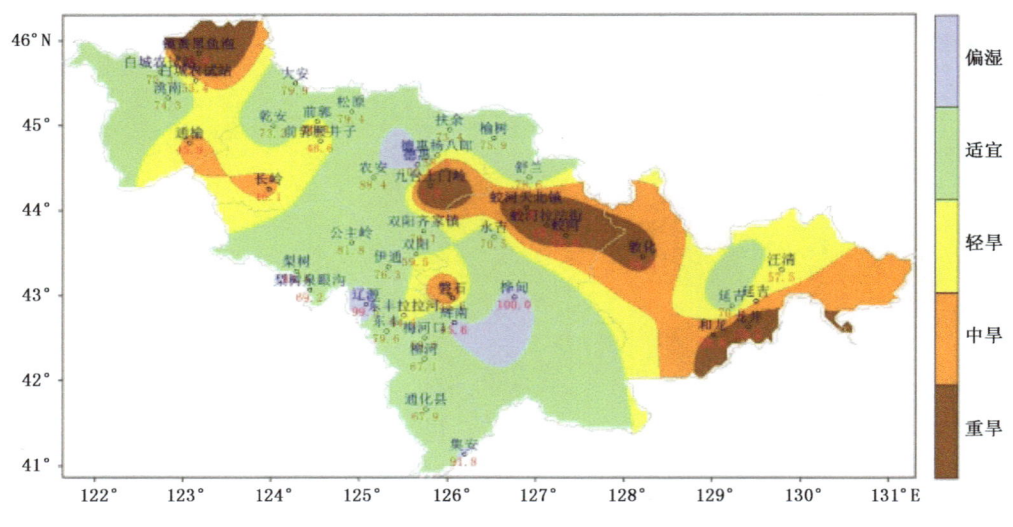

图1　2014年5月10日8时吉林省10 cm平均土壤相对湿度图

2014年,吉林省大部分地区土壤水分仍不足,农业生产和生态环境都需要大量雨水补给,特别是5月中旬开始,全省各地将陆续进入水稻适宜移栽期,水田泡田整地,需要大量降水。因此,需要抓住有利天气过程积极开展增雨工作。

吉林省人工影响天气办公室抓住2014年5月11日一次降水天气过程,积极开展飞机人工增雨作业。本文针对该日一次飞机增雨作业过程,从天气背景条件、作业条件预报、飞机作业与观测、作业效果等几个方面进行分析,以期达到总结经验,增加技术累积的目的[1,2]。

2 天气背景条件

根据天气形势分析,综合多家模式预报及吉林省气象台预报,5月10日08点江淮地区出现一倒槽,并逐渐发展加深。10日08时500 hPa高空图上,河套地区有一高空槽发展,并向东北移动,与地面配合较好(图2)。随着系统发展移动,高空地面形成闭合中心(图3),并在11日开始影响本省。至12日08时,高低空闭合中心将基本重合,系统发展最强。根据省气象台预报,5月11日白天到夜间本省全省有降水,东南部地区小雨,中西部将达到中雨量级(图4)。实际降水情况(图5)与降水预报落区和强度比较一致。5月10日08时系统前部,有一水汽输送区,在500～850 hPa,有一个$(t-t_d)<4$的带状湿域。随着系统发展移动,湿区也将逐渐向东北方向移动,预计11日会进入本省境内。说明此次过程水汽条件比较好。5月11日系统处于发展阶段,云层比较稳定,而且此时本省处于系统前部,适于开展飞机人工增雨作业。

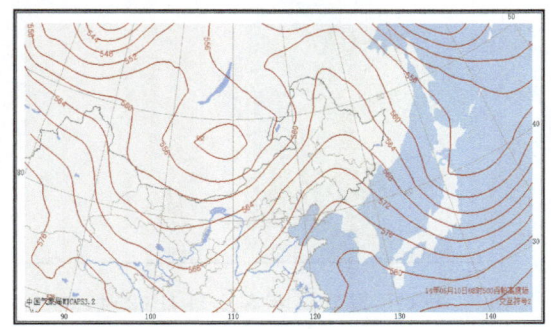

图2 2014年5月10日08时500 hPa天气图

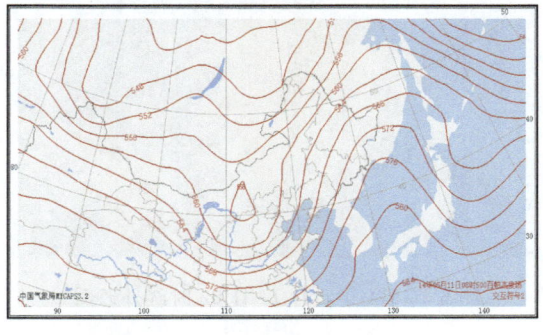

图3 2014年5月11日08时500 hPa天气图

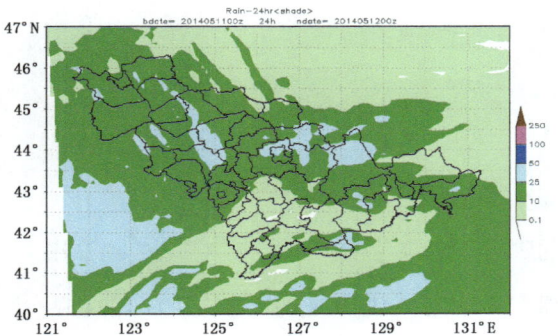

图4 2014年5月11日08时—12日08时降水预报

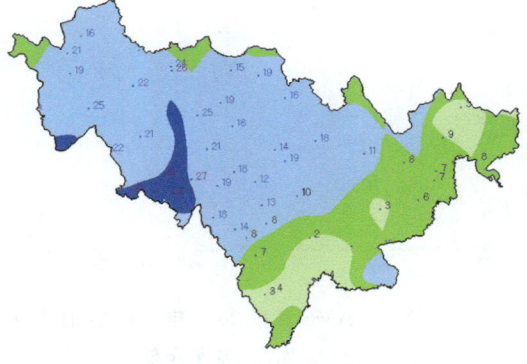

图5 2014年5月11日08时—12日08时降水实况

3 作业条件预报与分析

3.1 作业潜势预报

10日17时红外云图上,系统主体云系处于河套附近,系统前部云系开始自西南方向移入本省,此时云体较薄,地面尚未出现降水。至11日02时云系继续北抬,进入本省西部地区。根据 MM5_CAMS 数值模式预报,从10日17时开始,系统前部云系进入本省,云系移动的方向为西南—东北向。可以看到此时云中没有过冷水,作业条件不好。至11日02时,可以看出,模式预报云系走向及性质与云图相近(图6和图7),模式预报与实际云的情况相符。根据模式预报结果分析,云中一直没有过冷水,至5月11日12时,随着云系移动发展,云中开始出现过冷水,但量比较小,在0.001 g/kg 以下,且位置较高,在-10℃层以上(图8),不适于飞机播撒作业。11日14时,系统中心北部云系逐渐影响本省,云中过冷水量增加,达到0.01 g/kg 以上,过冷水分布高度也有所降低,分布范围向下至-5℃层,约在3500 m 左右。冰晶数浓度在10个/L以下(图9)。11日14时至11日夜间,云中一直有一定量的过冷水维持,此时云中具备一定的作业潜势[3]。

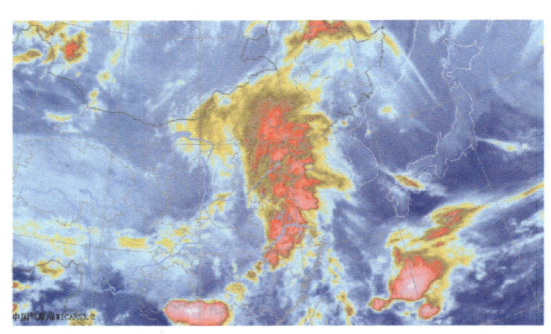 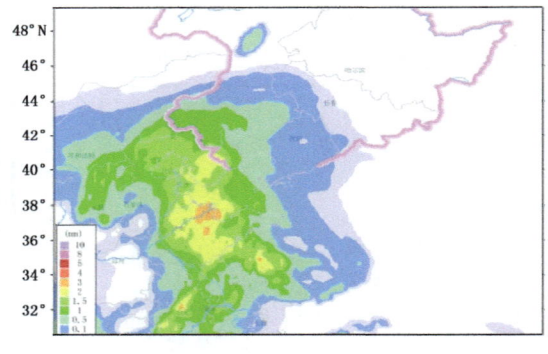

图6 2014年5月11日02时红外云图　　图7 模式预报2014年5月11日02时云带

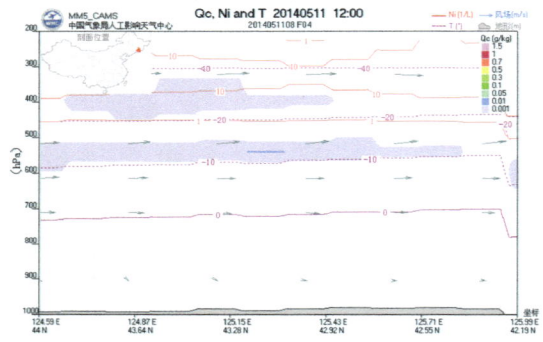 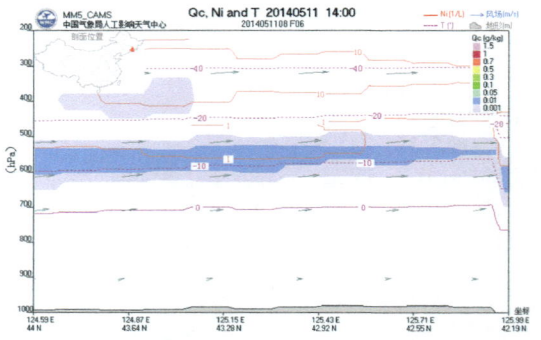

图8 MM5_CAMS 预报2014年5月11日12时云水、冰晶、温度分布　　图9 MM5_CAMS 预报2014年5月11日14时云水、冰晶、温度分布

3.2 作业条件分析

在11日08时卫星云图上,云系覆盖本省中西部地区,模式预报的云带位置与实际云带位置相差不大。11日08时,本省中西部500 hPa和700 hPa温度露点差都在4以下,说明在这两层之间有湿区存在,湿区大约位于3000~5500 m。湿区位置和高度与云中过冷水区相一致。模式预报结果与实际系统发展情况对应较好。

根据模式预报,此时系统处于发展阶段,长春东—吉林中旱区处于系统前部,系统来向上云层条件更好,过冷水大值区处于旱区的南方,所以旱区南部作业条件较好,可以选择作为作业区。过冷水区分布在700 hPa以上,模式预报700 hPa为偏南风,在旱区南部作业,有利于催化剂向旱区扩散。

作业高度选择在3500 m左右高度,这里有一过冷水大值区,在此高度上,冰粒子浓度较小,适宜播撒作业,作业指标见表1。航线设计见图。根据预报的云系发展情况,考虑到11日上午针对中西部开展一架次飞机作业,两架次飞行之间需要预留出准备时间,确定起飞时间为11日14时。作业前,根据对11日13时长春雷达图分析,所选取的作业区域,雷达回波强度达30~35 dBz,回波顶高达8 km,回波厚度达7 km以上,满足雷达作业指标,适宜开展作业。

表1 作业区选择判别指标

资料	指标
模式产品指标	过冷水>0.01 g/kg
	冰晶数浓度<20 个/L
高空资料	$t-t_d<4$
雷达回波指标	回波强度20~25 dBz
	云厚>3 km
	回波顶高>6 km

4 飞机作业与观测

作业飞机13:55从长春龙嘉机场起飞,在3600 m高度上作业,作业高度上温度为-5℃。作业目标云中含有一定量的云水(图10),与模式预报的云中过冷水位置和含量相似。在雷达

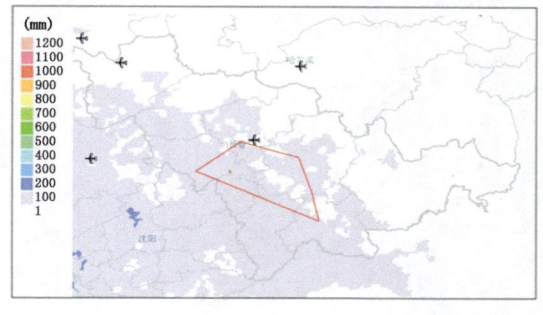

图10 2014年5月11日14时FY-2反演产品
(液水路径)叠加飞行轨迹

图(图 11)上可以看到,云层条件比较好,回波顶高在 7 km 以上,作业高度上回波强度大于 20 dBz。此次飞行作业至 16:40 结束,催化剂用量:液态二氧化碳 46 kg,碘化银焰条 8 根,作业区域:四平、长春、吉林、白山地区。

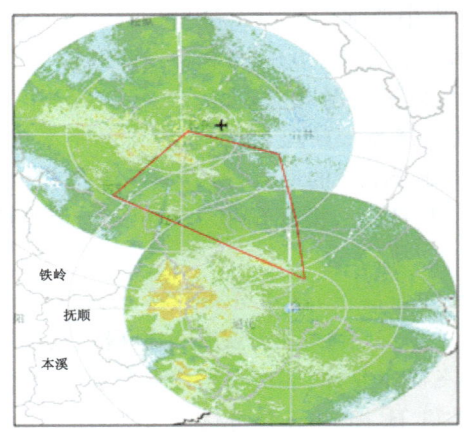

图 11　2014 年 5 月 11 日 14 时长春、白山雷达回波叠加飞行轨迹

5　作业效果分析

5.1　作业影响区确定

将作业航线按照拐点分成多个直线,每段直线作为播撒的一个线源,根据高空风向和风速,确定每个线源在特定时间内的扩散范围,最后将所有线源的扩散范围叠加组合,形成的区域作为此次作业的影响区。此次作业,高空风为偏南风 16 m/s,作业影响时间按 3 小时计算,本次作业的影响区如图 12。

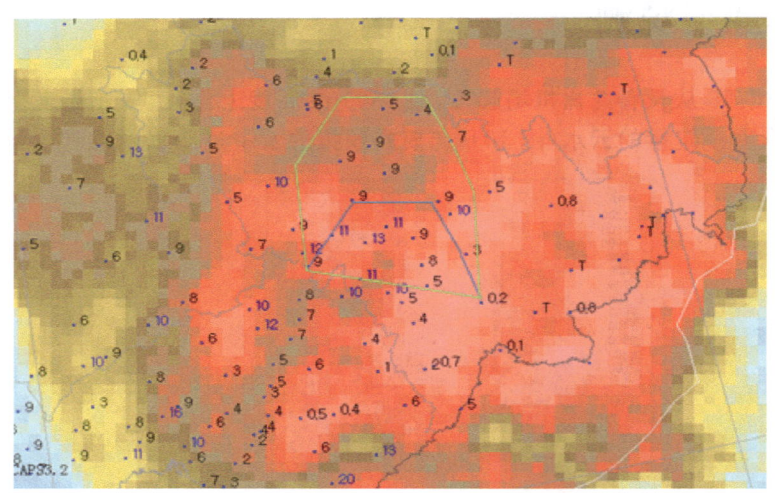

图 12　2014 年 5 月 11 日 14 时卫星云图、2014 年 5 月 11 日 20 时地面
6 小时降水叠加飞行航线图(绿色线内区域为作业影响区)

5.2 作业影响区雷达回波分析

作业前30分钟(图13)雷达回波中心强度在20~25 dBz,回波中心高度在2~5 km,15~20 dBz的降水回波分布在2~6 km,此时地面降水较少。作业后30分钟(图14),回波强度加强,出现25~30 dBz回波区,20~25 dBz回波区面积明显增大,高度较作业前降低,地面降水增加。作业后60分钟(图15),回波强度继续加强,出现30 dBz以上回波,强回波高度继续降低,地面降水继续增加。作业后2小时(图16),回波继续加强,出现35 dBz以上回波,强回波面积继续增大,高度降至0~4 km,地面降水继续加大。对比作业前后,雷达回波逐渐增强,强回波面积逐渐增大,强回波高度逐渐降低,地面降水逐渐增加[4]。

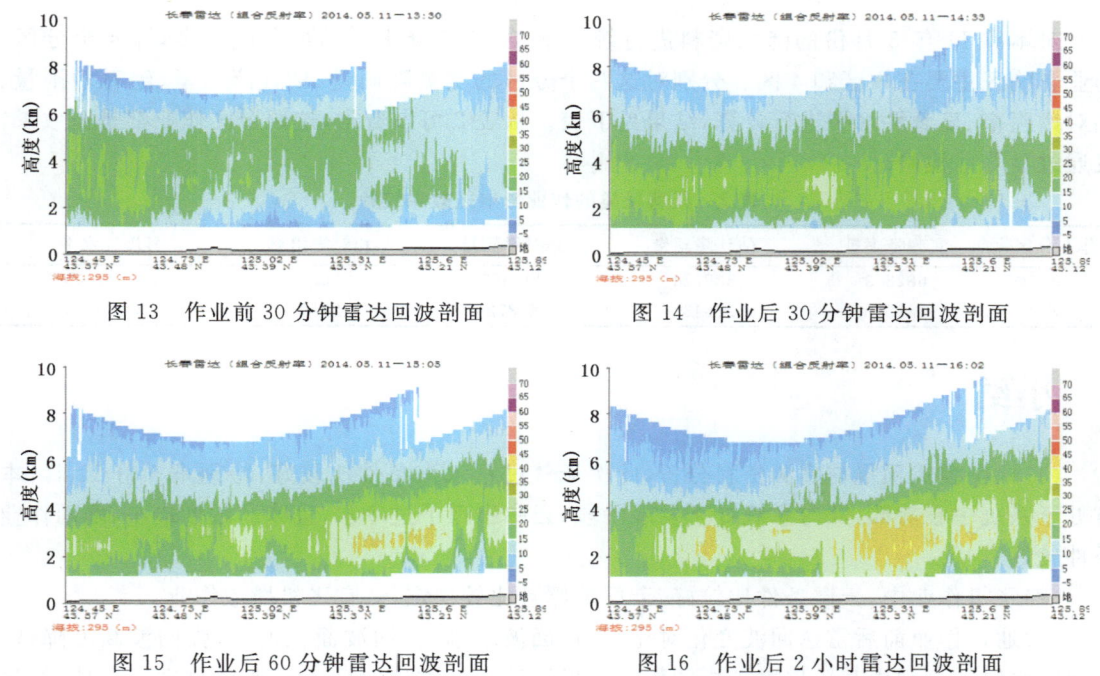

图13 作业前30分钟雷达回波剖面 　　图14 作业后30分钟雷达回波剖面

图15 作业后60分钟雷达回波剖面 　　图16 作业后2小时雷达回波剖面

5.3 统计方法效果分析

根据吉林50个测站1997—2007年的历史雨量资料,利用统计学中的带有显著性检验的聚类分析方法[5,6],将作业区域分成若干个分区。然后,分别对每个分区进行效果评估。计算步骤如下:

计算分影响区的降水体积

$$V_k = 10^{-6} \left(\frac{S_k}{n_k}\right) \sum_{i=1}^{n_k} p_{ki}$$

其中,k为分影响区序号;V为分影响区的降水体积;s为分影响区面积;n为分影响区格点数;i为分影响区内格点序号;p为分影响区内格点面雨量。

建立分影响区自然降水体积的多元回归预报方程

$$\hat{V}_k = a_{k0} + \sum_{i=1}^{n_k} a_{ki} \cdot r_{ki} + \sum_{j=1}^{m_k} b_{kj} \cdot w_{kj}$$

其中,k 为分影响区序号;$\hat{V}$ 为分影响区自然降水体积估计值;r 为分影响区内各测站 24 小时累积降水量;w_i 为分影响区内各测站整层大气可降水量;i 为分影响区内雨量站序号;j 为分影响区内 W 站序号;n 为分影响区内雨量站数;m 为分影响区内 W 站数。

利用回归模型计算作业期各分影响区自然降水体积的估计值,用各分影响区的降水体积减去该区自然降水体积的估计值,得到该分影响区的增雨体积,然后计算该次作业的增雨体积 ΔV 及相对增雨率 R。

$$\Delta V = \sum_{k=1}^{n}(V_k - \hat{V}_k)$$

$$R = \frac{\Delta V}{\sum_{k=1}^{n} \hat{V}_k}$$

对本省 11 年 5 月份的降水资料进行统计聚类,全省降水测站可分成 4 类,即 4 个分区。作业影响区主要在 3 区和 4 区。分别对这两个分区的实测降雨量、估计降雨量、绝对增雨量、相对增雨率、显著性水平进行计算,结果见下表。从表 2 可以看出,这两个区作业都是正效果,且通过显著性检验。

表 2 具有聚类的作业影响区效果统计

作业分区	实测降雨量	估计降雨量	绝对增雨量	相对增雨率	显著性水平
3	682343	539774	142569	26.4	$\alpha \leq 0.05$
4	339805	276433	63372	22.9	$\alpha \leq 0.05$

6 小结

(1)根据模式预报与实测资料分析,此次天气过程水汽条件比较好,特别是 5 月 11 日,本省处于系统中心前部,此时系统处于发展阶段,云中出现了过冷水,且冰晶浓度较小,增雨作业条件较好。

(2)飞机作业中,云层条件比较好,云层较厚且比较稳定,适宜飞机播撒作业。

(3)通过作业前后雷达回波变化对比,雷达回波增强,强回波面积增大,强回波高度降低,地面降水增加。利用基于聚类分析的作业效果统计评估方法对此次作业效果进行评估,结果表明作业有正效果。

参考文献

[1] 张沛纯,刘建西,甘建辉,等.白龙湖库区资源性人工增雨典型个例分析[J].高原山地气象研究,2012,32(3):71-75.

[2] 杨旭,陈宇,方晓.人工增雨作业过程个例分析[J].安徽农业科学,2009,37(35):17812-17813.

[3] 胡志晋.层状云人工增雨机制、条件和方法的探讨[J].应用气象学报,2001,12(增刊):10-13.

[4] 郭学良.大气物理与人工影响天气[M].北京:气象出版社,2010.

[5] 房彬,肖辉,班显秀.CA-FCM 方案与其他几种人工增雨评估方案的比较[J].气象科技,2008,36(5):612-621.

[6] 孙跃,肖辉,周筠珺,等.基于 VB_MO 的一种在飞机增雨效果统计评估中不规则影响区计算的适用方法[J].气象,2015,41(1):76-83.

2014年山东首场透雨人影服务和作业条件监测分析

周黎明[1]　王　庆[1]　盛日锋[1]　胡晓琳[2]

1. 山东省人民政府人工影响天气办公室,济南 250031;
2. 山东省淄博市气象台,淄博 255000

摘　要:2014年春季山东遭遇了较为严重的旱情。针对4月25—27日全省性降水天气过程,山东各级人影部门积极开展人工增雨作业。文中详细地介绍了利用天气实况、卫星、雷达等实时观测资料和多家数值预报资料开展对增雨作业条件的提前预报分析、作业时机和作业部位的临近监测识别以及山东省人工影响天气办公室组织开展的飞机人工增雨作业服务情况,希望通过分析,为下一步顺利开展飞机增雨作业积累经验。

关键词:人影服务,增雨作业,天气预报

1　引言

在众多自然灾害中,干旱是发生年份最多、涉及面积最大的一种自然灾害,受全球气候变暖影响,干旱发生更加频繁。山东干旱的发生具有显著的季节性,以春季的干旱程度最重,严重制约了山东农业经济的发展[1-3]。

2014年春季山东出现了较为严重的旱情,自1月1日—4月23日,山东平均降水量仅为29.3 mm,较常年同期偏少48%,为1951年以来历史同期第7位低值。此外,全省平均气温较常年偏高2.2 ℃,是1951年以来历史同期第2位高值。由于降水偏少、气温偏高,导致农田失墒迅速,尤其是3月份山东大部分地区基本无有效降水,干旱迅速发展。受切变线和地面倒槽影响,4月25—27日山东自西向东出现一次大范围降水天气过程,文章主要介绍了针对此次过程,山东省人民政府人工影响天气办公室开展的飞机人工影响天气(以下简称"人影")作业服务情况以及对作业条件的预报分析和监测识别,旨在为今后更好地开展人工增雨作业积累经验,为作业条件的判别提供一定的参考。

2　作业条件预报分析

根据天气形势分析及山东省气象台预报可知,受冷空气和西南暖湿气流影响,4月25—27日山东将出现一次较大范围的稳定性降水天气过程,有利于开展人工增雨作业。

2.1　天气形势

根据协议要求,省人影办租用济空"运－7"飞机开展增雨作业,需要提前48小时提出调机计划。虽然本次过程25日开始影响山东,但由于当时"运－7"飞机在河南内乡驻训,考虑到航路上的天气状况,山东人影办需提前72小时向济空申请24日调机到济南遥墙机场的计划。

从欧洲中心数值预报分析可见(图1),25日20时500 hPa高空形势场上在贝加尔湖以南有低涡竖槽(图1a),700 hPa(图1b)、850 hPa(图1c)风场上,在山东南部存在低涡切变线,同时从西南方向有伸向山东的高湿舌。从高空3层的形势场配置来看,此次影响山东的降水系统是一个深厚系统,具备较好的动力条件和水汽条件。

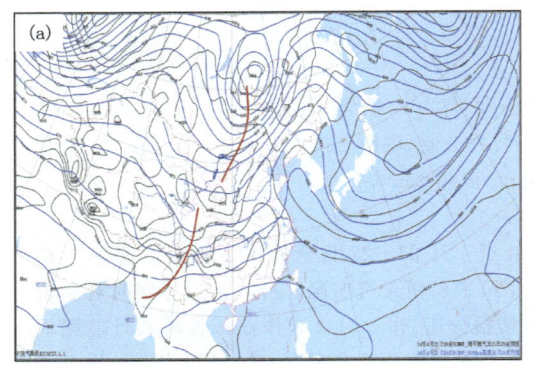
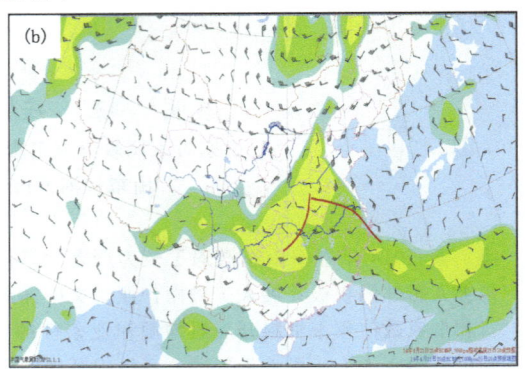
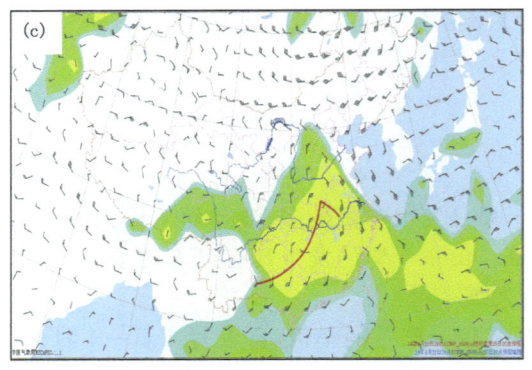

图1　欧洲数值预报2014年4月25日20时(a)500 hPa高度场和海平面气压场(单位:dagpm),
(b)700 hPa风场和湿度场(彩色区表示相对湿度≥80%),(c)850 hPa风场和湿度场
(阴影区表示相对湿度≥80%)(棕色线为槽线或切变线)

2.2　欧洲中心细网格数值模式降水预报

由欧洲中心细网格模式预报降水量来看(起报场为2014年4月23日20时),25日20时降水开始影响山东,自鲁西南地区开始产生降水(图2a),随着系统不断东移发展,26日08时鲁中地区出现降水(图2b),降水由西向东推进,26日20时逐渐东移至海上(图2c)。从日本传真图对降水预报来看(图略),25日20时—26日20时山东自西向东出现一次明显降水天气过程。综合各家数值模式对降水的预报判断,25日20时前降水系统进入山东西南部。

2.3　MM5数值模式降水和物理量场预报

在制定增雨作业航线中,云水积分量、过冷云水含量、-5℃等温面E-Eb、云顶亮温等物理量是主要的作业指标。云水积分量主要用来判断云体是否具有增雨潜力;大气水汽压大于冰面饱和水汽压,用来判断可降水云系是否存在冰水转化条件[4]。

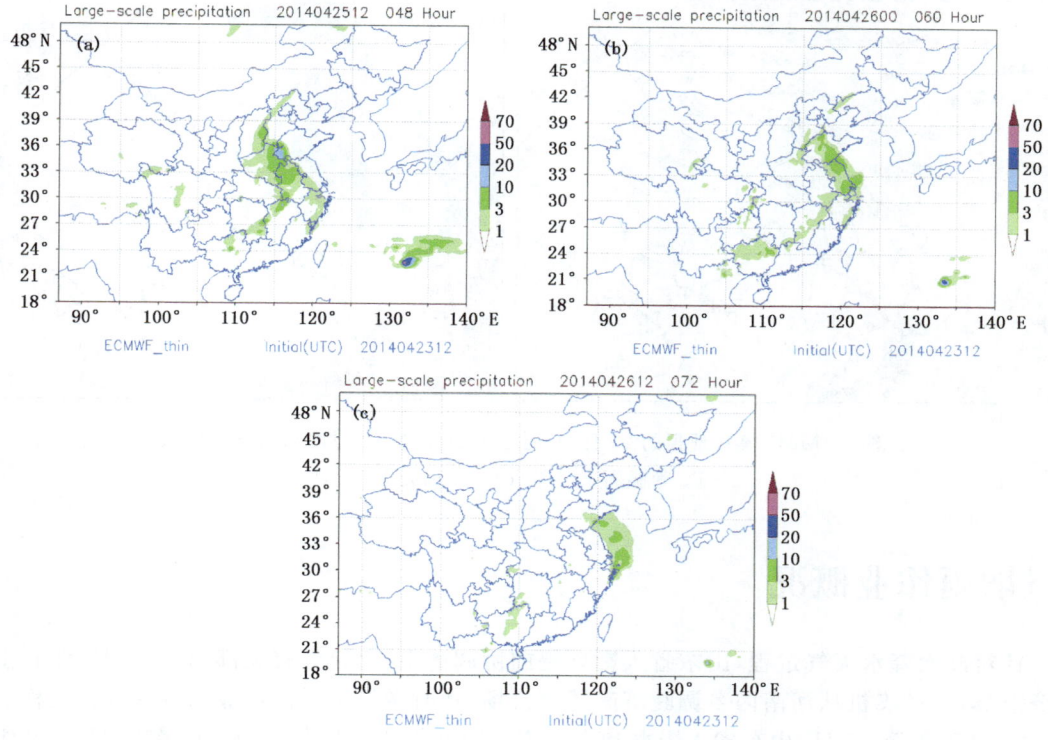

图 2 2014年4月25日20时(a)、26日08时(b)和20时(c)欧洲中心细网格模式预报降水量图

图3是以4月24日08时物理量为起报场、MM5模式输出的过冷云水含量、云水积分量、−5℃等温面E−Eb、云顶亮温等物理量场。从图中可以看到，25日20时鲁西南地区云水积分量最大达5～10 mm(图3a)，而且该区域上空具有较丰富的过冷云水(图3b)，预报水汽压大于冰面饱和水汽压(E−Eb>0)(图3c)，满足贝吉隆催化条件，云顶温度在−25～−15℃(图3d)，具有较好的活化条件。综合上述分析，可以看出此次过程具有较好的增雨作业潜力，适合实施人工催化。

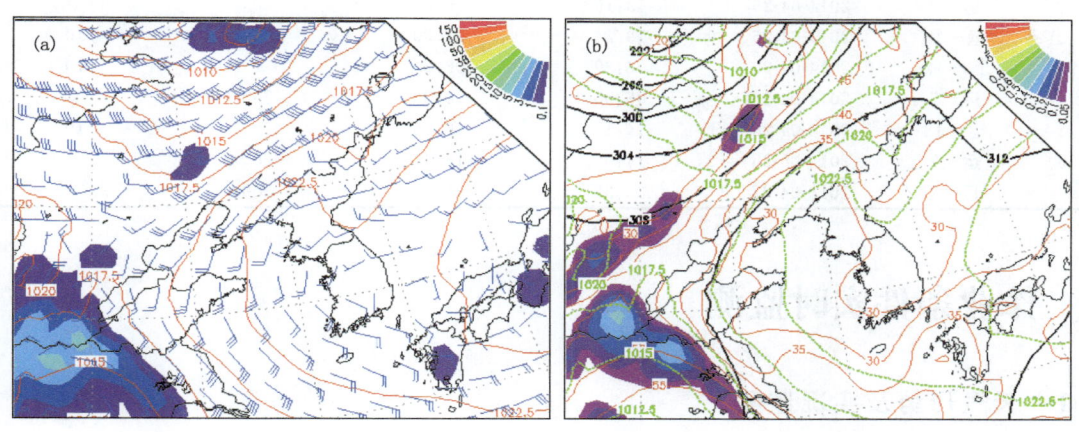

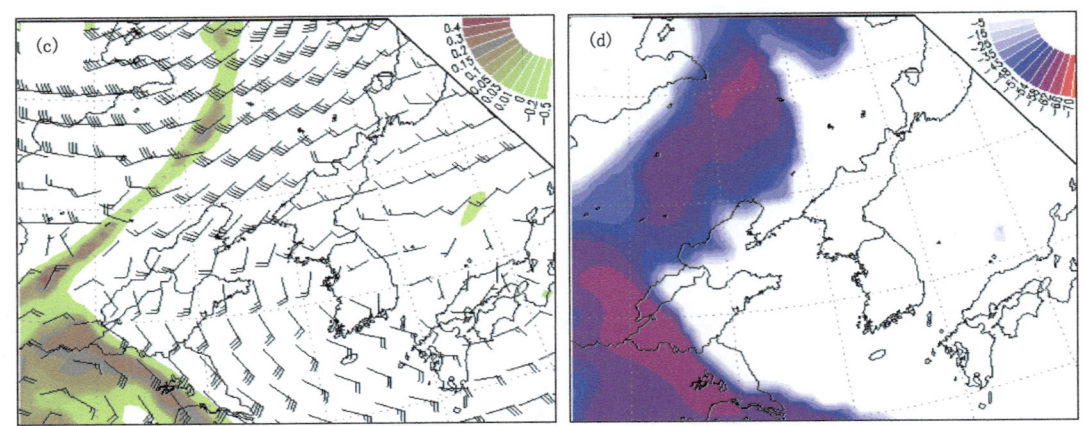

图3 MM5模式预报的25日20时云水积分量(a)、过冷云水含量(b)、
-5℃等温面E-Eb(c)和云顶亮温图(d)

3 增雨作业概况

针对此次降水天气过程,山东省人影办提前协调济空、民航等有关部门,于4月24日上午将济空"运-7"飞机从河南内乡调驻济南遥墙机场,随时做好了增雨作业的各项准备工作。

25日下午至27日,山东省人影办和青岛市人影办作业人员与作业机组密切配合,共组织飞机增雨作业7架次(表1)。累计飞行16小时46分钟,作业区覆盖了除鲁西北部分地区外的全省大部分区域,其中济南基地济空"运-7"飞机增雨作业4架次,青岛基地民航"运-12"飞机增雨作业3架次。同时,济南、菏泽、枣庄、济宁、泰安、聊城、临沂、日照、德州、淄博、莱芜、青岛、烟台、威海、潍坊等15市开展了地面高炮、火箭和高山燃烧炉人工增雨作业,共发射增雨炮弹1381发、火箭弹827枚、燃烧AgI焰条63根。在自然降水和人工增雨的共同作用下,作业区普降中等强度以上降水。

表1 2014年4月25—27日山东飞机增雨作业信息

架次	飞机型号	作业日期	起飞时间	降落时间	焰弹用量(枚)	焰条用量(根)
1	运-7	2014-04-25	13:15	16:20	200	
2	运-12	2014-04-25	19:24	21:30		10
3	运-12	2014-04-26	06:39	08:20		10
4	运-7	2014-04-26	08:00	10:35	200	
5	运-12	2014-04-26	14:15	16:15		10
6	运-7	2014-04-26	14:00	16:47	200	
7	运-7	2014-04-27	08:38	11:10	200	

4 作业条件实时监测

4.1 天气形势及实况监测

4月25日08时,500 hPa天气图上,贝加尔湖以南有高空槽存在,引导低层的低涡向北移动。700 hPa天气形势场中可以看到，重庆地区有一低涡，低涡前部的切变线主要位于长江流域，存在明显的西南急流，但山东的水汽输送主要还是受海上高压后部的东南急流影响。从850 hPa形势场来看，低涡位于重庆以南，其低涡前部的切变线较700 hPa切变线更为偏南，山东的水汽输送与700 hPa一致，也为东南急流；此外，在山西、河北一带也有明显的切变线存在，预计未来将与北抬的低涡相结合，使低涡加深发展。从地面形势场可知，高压前部的冷锋较为明显，山东西部已初步形成地面倒槽，地面辐合开始加强。25日中午前后，鲁西南地区首先出现降水，之后降水区不断向北向东推进。

4.2 卫星、雷达监测

4月25日7:30卫星云图(图4a)可以看到，在湖北中东部、河南南部和安徽北部地区有较深厚的云团存在，并且此云团不断向东北方向移动，11:00(图4b)此云团已东移北抬至山东鲁西南边缘。从4月25日08:39濮阳雷达图(图4c)可以看到，在河南洛阳、周口和郑州地区有分散的弱回波出现，回波不断向东北方向发展并加强，10:51(图4d)在山东西南部的曹县开始有弱回波形成，并不断往北发展。25日11:00左右，位于鲁西南地区的菏泽市首先出现降水，之后降水区不断向北向东推进。

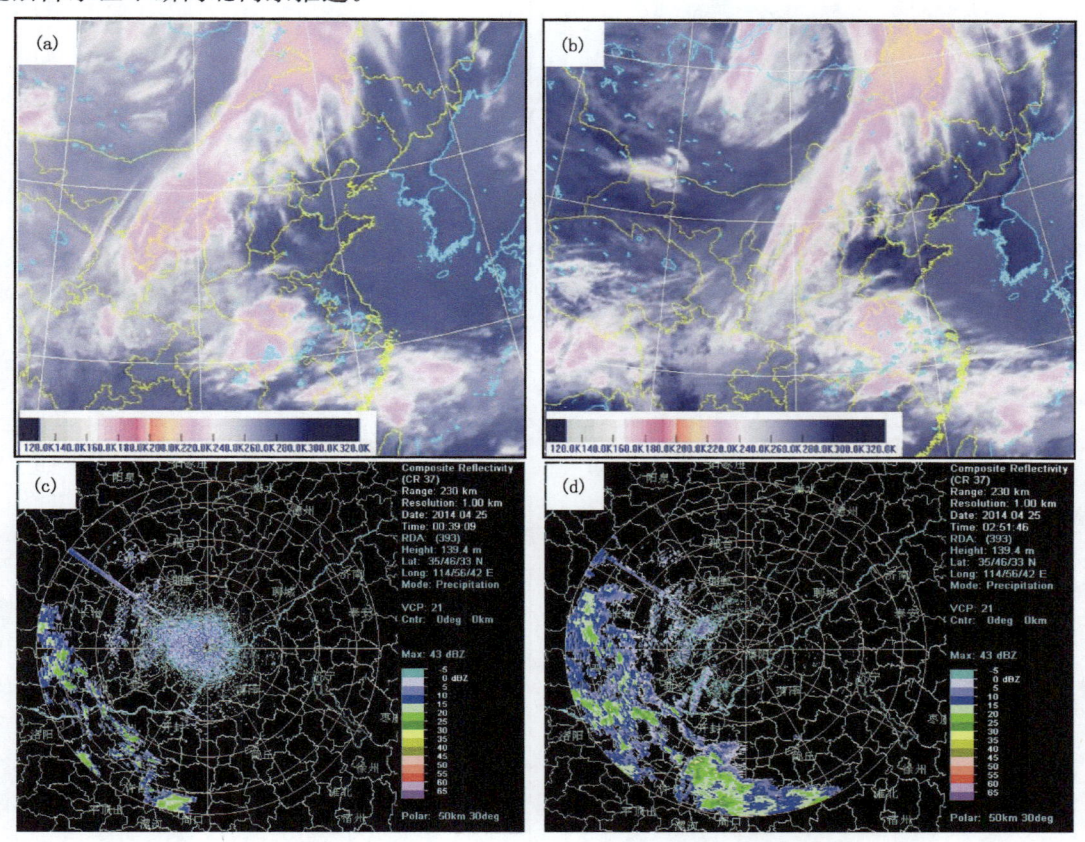

图4 2014年4月25日07:30(a)，11:00(b)FY-2E卫星云图和濮阳雷达08:39(c)，10:51(d)回波图

降水实况比先前各家数值模式对降水预报进入山东的时间要早一些。根据天气实况和系统形势发展演变趋势，山东省人影办于25日13:15组织实施跨区增雨作业1架次，主要作业

区域为豫东北、鲁西南、鲁南和鲁中南部,作业区普降中到大雨。由于降水系统自西南向东北方向不断推进,26日上午和下午各组织增雨作业1架次,作业区域主要在鲁中、鲁东南和半岛地区,27日雨区东移到鲁东南和半岛一带,再次于27日上午组织飞机增雨作业1架次,主要作业区域在鲁东南和半岛。此次过程山东省人影办组织飞机增雨作业4架次,青岛市人影办组织增雨作业3架次,影响区覆盖了除鲁西北外的山东大部分地区。

图5是2014年4月25日此次降水过程第1架次飞机增雨作业飞行航线与雷达回波的叠加图。此次增雨作业飞行时间为13:15—16:20,其中催化时间在13:50—15:50,飞机于14:56到达A点,15:06到达B点,根据高空500 hPa形势中10 m/s的风速和西南风向,10 min后A点约移动到B点。为了解播云作业后雷达回波的物理响应,首先沿着飞机播撒轨迹(图5a中BC段)做雷达剖面(图5b),并结合探空风场资料,推算出作业后30分钟(图5c)和1小时(图5e)的播撒轨迹移动位置。图5d和图5f分别为作业30 min后和1 h后BC段垂直剖面

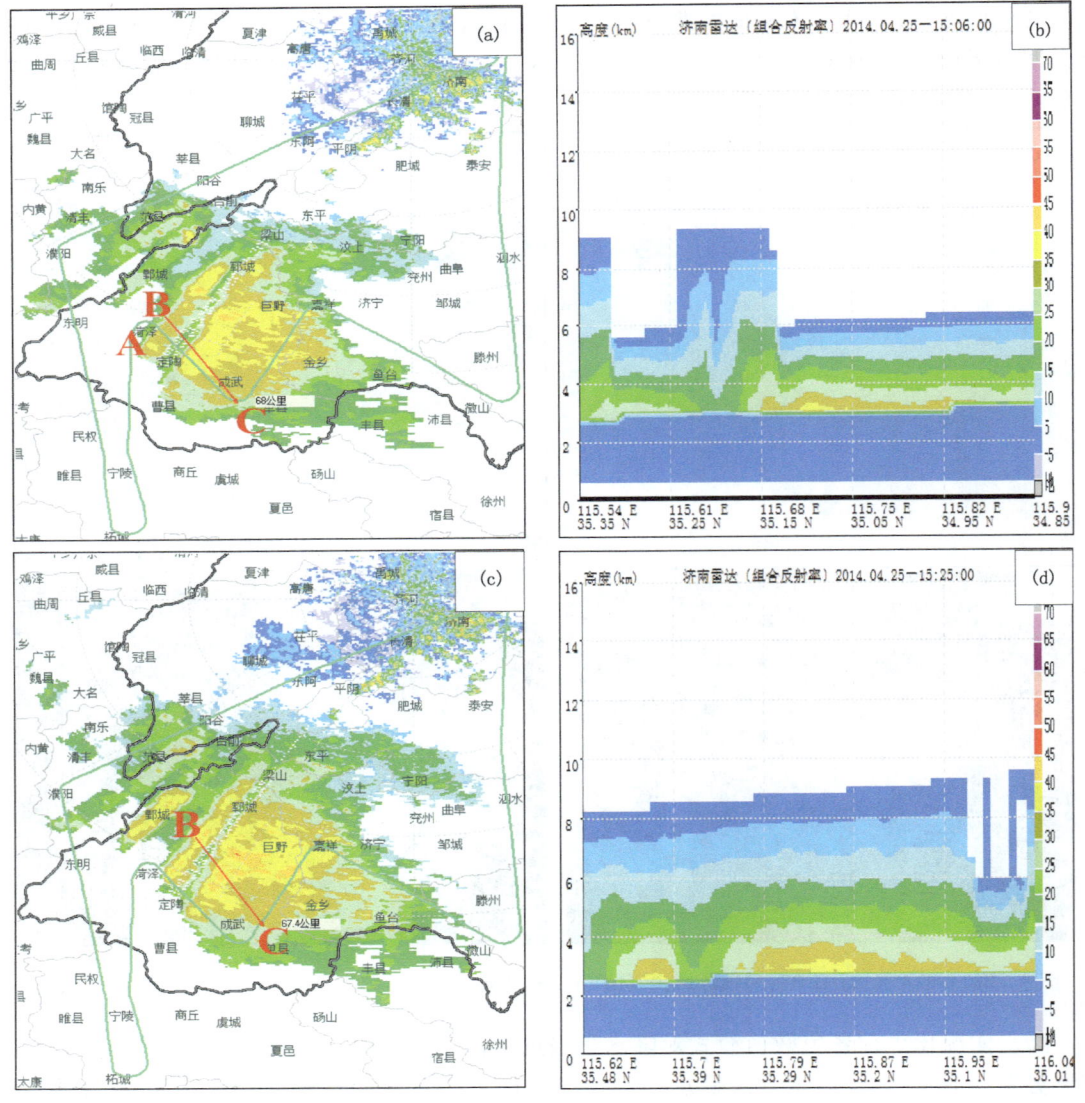

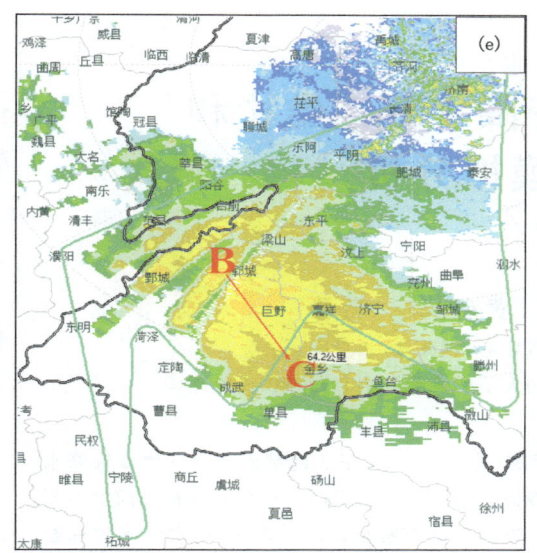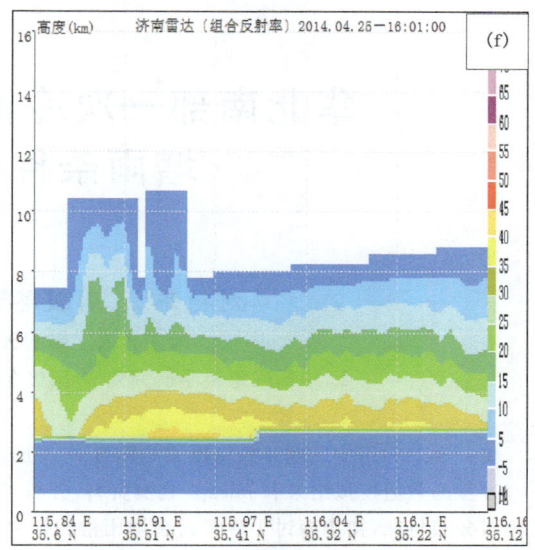

图 5　2014 年 4 月 25 日作业时(a)、作业后 30 min(c)、作业后 1 h(e)飞行航线与济南雷达回波叠加及作业时(b)、作业后 30 min(d)、作业后 1h(f)播撒航迹上的雷达剖面图

(由于未获取到濮阳雷达基数据,济南雷达探测距离有限,故飞行区域中有些地区的回波强度未显示出来)

的发展情况。可以看出,作业后回波发展,回波顶明显增高,尤其是作业 1h 后云系整体发展更为旺盛,大于 35 dBz 的回波区范围在垂直方向上显著增大。

5　小结

(1)针对本次天气过程,各家数值模式对于降水落区的预报相对准确,但对于降水开始时间的预报较实况偏晚。

(2)数值预报产品有助于我们对天气形势的提前了解和分析,对于降水出现的时间和区域能够给出一定的参考价值,可以为开展人工增雨作业提供帮助。

(3)天气实况、卫星、雷达等观测资料的实时监测分析,能够更好地把握天气发展演变情况、较为准确地确定降水开始时间和降水范围等信息,能够为作业时机和作业部位的判定提供更加精准的技术保障。

综合而言,数值预报可以为开展人工增雨作业提供作业前准备的依据包括作业条件分析、作业时间和作业范围的了解,但在实际作业航线的设计和作业时段的判定等方面,还需要特别关注卫星、雷达等实时临近观测资料。

参考文献

[1] 赵健.山东人工影响天气工作发展回顾与思考[J].山东气象,2008,28(4):50-54.
[2] 刘焕彬,郑全岭.山东气候之最[J].山东气象,2003,22(3):25-27.
[3] 薛德强,王建国,王兴堂,等.山东省的干旱化特征分析[J].自然灾害学报,2007,16(3):60-65.
[4] 耿树江,班显秀.辽宁省人工增雨效果检验实施方案设计[J].安徽农业科学,2009,37(29):14258-14261.

华北南部一次冷锋降水云系结构和增雨条件模拟分析[*]

刘艳华[1]　周毓荃[2]　黄毅梅[1]　杨敏[1]

1. 河南省人工影响天气中心，郑州 450003；
2. 中国气象科学研究院 中国气象局人工影响天气中心，北京 100081

摘　要　利用中尺度非静力模式 ARPS 对 2013 年 10 月 13—15 日华北南部到河南一次冷锋降水过程的数值模拟结果和 micaps 观测资料，分析了冷锋云系不同部位宏微观结构和多种增雨潜力要素分布特征，初步探讨了冷锋云系增雨潜力区判别方法及分布特征。结果表明：此次降水过程影响系统是 500 hPa 低槽、700 hPa 切变和地面冷锋，天气系统呈现后倾结构，降水主要产生于地面冷锋后，属于比较典型的第Ⅰ型冷锋降水。冷锋云系结构具有不均匀性，大范围层状云中包含有尺度较小的积云体，云含水量和变化梯度自云系前部到后部逐步减小。冷锋云系不同位置垂直结构特征不同，云系前部自云底到云顶为整层上升气流区，云含水量随高度递减，云中冰相、液相粒子含量都比较丰富，存在典型的"催化－供给"云结构，动力辐合条件和水汽条件较好，地面出现较大降水。云系后部上升气流区集中在中高层，4 km 以下为下沉气流，云中冰相粒子丰富，但液态水含量少，"催化－供给"结构不明显，动力辐合和低空水汽条件差，地面降水微弱或不产生降水。利用模式计算的云体结构、上升气流区、过冷水含量、冰面过饱和水汽量、暖云水含量以及中低层水汽辐合逐步判别云系增雨潜力区，结果显示：潜力最大的区域并不与云顶温度最低（云顶高度最高）的区域相对应；范围较大、较强的增雨潜力区主要位于冷锋云系前部、地面冷锋与 700 hPa 切变线之间约 150 km 宽的狭长带状区域，云顶温度 −25～−30℃，云体是具有"催化－供给"结构的冷暖混合云，可催化层高度为 3.5～7 km，是开展人工增雨作业的最佳区域。

关键词：冷锋云系，数值模拟，云系结构，增雨潜力区

1　引言

　　冷锋是我国春、秋季经常出现的天气系统之一，也是造成河南大范围阴雨天气的主要降水系统，根据对近 10 年河南省春、秋季区域性降水过程的统计分析，冷锋型降水所占比例达到 57.7％。因此，冷锋降水性层状云系也是本省人工增雨催化作业的主要对象。

　　20 世纪 70 年代以来，国内外开展了一系列针对层状云系和锋面云系的探测研究，通过观测或数值模拟等途径对冷锋云系结构、微物理特征、降水机制等方面进行研究，得到很有意义的结论，主要有：1980 年前后 Hobbs 等[1,2]利用多种观测资料，详细分析了冷锋云系的中尺度结构、气流分布以及冷锋不同部位宽、窄雨带的微观结构、降水效率和降水形成机制。中国 80

---

[*] 资助项目：公益性（气象）行业科研专项（GYHY20120625）；气象关键技术集成与应用（重点/面上）项目（CMAGJ2014M33）；河南省气象局气象科学技术研究项目（Z201612）。

年代游来光等主持进行了大规模北方层状云降水探测研究,针对北方地区大范围的降水性层状云进行云微物理特征综合观测与分析,研究了北方层状云降水结构特征,建立了新疆、吉林、陕西、黑龙江等北方几种典型降水过程的物理模型,模型中突出强调了"催化—供给"云结构及降水机制。周毓荃[3]等通过对河南低槽冷锋降水云系综合探测的分析,解释了该类云系的多尺度结构特征,建立低槽冷锋降水云系的云场结构和降水物理过程的概念模型。随着探测技术的不断发展和科研项目支撑,目前我国多省都广泛开展了人工增雨外场实验,许多学者利用外场观测资料或数值模式研究了冷锋降水云系结构和机制[4-8]。

  人工增雨潜力是指云系通过人工影响增加地面降水的能力。在我国北方,通常选择对层状冷云进行催化以达到增加降水的目的,其科学原理是催化引入的人工冰晶可以通过贝吉隆过程(同温度下水面的饱和水汽压比冰面的高,导致冰晶凝华增长比水滴凝结有利,在水汽供应不足时过冷云滴蒸发消耗,而冰晶通过凝华长大)使过冷云水转化为降水(雪、雨)。有不少学者结合人工影响冷云降水的经典理论,研究了云系的人工增雨催化条件和人工增雨潜力。胡志晋[9]根据数值模拟结果和外场试验的物理证据,提出了新的层状云人工增雨机制,指出人工冰晶除通过贝吉隆过程使过冷云水转化为降水外,还使一部分冰面过饱和水汽转化为降水。洪延超等[10]利用中尺度 MM5 数值模式模拟的低槽冷锋层状云系研究与人工增雨潜力有关的要素,从云物理的角度研究了不同要素与降水的关系,获得了新的潜力要素,例如"催化—供给"云结构、降水机制、冰面过饱和水汽量,并提出了定性综合判断云系人工增雨潜力思路。还有一些学者考虑到冰晶增长条件,利用宏观观测资料分析了云系冰水转化区特征,得到冷云人工催化的宏观判据[11,12]。冯杉[13]和李宏宇等[14]则是将降水效率作为一个重要指标,分析了锋面云系不同部位的降水效率,得到较为一致的结论,认为锋面云系的不同部位降水效率差别较大,冷锋后降水效率最小,潜力最大,锋区附近降水效率较大,增雨潜力较小。

  由于以往对冷锋云系的研究大多偏重于对云系结构和降水机制的分析,同时考虑多种增雨潜力要素以及各层天气系统的配置,综合判断增雨潜力区空间分布特征的工作开展的还不充分。2013 年 10 月 13—15 日华北南部到河南出现一次较明显的低槽/切变冷锋降水过程,高空天气系统落后于地面冷锋,而且呈现后倾结构,属于比较典型的第Ⅰ型冷锋降水。本文利用 ARPS 中尺度模式对这次过程进行了比较准确的模拟,在此基础上详细分析冷锋云系不同部位宏微观特征,并结合增雨潜力区条件,初步探讨了第Ⅰ型冷锋云系增雨潜力区分布特征。

2 模拟方案介绍

  采用中尺度模式 ARPS 对这次降水过程进行数值模拟。模式以 6 小时一次 $1°×1°$ 的 NCEP 再分析格点资料为背景场,同时加入最新高空、地面观测资料,经过云分析模块调整形成模式初始场。模拟时间从 2013 年 10 月 13 日 20 时至 14 日 20 时,包含了华北南部到河南的主要降水时段。模拟区域中心设为 $(35.5°N,112.5°E)$,水平格距 9 km,垂直方向 43 层,格距 300 m,模式顶高为 12300 m;模式云微物理方案选用 LIN 方案,LIN 方案考虑了水汽、云水、云冰、雨、雪、霰 6 种水物质,是 ARPS 模式中相对复杂的方案,适用于高分辨率模拟。积云对流参数化方案选用 Kain-Fritsch 方案,其他物理方案参数设置采用模式默认值。

3 天气实况与 ARPS 模拟结果对比分析

3.1 天气系统

综合卫星云图、地面观测、探空资料分析:13日20时,地面图上河南东南部有一冷锋,同时由于中路冷空气南下渗透,自内蒙古东部、河北中北部、山西北部、到陕西中南部还存在一副冷锋;500 hPa 图上 40°N 有一低槽,与之对应,700 hPa 38°N 有一冷锋式切变线,同时,500 hPa 在 103°E 还有一短波槽,未来东移将对河南 14 日 14 时以后的降水起到主要作用。到 14 日 08 时(图1a),地面图上河南东南部冷锋几乎维持不动,北部副冷锋则在冷空气推动下向东南方向移动到辽东半岛、河北南部、山西南部一带,呈带状分布的降水区主要位于锋后,宽度约 250 km。08 时探空资料表明:太原上空自 850 到 400 hPa 均为强盛的冷平流,而郑州测站上空则仍为暖平流控制;500 hPa 低槽东南移,700 hPa 冷切也随之南压至 35°N 附近,850 hPa 为东北风。14 日 20 时,冷锋移出河南,500 hPa 低槽向东北收缩,700 hPa 低槽位于 118°E,河南降水结束。图1给出了模式模拟 14 日 08 时 500 hPa、700 hPa、975 hPa 层系统,从图中可以看出,模式模拟出 500 hPa 有南北两支槽,华北南部到河南北部都位于槽前西西南气流中(图

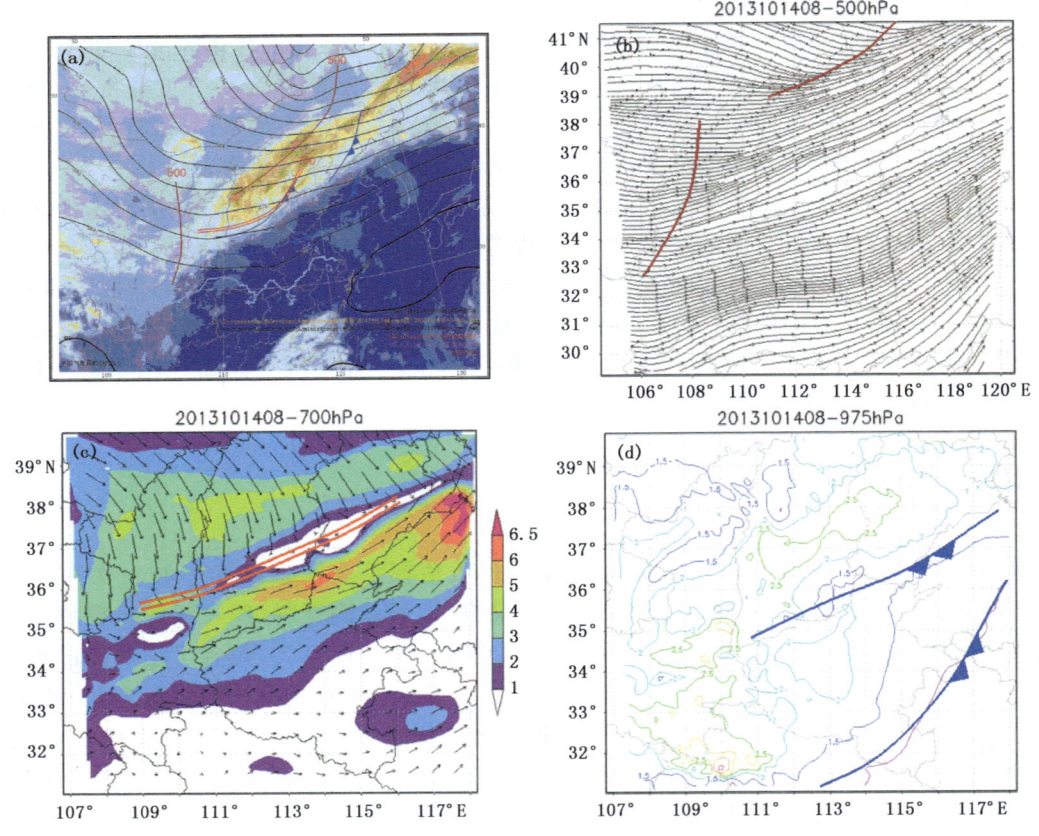

图1 10月14日08时天气系统

1b);700 hPa 图上(图 1c)有一冷锋式切变线位于华北南部,切变线两侧均为水汽通量大值区,特别是切变线以南,强盛的西南气流输送了大量水汽,水汽通量达到 6 g/(s·hPa·cm);975 hPa 图上显示,3 小时变压线基本为东北—西南带状分布,按照变压等值线走向可近似定出冷锋的位置,与实测资料近似。综合来看,这次冷锋降水的主要影响系统是 500 hPa 低槽、700 hPa 切变和地面冷锋,且天气系统呈现后倾结构,属于比较典型的第 I 型冷锋降水,模式较好的模拟出这次冷锋降水过程的高低空天气系统及配置。

3.2 降水场对比分析

从 10 月 13 日 20 时—14 日 20 时的 12 h 降水分布(图略)趋势变化可以看出,雨带为东北—西南向带状分布,雨带东北端降水落区变化不大,雨带西南段由于冷锋云系和东移短波槽的共同影响,表现出自西北向东南压的趋势。在 13—14 日狭长的降水带中自东北向西南分布着五六个降水中心,由于东北的较强降水主要受东北低涡影响,因此本文不做考虑,重点分析冷锋云系在河北、山西、河南一带的宏微观特征及其增雨潜力区分布。图 2 是 10 月 13 日 20 时—14 日 20 时每 6 h 实测降水量以及 24 h 实测降水量与对应时段模拟降水量分布图。从图中可以看出,模式对于冷锋云系降水无论是落区还是强度模拟都与实况吻合较好,可以认为模式对该次降水天气过程的地面降水模拟效果比较理想。

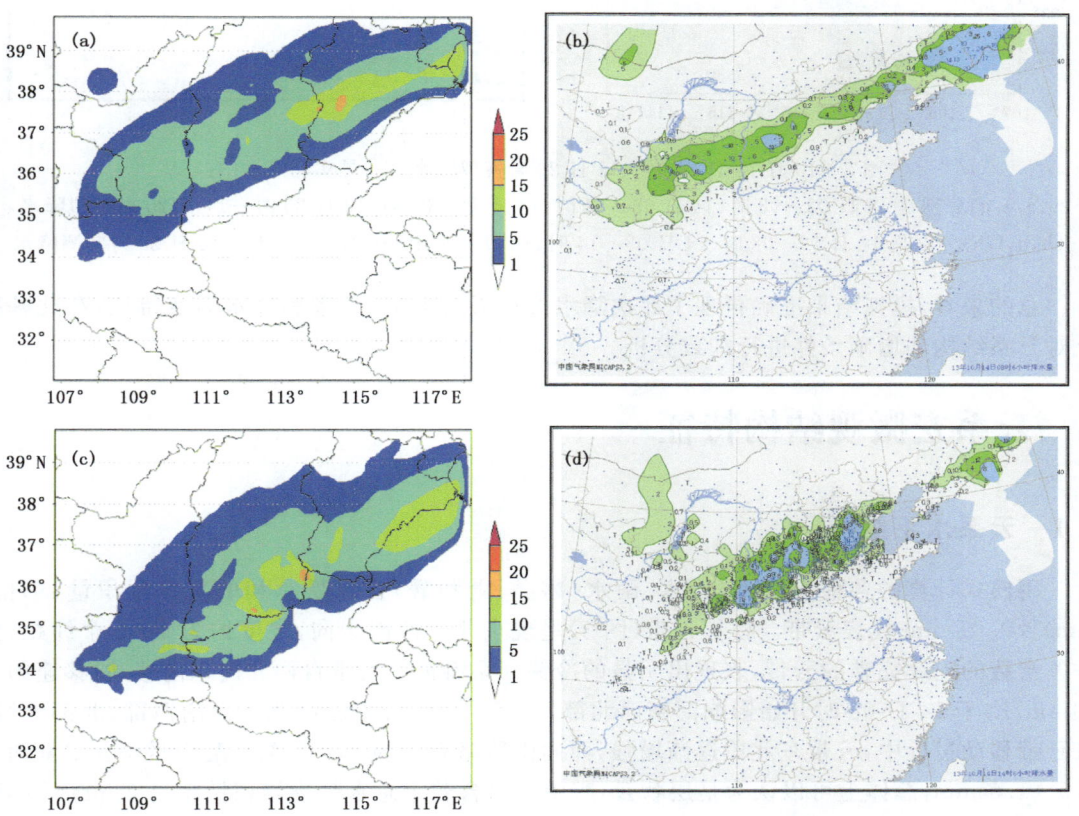

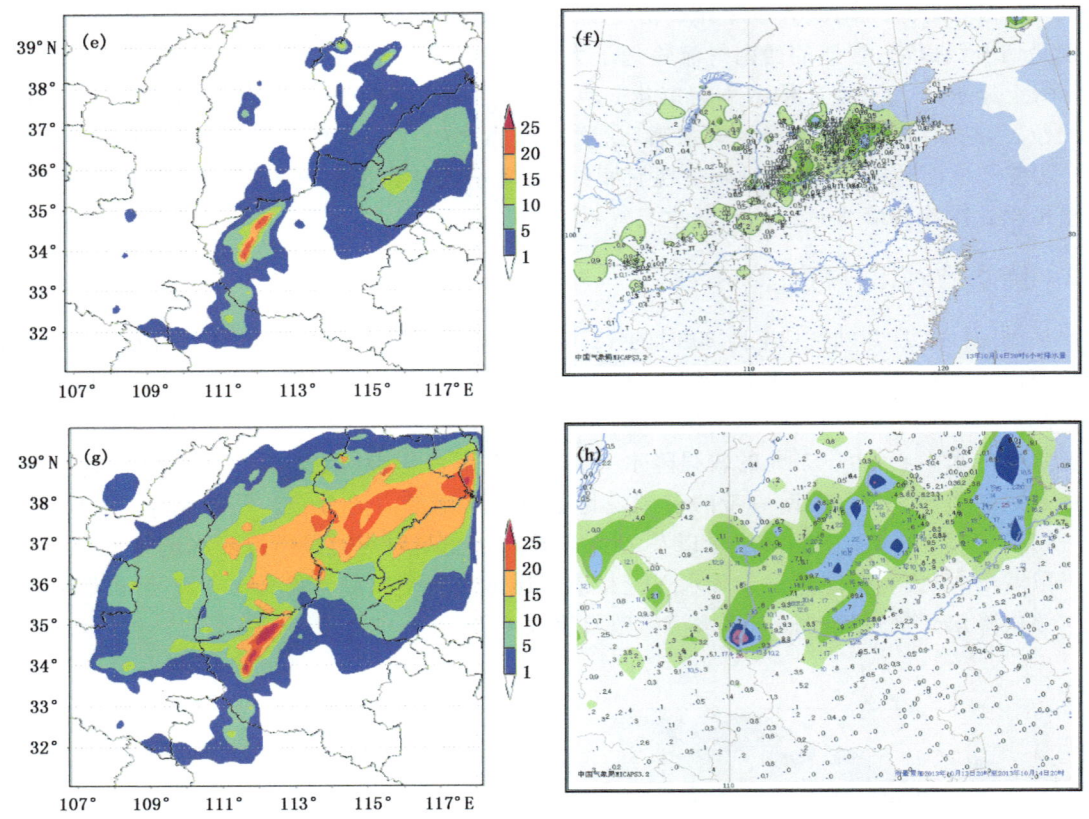

图 2 10月13日20时—14日20时模拟降水（左）是实测降水（右）
（a,c,e,g）分别是14日02—08时、14日08—14时、14日14—20时、13日20时—14日20时模拟降水，（b,d,f,h）分别是14日02—08时、14日08—14时、14日14—20时、13日20时—14日20时实测降水

总的来看，模拟结果准确再现了此次降水过程天气形势、云系和降水演变特征，在此基础上对云系结构和增雨条件进行细致分析。

4 云系宏微观结构特征

4.1 云系水平结构

用模式计算的各种水凝物（云水、雨水、冰晶、雪和霰）含水量总和的垂直累积量（单位：mm）≥0.01 mm 代表云带。模拟云带（图3）呈现东北—西南走向，宽度约为4～5个纬距，为一条密蔽的连续完整的云带，表现出明显的冷锋云系特征。云带自西北向东南移动，移速约为40 km/h，于14日08时开始影响河南西北部，14日12时云带已经覆盖河南西部、北部地区。在云带移动过程中，云带东北段逐渐增强，而西南段略有减弱。云系总水凝物累积含水量约为0.5～1.5 mm，总体上可以认为是层状云，其中还包含若干总水凝物累积量超过2 mm的小积云体，与同时刻模拟计算的降水量大值区分布一致，可能其对地面降水贡献较大。从图4还可以看出，在冷锋云带的前部、中部和后部（移动方向上），水凝物含水量分布并不均匀：在云带移向的前部,覆盖面积不到整个云系1/3的区域,含水量及其水平梯度都较大,而云带中、后部相对较宽广的区域内水凝物含水量较小,都在 1 mm 以下,水平变化也较为平缓。结合 700 hPa 风场和地面冷锋位置发现,云系主体(≥1 mm)分布在地面冷锋后部、700 hPa 切变线两侧,尤其是切变线南侧偏西气流和西南气流中,水凝物含量最高。

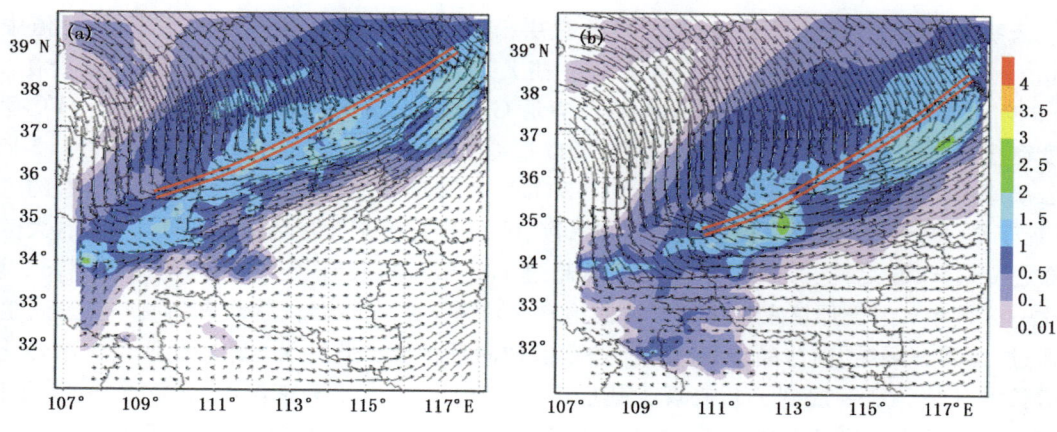

图 3 10 月 14 日 08 时(a)和 12 时(b)模拟云带分布＋700 hPa 风场

4.2 云系垂直结构

云水转化的条件与云水资源的分布有关。纯冷云过程或纯暖云过程中,云水很难通过云水的自动转化和随后的碰并过程形成有效降水[10]。但如果云体存在"催化—供给"云结构,高层云下降的冰粒子或雨滴进入云中,云水转化成降水的效率会大为提高,因此研究云系垂直结构特征对确定云系人工增雨潜力区有重要意义。

图 4a 是 14 日 08 时风云 2C 红外云图,b 为同时刻模拟云带,对比发现二者无论分布区域还是云系的细微特征都比较一致,因此我们认为模拟云系可以代表同时刻真实云系。为了分

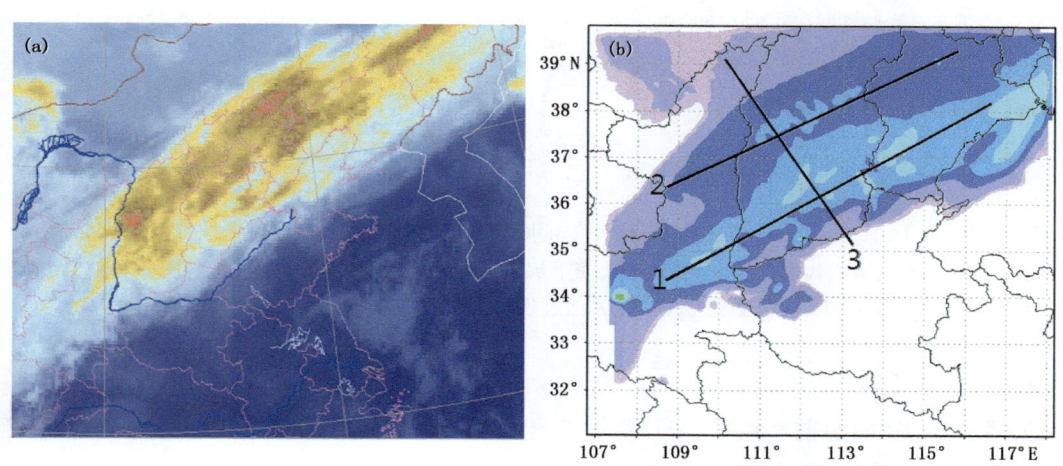

图 4 10 月 14 日 08 时 FY2C 云图(a)与模拟云带(b)
(b 中 1、2、3 分别代表沿着云系前部、后部、垂直剖面的位置)

析锋面云系不同部位云系结构、进而详细了解不同云层下云系的动力、热力和微物理特征分布情况,本文对 14 日 08 时模拟云带分别做了沿云系前部、云系后部以及垂直云带的剖面分析(图 5b)。

4.2.1 冷锋云系前部

云系前部垂直剖面(图 5)表明:云体为整层云,云中总水凝物含量随高度减小,大值中心为 0.3～0.5 g/kg,主要分布在云的中低层一些上升速度大值区上空。云顶高度大部分在 8～9 km,对应温度层约为 －25～－30 ℃,基本满足 Grant 和 Elliott 提出的 －10 ℃～－24 ℃ 播云温度窗概念,0 ℃层位于 3～3.5 km 左右,所以过冷层厚度可达 5 km;云底较低,约为 1.5 km,总云层厚度 7 km 左右。从 0 ℃层一直到 －20 ℃层大约 5 km 厚的范围内都存在较丰富的过冷水(低于 0 ℃的云水和雨水)和冰面过饱和水汽(图 5b),过冷水含量为 0.01～0.1 g/kg,大值区分布在 0～－5 ℃ 之间,冰面过饱和水汽压超过 0.2 hPa 的大值区主要位于 －5～－15 ℃层。在这一区域中,由于环境水汽压大于冰面饱和水汽压,水汽能够在冰晶表面凝华,云滴也可以通过"蒸发—凝结"向冰晶转移,因此,这个区域内具备冰晶通过水-冰转化或汽-冰转化不断增长的环境。从云底到云顶表现为整层上升气流区,最大上升速度约为 0.25 m/s,位于 2 km 左右,在每个上升速度中心上方,都对应着一个云水的极值区,可见上升运动为云水的形成与持续供应提供了必要的动力条件。0 ℃层以下云水(即暖云水)也较为丰富,含量可达到 0.5 g/kg,在低层较为有利的湿度环境中,冰相粒子融化下落过程中不仅不会因为过多蒸发减小或消失,而且还可以在下降过程中通过碰并小云滴继续增长,从而保证地面出现较强降水,可以看到,低层雨水含水量均在 0.16 g/kg 以上,因此,云系前部增雨潜力相应也较大。

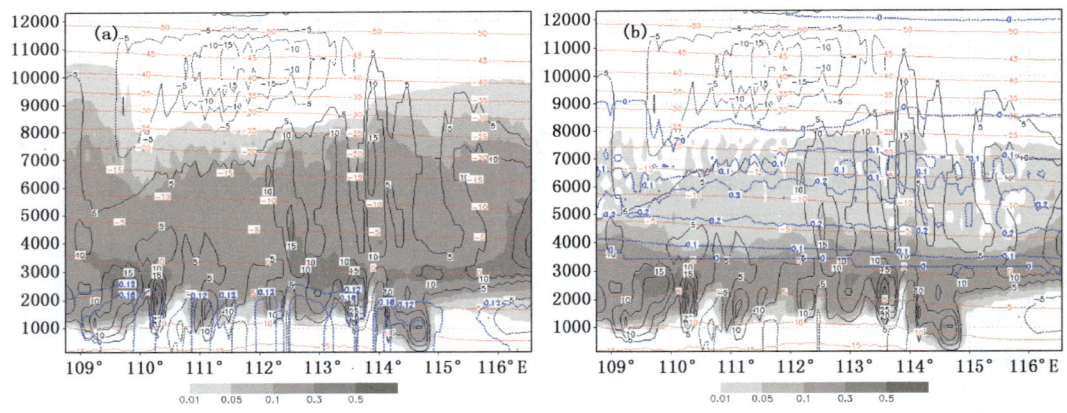

图 5　10 月 14 日 08 时云系前部总水凝物(除雨水外,阴影,单位:g/kg)、温度(红色虚线,单位:℃)、上升速度(黑色实线代表上升,黑色虚线代表下沉,单位:cm/s)、雨水(蓝色虚线,单位 g/kg)(a) 和云水(阴影,单位:g/kg)、温度、上升速度、冰面过饱和水汽压(蓝色粗虚线,单位:hPa)(b) 垂直剖面

4.2.2 冷锋云系后部

云系后部(图 6)与前部相比,云顶高度发展更高一些,可以达到 －45 ℃层。云中总水凝物含量大小与前部近似,但是垂直分布明显不同,表现出随高度先增后减的特征,其极大值中心主要位于云体的中高层,3 km 以下含量均低于 0.1 g/kg。云中过冷云水含量很低,特别是 －5 ℃ 以下,几乎不存在云水,仅在 －5 ℃层以上有含量不超过 0.05 g/kg 的过冷水。上升气流

主要位于云体中上部,4 km以下均为下沉气流。低层雨水含量只有0.05 g/kg左右,与前部云系相差悬殊。综合来看,低层的水汽条件和动力辐合条件都较差,其增雨潜力条件要弱一些。

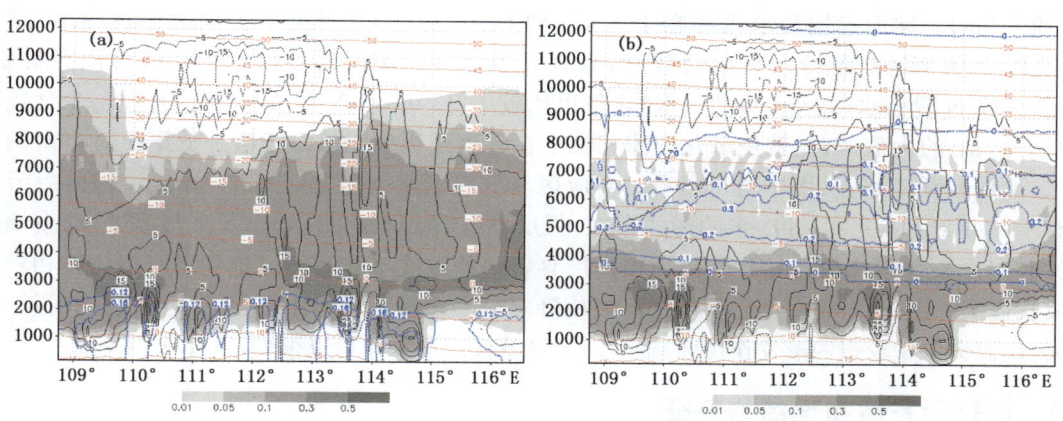

图6 10月14日08时云系后部垂直剖面(图中物理量说明如图5)

4.2.3 垂直锋面云系剖面

为了研究云系特征与整个空间锋区的对应关系,沿着垂直于锋面的方向对云系做了垂直剖面(图7)。由图可见,地面锋线位于35.5°N附近,从35.5°N向北,自底层到4.5 km高度存在一个温度的不连续区,可以清楚地展现出空间锋区的分布特征。冷空气自北向南推进,迫使暖湿空气沿锋面向上抬升,云系在高空向高纬度伸展,宽度达3个纬度。在地面冷锋之前和附近有一些很弱的云系,云体分为两层,中间夹有较厚的干层,地面有微弱降水。除此之外,云系主体主要分布在地面冷锋之后,为连成一体的整层云,较强降水位于地面冷锋之后。上升气流区主要位于锋上,特别是地面锋线到700 hP切变线之间(35.5°~37.5°N)大约200 km的范围

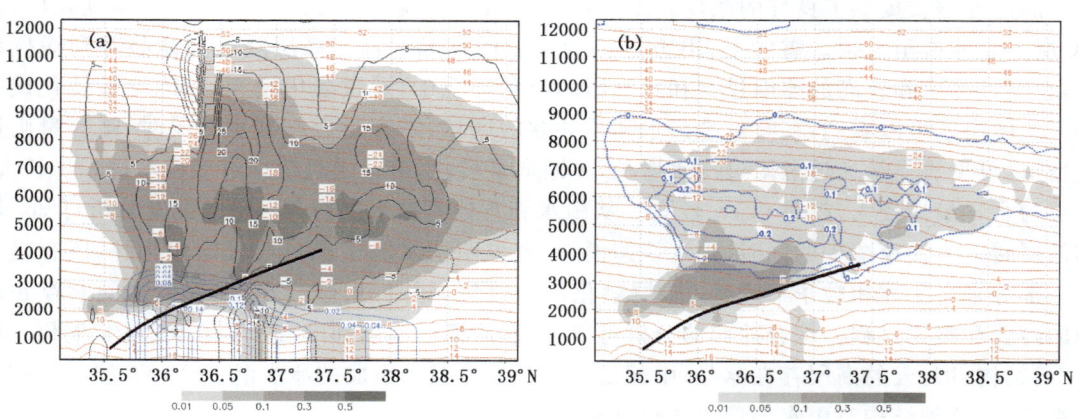

图7 垂直锋面云系总水凝物(除雨水外,阴影,单位:g/kg)、温度(红色虚线,单位℃)、上升速度(黑色实线代表上升、黑色虚线代表下沉,单位:cm/s)、雨水(蓝色虚线,单位g/kg)、锋面(黑色粗实线)(a) 和云水(阴影,单位:g/kg)、温度、上升速度、冰面过饱和水汽压(蓝色粗虚线,单位:hPa)、锋面(黑色粗实线)(b)垂直剖面

内存在深厚的上升气流区(自 2 km 向上为整层上升气流),再往北(锋面云系后部)上升气流所在区域较高(4.5 km 以上),锋下均为下沉气流。

过冷云水的分布特征与上升气流类似,主要出现在锋上,从 0℃层一直伸展到 −24℃层高度(约 8 km)。冰面过饱和水汽存在于 3 km 到 6 km 之间,水平分布范围大于过冷水,超过 0.1 hPa 的大值区与过冷水区吻合较好,垂直分布范围自南向北逐渐减小。值得注意的是,35.5°～37°N 暖云水(高于 0℃的云水)含量也比较丰富,在 2～3 km 的范围内存在一个含量超过 0.5 g/kg 的大值区,这就使融化的冰相粒子在降落过程中能够继续碰并低层相对丰富的暖云水,形成较强降水,从图中也可以看到对应区域低层云水含量超过 0.16 g/kg。锋区后云水分布于 4.5 km 以上,以过冷水的形式存在,低层没有暖云水,而且处于下沉气流区,动力辐合条件和湿度条件都比较差,因此,虽然中高层具备一些过冷水和冰面过饱和水汽能为冰相粒子的成长提供一定条件,但中低层的不利环境使降水粒子在降落过程中不但无法通过碰并进一步长大,反而会由于较强的蒸发作用而减小,对应区域低层雨水含量也很少,只有 0.04 g/kg。

4.3 冷锋云系微物理结构特征

云内云水资源的分布直接影响着降水形成。20 世纪 80 年代开展的"北方层状云人工降水试验研究"中对自然降水探测的分析表明,北方层状云降水的微物理机制常常是通过云系上部的催化云提供冰晶胚,下部的供水云提供云水使冰晶胚进一步增长,即云中含水量分布具有"催化—供给"结构,由两者相互作用形成降水[15]。为了详细了解冷锋云系不同部位云微物理结构,图 8 给出了冷锋云系前部 A 点(113°E,36.5°N)和后部 B 点(112°E,37.7°N)各种水凝物含水量及冰面过饱和水汽压的垂直分布。

可以看出,在云系前部(A 点),云水含量较高,而且有分层。大部分云水集中在 5 km 以下,峰值可达 0.32 g/kg,主要为暖云水(>0℃);0℃层以上存在过冷云水,随高度增加过冷云水含量迅速降低,到 6 km 处云水含量已经接近于 0;在 6～8 km 的高度内,又出现一个较弱的云水极值区,含量约为 0.05 g/kg,这个极值区的存在,为高层冰晶凝华增长和冰晶与过冷小水滴的撞冻增长提供了良好的条件。此外,云内雪含量也较高,可达 0.19 g/kg,厚度较广,从 0℃层一直伸展至云顶。雪的上、下方分别为少量的冰晶和霰。高层降落的冰晶起到播撒作用,在有过冷水和较高的冰面过饱和水汽压的有利环境中,通过凝华增长、撞冻增长转化成雪晶。从图中还可以看到,在有过冷云水和雪共存的区域,雪含量急剧减少的同时,霰含量则快速增加,可见雪晶是通过淞附过冷水增长,不断向霰转化,霰又通过撞冻过冷云水进一步长大。低层雨水含量比较大,超过 0.18 g/kg。从雨水和其他各种水凝物含水量的配置分析可知,霰和低层暖云水快速减少的同时,雨水快速增加,这说明雨水除了来自于云雨转化外,还有相当大一部分来自于冰相粒子下降到 0℃层融化以后收集碰并低层暖云水,此处云中同时存在较强的冷云和暖云过程。综合前面的分析可以发现,冷锋云系前部的云中存在典型的"催化—供给"云结构,即:云的高层存在冰晶,中部是雪、霰、过冷云水组成的冰水混合区,0℃层以下有丰富暖云水,这种结构对雨水的形成比较有利。

在云系后部的云中(B 点),云水含量峰值只有 0.01 g/kg,主要位于高层冰晶含水量中心的下方,6 km 以下几乎不存在云水,低层雨水含量只有 0.06 g/kg,主要来自于雪和霰的融化,几乎没有暖云过程参与。高层冰晶含量可达 0.04 g/kg,比云系前部的云中冰晶含量还要高,同时,由于从 4～8 km 的厚度范围内存在较高的冰面过饱和水汽压,为雪的形成提供了较好的条件,因此云内雪含量也高于云系前部,极大值为 0.24 g/kg。但是由于供给层云水的缺乏,一方面使冰相粒子的进一步增长受限,导致冰相粒子融化量较小,另一方面在暖区云雨转化以及雨水的碰并增长也不容易实现,不利于雨水的形成。可以总结得出,云系后部降水较弱的原因是因为云中没有形成较好的"催化—供给"结构,其高层并不缺少冰晶,云本身"催化"效应是存在的,但是中低层云水的缺乏导致没有较好的"供给"条件,最终阻碍了雨水的形成。如果在这样的云中进行人工催化,只能造成冰晶"争食"有限的云水和冰面过饱和水汽,最终有可能形成"减雨"的反效果,因此,在冷锋云系后部的云中,不适合进行人工增雨作业。

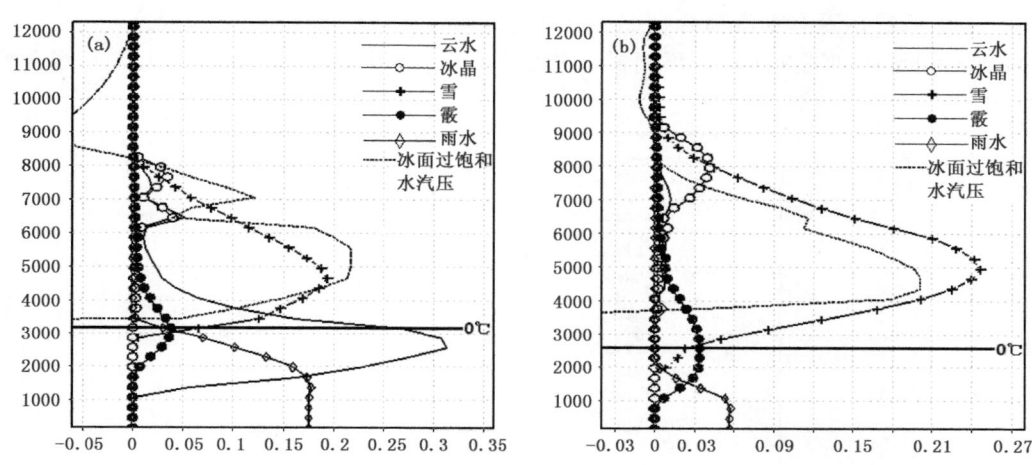

图 8　10月14日08时锋面云系前部、后部云内各种湿物质含水量垂直分布(单位:g/kg)
(a)前部 A 位置;(b)后部 B 位置

5　云系增雨条件分析

　　科学准确地判断云系中人工增雨潜力的大小及分布特征,对于指挥人工增雨作业、提高增雨效果具有重要意义。目前,气象工作者基于观测和数值模拟,已从多方面探讨了层状云人工增雨机制,总结出确定云系增雨潜力区的条件。洪延超[16]对一次锋面层状云云系结构、降水机制进行了分析,认为云体"催化—供给"云结构、降水机制、过冷水含量、冰晶浓度和云的暖区含水量以及冰面饱和水汽量可以用来判断人工增雨催化条件。胡志晋[9]提出了新的层状云人工增雨机制,并根据数值模拟的结果和实际作业经验提出了适合人工增雨的云层条件:(1)云降水处于发展或持续阶段,云中有比较深厚的上升气流,云下蒸发较弱,云厚较大,过冷云层较厚,云底较低。(2)云中有过冷水,在较厚的层次里有较大的冰面过饱和水汽值。同时冰晶浓度较低的更有利。赵培娟等[17]对河南省70例春秋季稳定降水过程的水汽条件进行了分析,发现所有个例在降水开始时或开始前,700 hPa 水汽通量散度均为负值,也就是说 700 hPa 均为水汽辐合。本文综合以上对该次冷锋降水云系结构特征的分析和以往的研究成果,借鉴翟菁等[18]和孙晶等[19]计算潜力区的方法,设计了一个基于数值模式产品、能够反映云系结构、水汽条件和微物理特征的增雨潜力指数 Z,采用逐步判断法对潜力要素进行判别。

主要考虑以下增雨潜力要素：

首先是云中是否存在深厚的上升气流。当云中存在上升运动，云降水才能发展和持续，才有可能存在人工增雨潜力，因此把上升气流作为首要前提条件。这里采用翟菁[18]对于上升气流的表征方式，用 300 hPa 和 850 hPa 散度差 Subdiv 来确定。

第二，云中是否有过冷水（cqc）或较大的冰面过饱和水汽值（qvsuper），同时低层是否有暖云水（wqc）。过冷水和冰面过饱和水汽可为冰相粒子的生长提供条件，如果同时低层存在暖云水则能反映出云系具备"催化－供给"结构，有利于降水形成。这里过冷水和冰面过饱和水汽值分别由 0～－20℃云水（雨水）和冰面过饱和水汽垂直累积量来确定。

第三，中低层是否有水汽辐合，由 700 hPa 水汽通量散度 $Divqvf_{700 hPa}$ 来确定。

详细判别流程如图 9 所示。增雨潜力指数 Z 变化范围为 0～7，数值越大表示增雨潜力越大。

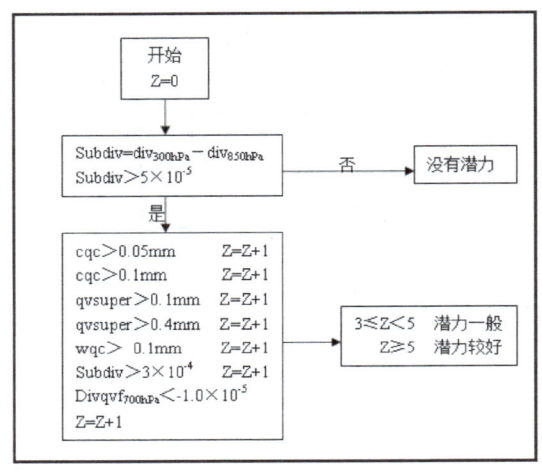

图 9 增雨潜力指数判别流程图

按照以上方法对冷锋云系增雨条件进行判别，图 10 给出了 14 日 08 时增雨潜力区水平分布与天气系统的叠加图以及垂直冷锋的潜力区剖面图。可以看出，潜力区都位于 500 hPa 槽前，而范围较大、较强的增雨潜力区主要位于地面冷锋与 700 hPa 切变线之间的狭长带状区域，宽度约 150 km，在 700 hPa 切变线之后虽然也有较弱的潜力，但分布相当分散，实际播散作业中不容易把握。从垂直分布来看，增雨潜力较好的区域主要位于锋面云系前部，可催化层高度为 3.5～7 km，云底在 1.5 km 左右，云中冰相粒子、过冷水、暖云水都比较丰沛，云系为冷暖混合云，具备较强的"催化－供给"结构；在接近云系中部的区域，云中冰相粒子含量较高，存在一定的过冷水和冰面过饱和水汽，低层有少量暖云水，云系"催化－供给"结构较弱，因此仅在中高层存在较弱的增雨潜力；锋面云系后部云底高度约为 4 km，全部为冷云，云下均为下沉气流，不存在增雨潜力。从图 10b 中发现，潜力最大的区域并不与云顶温度最低（云顶高度最高）的区域相对应，而是位于云顶温度最接近"播云温度窗"（－10～－24℃）的范围内，云顶温度最低的区域反而没有潜力，这个现象与孙晶[19]对低槽云系的分析结果是一致的。

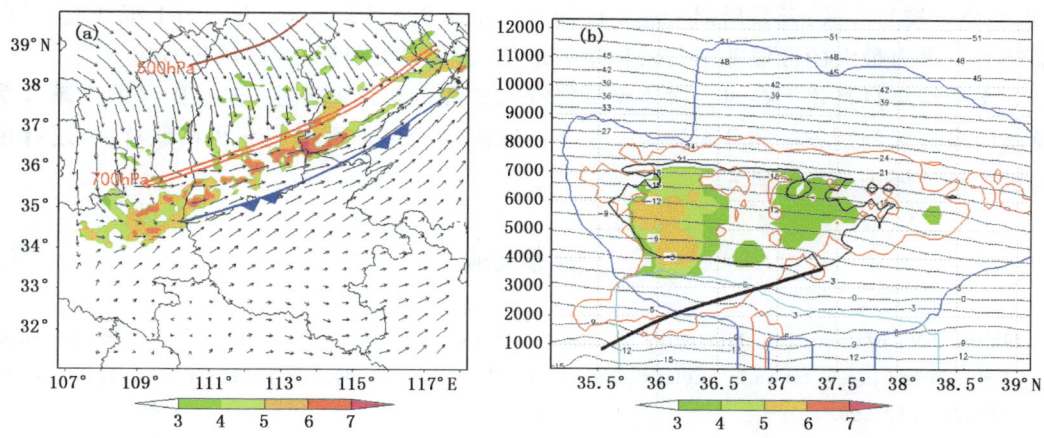

图 10 模拟的锋面云系增雨潜力区水平分布(阴影)、700 hPa 切变线(红色双实线)、风场(灰色箭头)、地面冷锋(蓝色线)(a)和垂直冷锋潜力区剖面(阴影)、锋面(黑色粗实线)、温度(黑色虚线,单位℃)、0.1 hPa 冰面过饱和水汽压(黑色细实线)0.01 g/kg 云水(红色实线)、0.01 g/kg 冰相粒子(蓝色实线)、0.01 g/kg 雨水(浅蓝色实线)(b)

6 结论

利用中尺度非静力模式 ARPS 模拟了 2013 年 10 月 13—14 日华北到河南北部一次冷锋降水过程,模拟天气系统、云带、降水的分布特征与演变趋势与实测基本一致。在此基础上,结合 micaps 观测资料,对此次降水过程影响系统、云系宏微观结构特征和增雨潜力要素进行了分析,得出的主要结论如下:

(1)这次冷锋降水过程的主要影响系统是 500 hPa 低槽、700 hPa 切变和地面冷锋,且天气系统呈现后倾结构,降水主要产生于地面冷锋后部,属于比较典型的Ⅰ型冷锋降水。

(2)冷锋云系走向与冷锋近似,主要位于地面冷锋之后。云系水平分布具有不均匀性,在云带移向的前沿,覆盖面积不到整个云带 1/3 的区域,云含水量及其水平梯度都较大,而云带中、后部相对较宽广的区域内云含水量较小,水平变化也较为平缓。

(3)冷锋云系不同位置云的垂直结构特征是不同的。云系前部自云底到云顶整层都处于上升气流区,云含水量随高度递减,大值区在低层,云中冰相粒子、过冷水和暖云水含量都比较丰富,存在典型的"催化—供给"云结构,具有较好的动力辐合条件和水汽条件,地面出现较大降水。云系后部上升气流区集中在中高层,4 km 以下为下沉气流,云中冰相粒子丰富,中高层有少量过冷水,没有暖云水,"催化—供给"结构不明显,动力辐合和低空水汽条件都较差,地面降水微弱或不产生降水。

(4)综合考虑模式计算的云体结构、上升气流区、过冷水含量、冰面过饱和水汽量、暖云水含量以及中低层水汽辐合,判别冷锋云系增雨潜力区。潜力区都位于 500 hPa 槽前,范围较大、较强的增雨潜力区主要位于冷锋云系前部、地面冷锋与 700 hPa 切变线之间约 150 km 宽的狭长带状区域,云体是具有"催化—供给"结构的冷暖混合云,可催化层高度为 3.5～7 km;云系中部云顶温度−45℃左右,云体"催化—供给"结构较弱,仅在中高层存在较弱的增雨潜力,水平分布较为分散;云系后部云底高度约为 4 km,全部为冷云,云下均为下沉气流,不存在增雨潜力。潜力最大的区域并不与云顶温度最低(云顶高度最高)的区域相对应。

本文的结果只是建立在对一次Ⅰ型冷锋降水过程分析的基础上,初步探讨了冷锋云系结构及增雨潜力区判别方法和分布特征。至于冷锋降水云系是否普遍存在相似特征,还有待针对大量个例开展进一步的研究。

参考文献

[1] Hobbs P V, Matejka T J, Herzegh P H, et al. The mesoscale and microscale structure and organization of clouds and precipitation in midlatitude cyclones. I: A case study of a cold front[J]. J. Atmos. Sci., 1980,**37**:568-596.

[2] Hobbs P V, Biswas K R. The cellular structure of narrow cold-frontal rainbands[J]. Quart. J. Roy. Meteor. Soc.,1979,**105**:723-727.

[3] 周毓荃.河南层状云系多尺度结构和人工增雨条件的研究[D].南京:南京气象学院大气科学系,2004.

[4] 李铁林,郑宏伟.河南春秋季冷锋云系宏、微观物理结构及其降水特征的分析研究,人工影响天气优化技术研究[M].北京:气象出版社,2000,99-102.

[5] 孟宪罗,汤达章,郭金平,等.一次冷锋云系的宏微观物理特征分析[J].南京信息工程大学学报:自然科学版,2014,**6**(6):539-548.

[6] 黄毅梅,周毓荃. 95 GHz 云雷达对一次冷锋云系结构的观测分析[J].高原气象,2012,**31**(4):1129-1138.

[7] 赵姝慧,周毓荃.冷锋云系降水中尺度结构的一次 TRMM 卫星观测和特征分析[J].南京气象学院学报,2009,**32**(1):100-107.

[8] 洪延超,周非非."催化供给"云降水形成机理的数值模拟研究[J].大气科学,2005,**29**(6):885-896.

[9] 胡志晋.层状云人工增雨机制、条件和方法的探讨[J].应用气象学报,2001,**12**(增刊):10-13.

[10] 洪延超,周非非.层状云系人工增雨潜力评估研究[J].大气科学,2006,**30**(5):913-926.

[11] 王以琳,刘文,王广河.冷云人工增雨催化区的探空判据[J].气象学报,2002,**60**(1):116-121.

[12] 廖菲,洪延超,郑国光.河南省一次冷锋降水过程的水汽分布特征及其增雨潜力[J].气象,2007,**12**(4):553-564.

[13] 冯杉,郑世林,赵培娟.河南省春季冷锋云系的降水效率及增雨潜力/人工影响天气优化技术研究[M].北京:气象出版社,2000,36-40.

[14] 李宏宇,王华,洪延超.锋面云系降水中的增雨潜力数值研究[J].大气科学,2006,**30**(2):341-350.

[15] 游来光,马培民,胡志晋.北方层状云人工降水试验研究[J].气象科技,2002,30(增刊):19-56.

[16] 洪延超,李宏宇.一次锋面层状云云系结构、降水机制及人工增雨条件研究[J].高原气象,2011,**30**(5):1308-1323.

[17] 赵培娟,吴蓁,苏爱芳,等.飞机增雨作业的短期天气条件分析[J].河南气象,1999,**22**(4):4-7.

[18] 翟菁,黄勇,胡雯,等.一次积层混合云降水过程增雨条件分析[J].气象,2010,**36**(11):59-67.

[19] 孙晶,杨文霞,周毓荃.河北一次降水层状云系结构和增雨条件的模拟研究[J].高原气象,2015,**34**(6):1699-1710.

第三部分

北方旱区人工影响天气探测分析和业务管理系统

飞机人工增雨宏微观物理响应的探测与研究

孙玉稳[1]　孙　霞[2]　刘　伟[3]　韩　洋[1]　胡向峰[1]

1. 河北省人工影响天气办公室/河北省气象与生态环境重点实验室,石家庄 050021；
2. 河北省气象灾害防御中心,石家庄 050021；
3. 河北省石家庄市气象局,石家庄 050081

摘　要　冷云人工增雨催化作业的宏微观物理响应是作业有效性的重要依据之一。本文针对一次飞机云物理探测和增雨作业相结合的个例,分析了作业前后云宏微观物理特征参数及其演变规律。根据飞机探测资料结合实时天气、卫星、雷达和雨量等资料分析,此次降水特点：一是上层"槽前云",下层"回流云",大粒子主要在"槽前云"中增长；二是作业区（层）内小云粒子浓度普遍在 20 cm^{-3} 以上,最大值 300 cm^{-3},大云粒子浓度低于 0.02 cm^{-3},全谱拟合曲线 $\lg N = a \lg D + b$ 的截距 b 值在可播区和强可播区为 3.31~7.37,不可播区为 0.88~1.74,大部分云区属强可播云区,雷达回波强度为 20~35 dBz,不可播区雷达回波强度小于 20 dBz；三是无高云,低云较均匀,中云不均匀。云团 a 和云团 b 作业后 FY-2C 卫星云图变白、中心雷达回波强度增加到 45 dBz、35 dBz 以上的雷达回波带面积变大。水平作业后小云粒子、大云粒子和降水粒子皆随层状云发展浓度增加,地面伴有降雨。粒子谱呈双峰分布,有效粒子直径向大值方向偏移,平均直径、平方根直径、立方根直径分布频谱变宽,粒子分布更离散。作业后,影响区雨量增幅迅速增大,同上风方和周围比较,在作业后 3 小时之内雨量持续增大。从作业后云的宏微观响应和地面雨量变化看,本次作业具有明显效果,但要排除自然因素影响还需大量实例从统计学角度上的进一步论证。

关键词：冷云催化,作业设计,云微物理探测,云粒子谱

1　引言

目前人工增雨的基本手段之一是飞机在云中播撒催化剂,但出于飞行安全考虑,适宜增雨作业的主要天气系统是弱不稳定条件下的层状云系,国内外对层状云系的降水特征及人工催化物理响应进行了大量研究和实践[1-5],飞机人工增雨作为一项业务在我国各地逐步开展起来。北方冷云飞机增雨是在层状云中存在过冷水而冰核不足情况下,适量引入人工冰核,冰核通过贝吉龙效应而增长,从而加快液态水向固态水转化,促进云块发展,增加影响区降水。层状云适宜增雨的微物理条件是：FSSP-100 探测的小云粒子浓度不小于 20 cm^{-3},其中 2D-C 探测的大云粒子浓度小于 20 L^{-1} 时,为强可播区,否则为可播区[6,7]。飞机增雨本身要求人影工作者必须寻找具备最佳作业条件的云区（或云块）做催化,但作业后雨量的增加是云系自然发展的结果还是人工催化的效应却不易说清,飞机增雨的作业效果始终遭受"瓜田李下"的质疑。同时,人工影响天气工作涉及天气、动力和大气物理（特别是云降水物理）,是需要把三者融合成一体的精细的天气动力物理学；在方法上涉及观测、分析、实验、理论提炼、模型建立；在

实施中要把观测实况与理论、技术方案实时结合等[8]。飞机人工增雨作业是一项多学科综合、多部门协调的高度复杂的技术工作和高度严密的系统工程,在一个方圆仅500～600 km² 的作业区内就有适合作业云团和不适合作业的云区,预先确定的作业对象是否具备最佳作业条件?实施作业是否处于最佳时机、部位?在动态变化的云场内实际作业条件与预设方案往往存在较大的偏差,使得作业效果存在很大的不确定性,效果验证本身的复杂性和增雨作业的不确定性使效果检验成为困扰人影工作者的难题。

近年来,随着技术的发展,人们对降水云微物理结构特征的观测手段日益丰富,人影工作者开始整合地面雨滴谱、探空、飞机穿云直接探测、雷达、卫星和地基微波辐射计等探测资料综合研究层状云催化机制,使人影工作逐步走上了精细化发展的道路[9,10],提高了增雨作业的技术水平,作业的效果分析可以在一定程度上排除不利作业条件的影响[11],尽管难以从根本上分清自然因素的影响问题,但日益增加的例证反复证明"作业—雨量增加"的事实,最终通过统计学方法检验人影工作的作业效果也不失为一条可行的方法。

本文基于这一思路,对冷云降水2014年4月15日在河北中南部地区对回流和西风槽复合天气系统层状云系进行人工增雨作业,并进行了较为细致的飞机云物理探测,对作业前后的云微物理参数进行分析。为飞机增雨的微物理响应提供一个例证。

2 仪器和资料

2.1 观测仪器

本次试验主要观测设备和仪器有:夏延ⅢA增雨飞机及机载PMS探测仪、温度仪和GPS定位仪,地面多普勒天气雷达、常规无线电探空和地面雨量观测仪器等。

2.2 获取资料

机载探测:PMS探头FSSP-ER、2D-C、2D-P观测资料和随机宏观记录,温度、含水量、实时GPS定位仪等资料。使用CPAS(云物理精细分析系统)平台软件。

卫星云图:FY-2C卫星资料,使用CPAS终端软件。

雷达探测:新乐多普勒天气雷达(SA波段),使用CPAS终端软件。

催化剂扩散轨迹:使用CPAS终端软件。

人工雨量站观测:逐小时降水资料。

2.3 作业、探测概述

作业、探测方案是先在云区做垂直探测(作业),再对云层做水平"S"型探测(作业),之后进行"S"型验证探测,最后在影响区做垂直验证探测。根据设计方案,飞机16:55从正定机场起飞,垂直上升到赞皇(6300 m)后,再下降到4800 m在赞皇、元氏、高邑、柏乡、临城等地做"S"型穿云飞行,作业时间为17:12—18:23:26。作业后,垂直于作业航线做"S"型穿云飞行探测,之后在赵县附近做垂直(600～5300 m)穿云探测,20:05返回机场落地(图1)。作业燃放19根碘化银烟条,该烟条为内蒙古乌海五五六厂生产,型号:RFY-1,(AgI含量12.5 g/根),碘化银成核率1.03×10^{15}个/g(温度-10℃)。

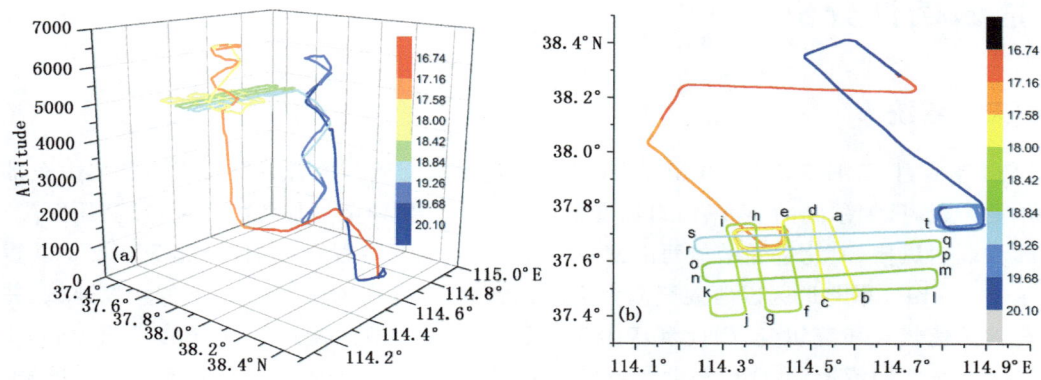

图 1 4月15日飞机增雨航线(a 起飞到降落三维图,b 起飞到降落平面图;
a 到 t 的时间和位置同表 1b 中的时间和位置)

表 1a 和表 1b 给出了探测时间、高度、区域、飞行状态、机上宏观记录及图 1b 中 a 到 t 的时间、位置、探测面积和在 4800 m 平行作业和探测的长度及宽度等资料。

表 1a 飞行概况

飞行时间	飞行高度(m)	飞行区域	探测面积(km²)	机上宏观记录
17:10:24—17:33:17	2370~6340	赞皇垂直探测	77.89	作业
17:44:37—18:24	4800 水平飞行	iabj 元氏、高邑、柏乡、临城、赞皇	788.48	作业;霰或淞附、支架结冰
18:24—19:06:46	4800 水平飞行	stlk 柏乡、赞皇、高邑、元氏、赵县	1103.4	冰晶、霰或淞附、支架结冰
19:19:53—19:36:11	626~5726	赵县垂直探测	82.09	水滴、霰或淞附、支架结冰

表 1b 飞行概况

拐点	经度/纬度	飞行时间	拐点	经度/纬度	飞行时间	线段	长度(km)	线段	长度(km)
a	37.7599/114.5319	17:46:05	k	37.4718/114.2741	18:22:40	ab	31.11	ea	7.95
b	37.47/114.5999	17:51:37	l	37.5089/114.7743	18:29:30	cd	30.12	cd	5.9
c	37.4680/114.5307	17:52:57	m	37.5754/114.7733	18:30:56	ef	34.67	de	5.27
d	37.7556/114.5005	17:58:27	n	37.5277/114.2690	18:39:40	gh	33.9	gf	6.9
e	37.7429/114.4355	17:59:47	o	37.5915/114.2591	18:41:02	ij	34.45	ih	5.29
f	37.4377/114.4763	18:05:25	p	37.6284/114.7903	18:48:04	kl	43.38	lm	7.38
g	37.4255/114.3989	18:06:59	q	37.6776/114.7858	18:49:06	mn	44.46	no	6.6
h	37.7272/114.3722	18:12:50	r	37.6351/114.2456	18:58:18	op	45.74	pq	6
i	37.7237/114.3068	18:14:16	s	37.6804/114.2379	18:59:14	qr	46.93	rs	5.05
j	37.4189/114.3498	18:20:00	t	37.7146/114.7915	19:06:48	st	48.48		

3 播云条件分析

3.1 天气系统

2014年4月15日20时500 hPa中高纬呈"两槽两脊型",两脊分别位于乌拉尔山东部和贝加尔湖附近,贝加尔湖的温度脊,自河套地区南部向北延伸至贝加尔湖北部,与高压脊配合;中低纬为弱西风槽,河北省受槽前西南偏西气流控制,受上游暖脊影响,河北500 hPa以暖平流为主。700 hPa华北地区以西南气流为主,河北中南部存在风速>12 m/s的大风速核,并且有显著的风速辐合和暖切变,因此利于暖湿气流向河北中南部输送和水汽的堆积。850 hPa河北区域为东北回流形势,盛行东北风或偏东风,并且有冷中心配合。11时地面气压场呈"东北高西南低"型,锋后高压位于蒙古东部,河北省位于锋后高压的南部,以东风为主,利于冷空气向西南渗透,并且由于太行山的阻挡,冷空气在太行山东部堆积,从而形成冷垫。此次过程是以锋后冷高压南部的冷空气和低层850 hPa偏东风作为冷垫,中高层西南暖湿气流沿着冷垫爬升形成的河北中南部层状云降水天气系统(图2a)。

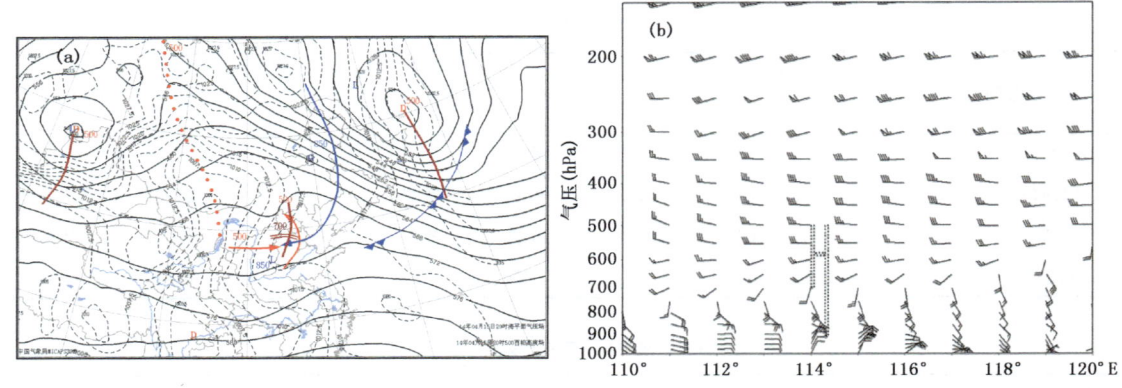

图2　4月15日20时天气形势(a)和北纬38°高空风场垂直剖面图(b),
(图(b)中两竖线分别为赞皇、赵县垂直作业、探测区,水平线为水平探测作业区)

图2b显示赞皇垂直探测作业2370~6340 m,风向在750~650 hPa从下层的偏东风转为上层的偏西风,750 hPa以下为偏东风,风速4~8 m/s;650 hPa到400 hPa为偏西风,风速8~14 m/s;水平作业区4800 m高度层为西风,风速10 m/s。根据风场结构,作业后催化剂主要向东侧扩散,而2500 m以下受低层东风或偏东风的影响,向西侧扩散,但该层气温高于0℃且厚度不足200 m,对向东移动云团影响不大。2500 m以上云团向东移动,根据云层的风向风速看,作业影响区随云团缓慢向东移动,面积逐步扩大,见图3黑框所示。

3.2 FY-2C卫星云图演变

为了跟踪催化后云特征的变化,根据高空风向风速、作业起止时间、碘化银烟条用量,用CPAS平台扩散模式计算影响区域随时间移动的位置(图3黑框所示)。FY-2C卫星云图显示(图3),17:01到22:01河北中南部被中低云层覆盖,17:01石家庄东部有中云发展。作业区有a云团,西部有b云团移近。18:01作业后的A云团向东北方向移动,灰色云层变白发亮,中云发展,其他各时出现灰白亮区,21:01—22:01南部对比区有中云发展。这次降水过程特征是西南风强,东风较弱,西南暖气团沿东风冷垫抬升形成中低层状云。

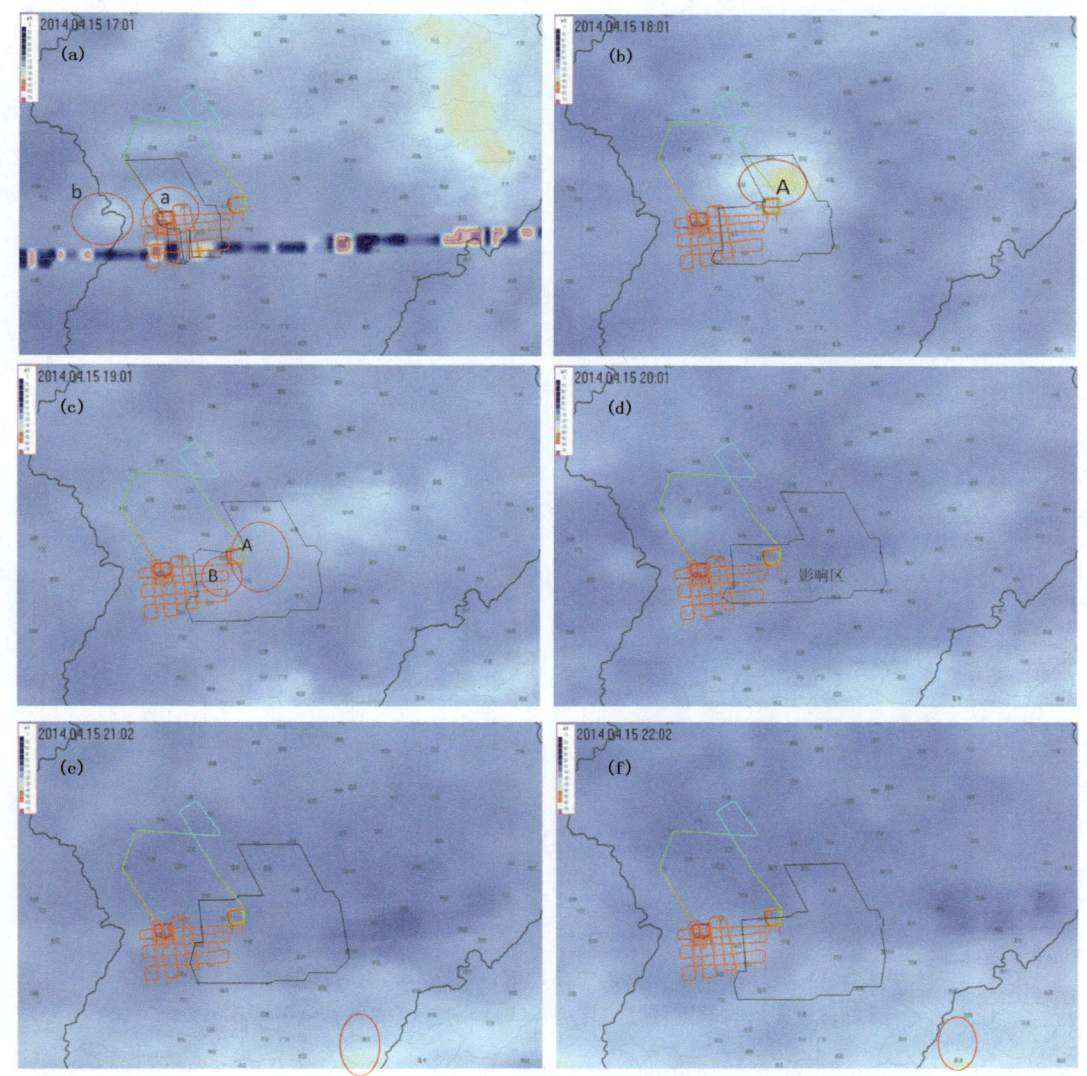

图3　2014年4月15日17:01—22:02 FY-2C红外卫星云图(图中红色曲线为作业轨迹,黑色封闭曲线为影响区)(a)17:01,(b)18:01,(c)19:01,(d)20:01,(e)21:02,(f)22:02

3.3　雷达资料分析

图4显示,17:00赞皇、深泽、冀州有强雷达回波带,最大回波强度45 dBz,从雷达回波单体看,有多个云团构成的云系呈东西向排列,并向东移动。赞皇作业区a云团雷达回波强度最强为30 dBz,西部的山西境内有b云团正移向作业区。17:11:43开始对a云团自下向上垂直作业,17:46:05开始在4800 m高空作业,对a和b两云团进行水平催化。a云团中有2500 m

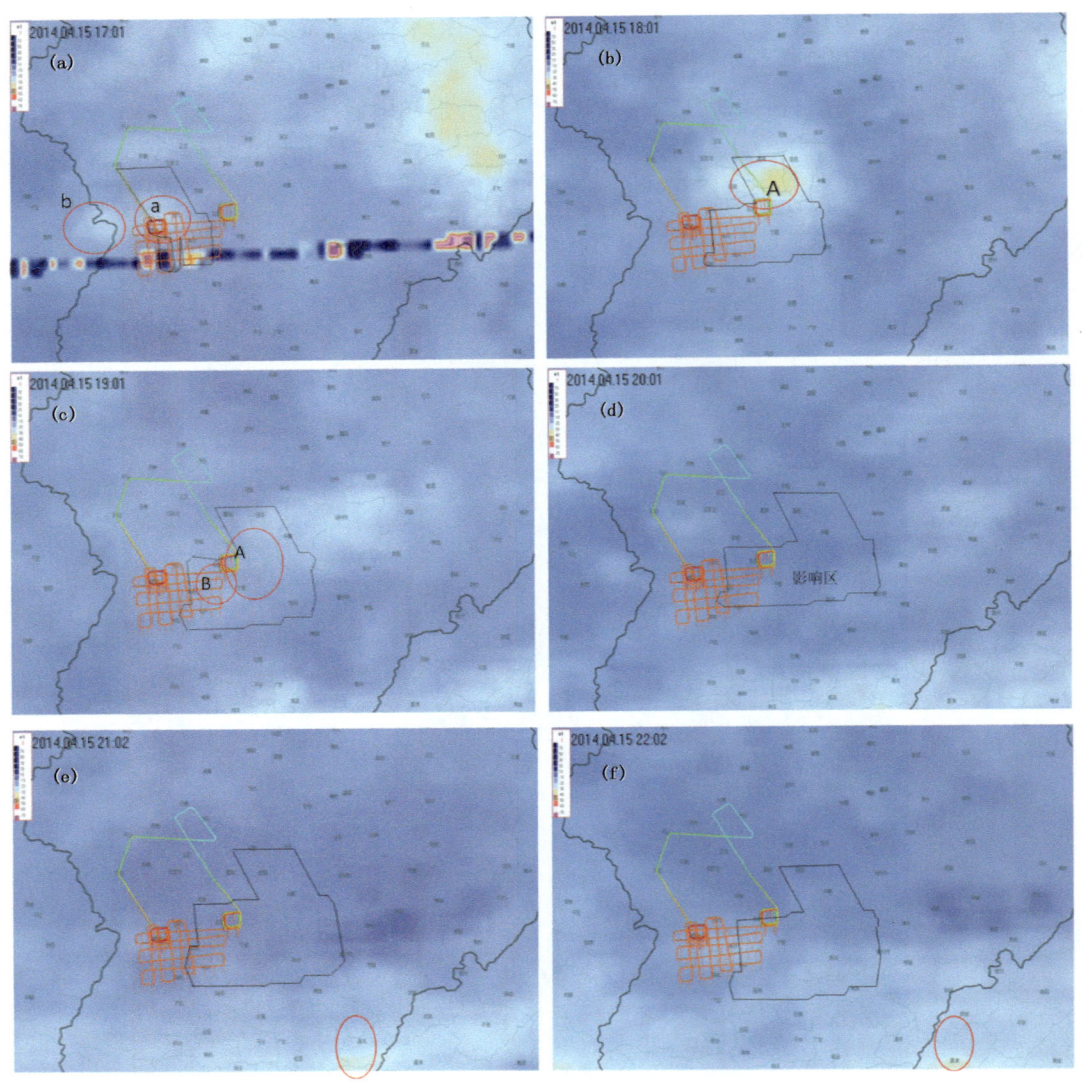

图4 2014年4月15日17:00—21:00的雷达回波(单位:dBz,组合反射率。图中灰色曲线为作业轨迹,黑色封闭曲线为影响区)(a)17:00,(b)18:00,(c) 19:00,(d)20:00,(e) 21:00

以下为东风,2500~3000 m高空风转向,水平风速小于4 m/s,3000 m以上西风风速加大,达10 m/s,由于不同高度层风向影响,18:00后作业影响区面积扩大,云团 a 在东移过程中不断加强、扩大,移到 A 处时,中心雷达回波强度逐步升到 45 dBz,30 dBz 以上强雷达回波带面积有所扩大,占整个影响区面积的 10%~20%,催化取得明显效果,19:00 整个影响区内出现大片强雷达回波区,30 dBz 以上雷达回波带几乎覆盖整个影响区,占影响区面积的 60%~70%;20:00 雷达回波明显减弱,仅出现几片 35 dBz 雷达回波带。在作业区北部,雷达回波强度超过 20 dBz,处于可播区;作业区南部(c 区附近),雷达回波强度低于 20 dBz,处于不可播区。17:00 雷达垂直剖面(图4)显示,3000~5000 m出现 30 dBz 的强雷达回波区,表明粒子在此高度层增长成为大粒子,3000 m 以下雷达回波逐渐减弱。18:00 雷达垂直剖面,云中最强回波增到 40 dBz,30 dBz 以上的强雷达回波区下沉到 1500~3500 m,地面出现降水(图14)。

19:00雷达垂直剖面,云中最强回波达到 45 dBz,云内出现大量降水粒子,地面降雨增强。与飞机观测的大粒子垂直分布结构相一致(图 8),说明大粒子主要是在槽前云中增长。

3.4 播云条件分析

为研究作业区内各部位可播性,选取 4800 m 高度水平作业期间代表时点的粒子分布(剔除小云粒子、大云粒子和降水粒子不全的数据)作拟合(图略),代表时点的粒子谱基本为单调下降的指数型宽谱,呈幂式递减,拟合公式 $\lg N = a\lg D + b$,拟合参数 a(单位:个/cm^3/μm)和 b(单位:个/cm^3),式中 D 为粒子直径,单位:μm,N 为粒子浓度,单位:个/cm^3。当 $D = 1\mu m$,b 值表示粒子直径在 $1\mu m$ 粒子浓度的幂,小云粒子越多 b 值越大,b 值大于 2,说明小云粒子浓度在 100 个/cm^3 以上,处于可播区。各时间粒子谱拟合结果见表 2,表 2 中 R 表示拟合的相关系数,由表 2 得出的 a、b 和可播性的点聚图见图 5,图 5 显示当 b 值大于 2 时,处于可播和强可播区,b 小于 2 时不可播,b 值最大值为 7.37,a 和 b 值呈反相关,a 为负值,$\lg D$ 为正值,随直径变大,小云粒子数浓度变小。表 2 显示 17:45:09 到 18:01:52 出现 4 次可播或强播(b 值 3.31~4.35),中间夹不可播区(b 值 0.88~1.74),飞机实测说明 18:06:07 到 18:19:43 皆为可播区,飞机穿过大片浓密云区。

表 2 各层粒子全谱幂指数拟合曲线参数

时间	a	b	R**2	备注	时间	a	b	R**2	备注
17:45:09	−2.8	4.35	0.83	强可播	17:59:47	−2.24	1.58	0.82	不可播
17:48:32	−2.15	1.18	0.81	不可播	18:01:58	−2.25	1.74	0.83	不可播
17:48:34	−2.13	0.88	0.8	不可播	18:06:07	−3.32	6.82	0.85	强可播
17:50:53	−2.42	3.31	0.72	强可播	18:12:03	−3.06	5.7	0.83	强可播
17:55:34	−2.19	1.37	0.79	不可播	18:12:44	−3.54	7.37	0.85	强可播
17:56:25	−2.23	1.33	0.77	不可播	18:13:17	−3.08	5.94	0.84	强可播
17:56:46	−2.24	1.33	0.8	不可播	18:14:05	−3.34	6.93	0.87	强可播
17:58:15	−2.74	4.18	0.81	强可播	18:14:46	−3.01	4.94	0.78	强可播
17:58:53	−2.28	1.52	0.8	不可播	18:16:34	−3.27	7.14	0.89	强可播
17:59:04	−2.59	3.83	0.78	强可播	18:19:43	−3.35	7.02	0.88	强可播

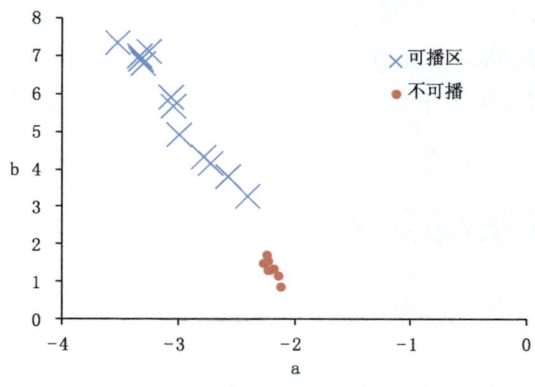

图 5 可播性同 a、b 值的关系

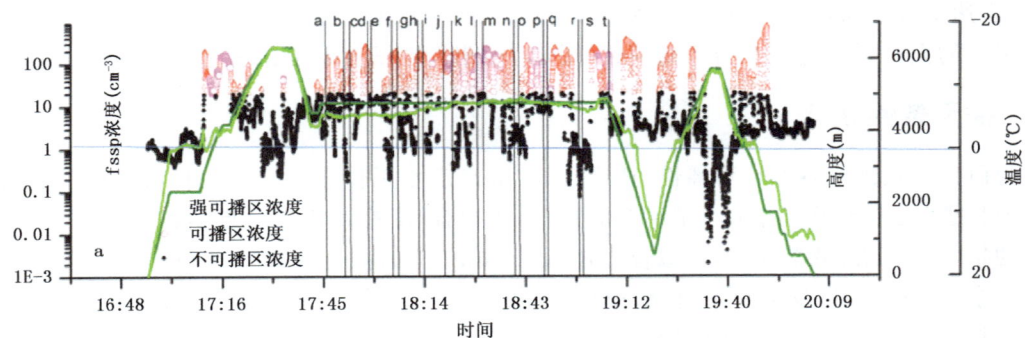

图6a 飞行轨迹、温度和小云粒子浓度随时间的变化(a到t的时间和位置同表1b中的时间和位置;空心圆为可播区粒子浓度;空心三角形为强可播区粒子浓度;实心圆为不可播区粒子浓度;蓝线为0℃层高度线)

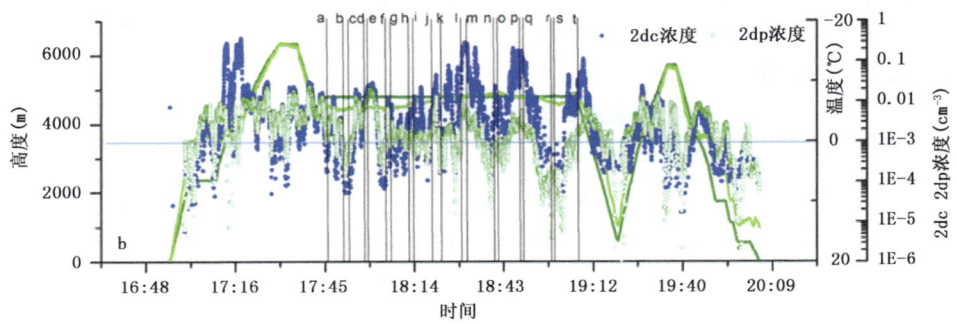

图6b 飞行轨迹、温度、粒子浓度随时间的变化(a到t的时间和位置同表1b中的时间和位置;蓝点和绿色空心圆分别代表大云粒子浓度和降水粒子浓度;蓝线为0℃层高度线)

飞机起飞到降落期间机载仪器观测的云微物理量(图6a和图6b)显示,3000~5500 m云层温度为-2~$-15℃$,小云粒子浓度超过20 cm^{-3},其中3200~4200 m云层大云粒子浓度大于0.02 cm^{-3}时,为可播云层;其他云层大云粒子浓度小于0.02 cm^{-3}时,为强可播云层。17:45—18:28飞机在4800 m云层内水平作业,除e点等少数作业区南侧边沿不可播外,大部分云区属强可播云区。结合图4,不可播云区在c区附近,雷达回波强度在10 dBz左右,其他云区一般为强可播云区,雷达回波强度为20~35 dBz。云中小云粒子浓度为20~200 cm^{-3},而大云粒子浓度较低(多数云区小于0.02 cm^{-3}),作业区多数属强可播区是这次作业的重要特点。

4 冷云催化的宏微观响应

4.1 云的宏观响应

FY-2C卫星云图(图3)显示,17:00作业区及西侧有a、b两云团,催化后,18:00云团a移到A,同时,其云图变亮,由灰白变成浅黄。19:00被催化的云团b移到B,云图同时变成灰白。云图变亮说明云团垂直发展,云顶抬升。雷达监测显示(图4),17:00作业区及西侧有a、b两云团,其中云团a水平面积较小,最大回波强度30 dBz;云团b水平面积较大,并有大片35 dBz的雷达回波带。催化后,18:00云团a移到A,30 dBz强回波面积有所扩大,同时中心最大回波强度提高到45 dBz,至19:00云团A继续发展,出现大片30 dBz以上强回波带,45 dBz强回波中心面积也急剧扩大。18:00前后对云团b催化,19:00云团b移到B,中心30 dBz以上强回波区面积扩大。A、B两云团已连在一起,整个影响区出现大片35~45 dBz的雷达回波带。

从飞机起飞到降落探测全过程的飞行轨迹、温度与雷达垂直剖面(图7)看,a到k同图1中的a到k。飞机先对云团a做垂直催化,之后对b云团进行水平催化,最后对云团B分别作了水平和垂直探测。剖面图显示,30 dBz以上的强雷达回波带主要在1000~3000 m,水平作业高度在4800 m附近,该高度层基本处于云上部,雷达反射率因子在15~20 dBz。a云团催化后雷达回波强度明显增加;b云团催化后云上部雷达回波强度有所增加,4800 m附近反射率因子从15 dBz提高到20 dBz,强回波区面积也有所扩大。

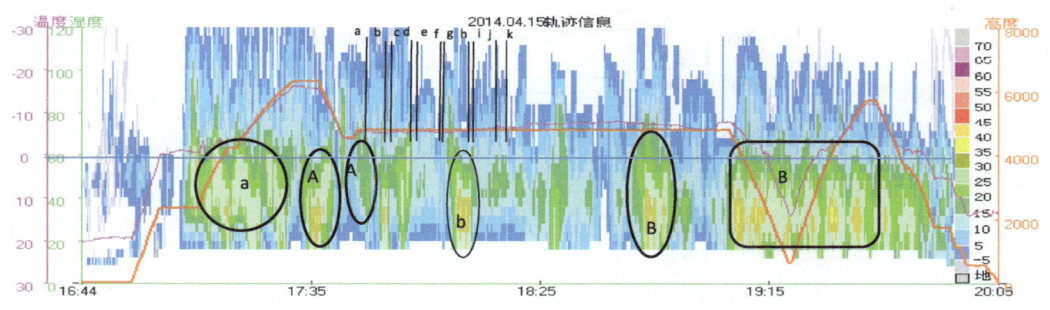

图7　沿飞机轨迹雷达反射率因子剖面(蓝线为0℃层高度线)

4.2 云微物理响应

4.2.1 云的微物理垂直分布特征

图8a显示,17:10:24—17:33:17时段飞机在赞皇对云团a做垂直结构的探测及作业,发现云团a垂直结构从小云粒子看呈上、中、下三层。上层4525~5903 m厚度1378 m,温度为$-4.7 \sim -13.2$ ℃,云层稀疏,中间有四个层次小云粒子比较少,小云粒子最大浓度100 cm^{-3},粒子有效直径18~24 μm;中层2900~4300 m,厚度1400 m,温度为$0 \sim -3.7$ ℃,云层较为均匀,小云粒子最大浓度200 cm^{-3},粒子有效直径22~26 μm。大云粒子主要集中在3300~4300 m区间,其最大值为0.25 cm^{-3},4525~5903 m大云粒子浓度不足0.02 cm^{-3}(图8b);在2500~5900 m降水粒子浓度随高度增加逐步提高,由0.005 cm^{-3}上升到0.022 cm^{-3};观测时地面正降小雨。

赵县上升阶段温度曲线与下降阶段温度曲线存在明显差别(图8a),上升阶段温度高于下降阶段温度。因为温度探头采用热敏电阻原理,电阻温度变化有一定时滞,飞机下降速度比上升速度快,致使下降时观测的温度低于上升时观测的温度,上升时观测的温度接近于实际温度。飞机上升阶段机头上抬,粒子探头等正对云层,有利粒子观测,而下降阶段机头下压,不利于粒子观测,因此通常采用上升段观测到的粒子数据。19:19:53—19:36:11时段飞机在赵县

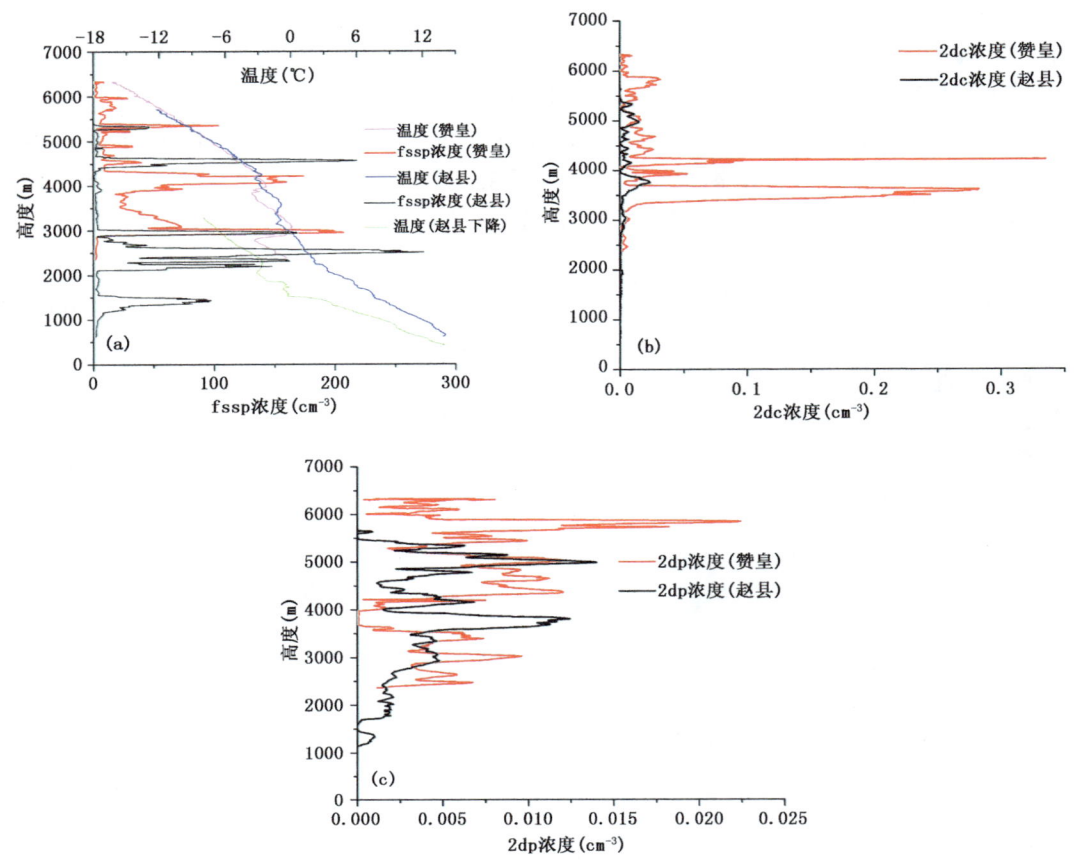

图 8 微物理量垂直要素变化（a 为小云粒子浓度、温度，b 为大云粒子浓度，c 为降水粒子浓度）

对云团做垂直结构的探测，发现赵县云区中小云粒子在垂直结构分上、中、下三层。与赞皇云区垂直结构相比，云层下移。上层 4452～5366 m，该层有两个高值区分别在 4452～4652 m 和 5324～5366 m，中间有 672 m 厚其小云粒子比较小，上层温度为 −3.8～−9.6℃，小云粒子最大浓度 200 cm^{-3}，位于下高值区，粒子有效直径 17～21 μm；中层 2192～3022 m，厚度 830 m，温度为 3.0～−0.5℃，小云粒子最大浓度 200 cm^{-3}，粒子有效直径 18～24 μm；下层 1227～1550 m，厚度 323 m，温度为 9.8～7.4 ℃，小云粒子最大浓度 100 cm^{-3}（图 8a），粒子有效直径 18～26 μm（图略）。大云粒子主要集中在 3500～4000 m 区间，3800 m 处最大值为 0.02 cm^{-3}，4000～5500 m 大云粒子浓度 0.005～0.01 cm^{-3}（图 8b）；在 1200～5500 m 降水粒子浓度随高度增加逐步提高，5000 m 峰值 0.015 cm^{-3}，4800 m 次峰 0.012 cm^{-3}。作业前后两次垂直探测相比，小云粒子明显增加，2000～3000 m 增加明显；大云粒子减少，3300～4300 m 减少明显；与赞皇比较，赵县上空降水粒子浓度峰值明显下移，在 5000 m 和 3700 m 上下比赞皇高（图 8c）；结合温度曲线看，云团 a 在 5500 m（−10℃以下）各种粒子浓度都比较小，大部分为不可播，4000 m 高度云水多，但温度为 −3℃左右不适合 AgI 核化和冰晶增长，因此赵县垂直催化的有效位置在 4500～5500 m。

4.2.2 粒子浓度、直径特征量的变化

4.2.2.1 云团 a 垂直催化后粒子浓度的变化

17：10：17—17：33：17 对云团 a 垂直催化，17：45：04—17：45：12 在云团 A 的尾部 4800 m 水平观测(雷达平面图显示，水平催化起点 a 位于云团 A 的尾部)，对云团 a 观测结果见表 3，云团 a 小云粒子和大云粒子浓度在 3800 m 较高，分别为 32.73 cm^{-3}、0.074 cm^{-3}；降水粒子浓度较低，为 0.00033 cm^{-3}。4800 m 小云粒子和大云粒子浓度分别为 12.15 cm^{-3}、0.015 cm^{-3}，降水粒子浓度为 0.0087 cm^{-3}。影响云团 A 中小云粒子和大云粒子浓度分别为 32.75 cm^{-3}、0.0114 cm^{-3}，降水粒子浓度为 0.0095 cm^{-3}。云团 a 催化后 4800 m 高度层小云粒子明显提高，大云粒子和降水粒子没有明显变化，造成这一变化可能原因：一是催化 25 分钟后云团发展，该层形成新的小云粒子；二是验证观测在催化云团 A 尾部，影响观测效果。

表 3　云团 a 垂直催化后(云团 A)粒子浓度变化

高度	观测时间	a 对比云粒子浓度(cm^{-3})			观测时间	A 影响云粒子浓度(cm^{-3})		
		fssp	2dc	2dp		fssp	2dc	2dp
3800 m	17：14：04—17：15：44	32.73	0.074	0.00033	/	/	/	/
4800 m	17：20：34—17：22：14	12.15	0.015	0.0087	17：45：04—17：45：12	32.75	0.0114	0.0095

4.2.2.2 云团 b 水平催化后粒子浓度的变化

4800 m 水平飞行期间，18：12：02—18：14：53 对云团 b 催化，19：02：47～19：04：40 垂直探测前水平穿过催化云团 B，对云团作验证探测，从小云粒子浓度、大云粒子浓度和降水粒子浓度对比发现(表 4)云团催化前后均有明显增加；说明对云团催化后，影响区云变得更加密实，在 4800 m 高度层形成了更多的小云粒子，同时也有利于粒子长大，使该层小云粒子、大云粒子和降水粒子浓度同时增加，使更多的降水粒子降落到地面。与图 7 云块 B 雷达反射率强于云块 b 相一致。

表 4　同一云团催化前(云团 b)后(云团 B)粒子浓度变化

	b 对比区粒子浓度(cm^{-3})			B 影响区粒子浓度(cm^{-3})		
	fssp	2dc	2dp	fssp	2dc	2dp
平均	133.32	4.9	0.59	170.52	14.13	1.13
25%	112.05	2.55	0	145.82	4.63	0.91
50%	145.87	4.2	0.64	183.75	7.41	1.13
75%	168.53	6.67	1.01	211.83	14.73	1.37

4.2.2.3 水平催化后云区各部位粒子浓度、直径特征量的变化

为研究云区各部分水平催化的微物理响应，将水平催化和探测期间小云粒子、大云粒子和降水粒子浓度(色标表示浓度值)，按所处位置点绘在图 9 中，图 9 中 a 点涂灰处为受催化云团 a 尾部影响的催化云，纵向航线上其余的皆为对比云。横向航线上根据云移动方向、速度和观测时间计算催化云位置，图中涂灰右侧为影响云，而左侧黑色刀型框内为对比云。详细飞行时间：kl 段中 18：24：35—18：29：30、mn 段 18：30：56—18：36：44、op 段 18：44：31—18：48：04、qr 段 18：49：06—18：52：10、st 段 19：05：16—19：06：48 为影响区；ef 段 18：00：54—18：04：16、gh 段 18：08：10—18：12：50、ij 段 18：14：16—18：18：51 为对比区。

图9a显示,催化后小云粒子浓度有明显增加现象(大方框中)。图9b显示,催化后各时次、各部位观测的大云粒子浓度比对比区都明显增加(大方框中)。图9c显示,催化后影响区降水粒子浓度增加,尤其是受影响的中心区域降水粒子浓度增加更为显著(椭圆框中)。

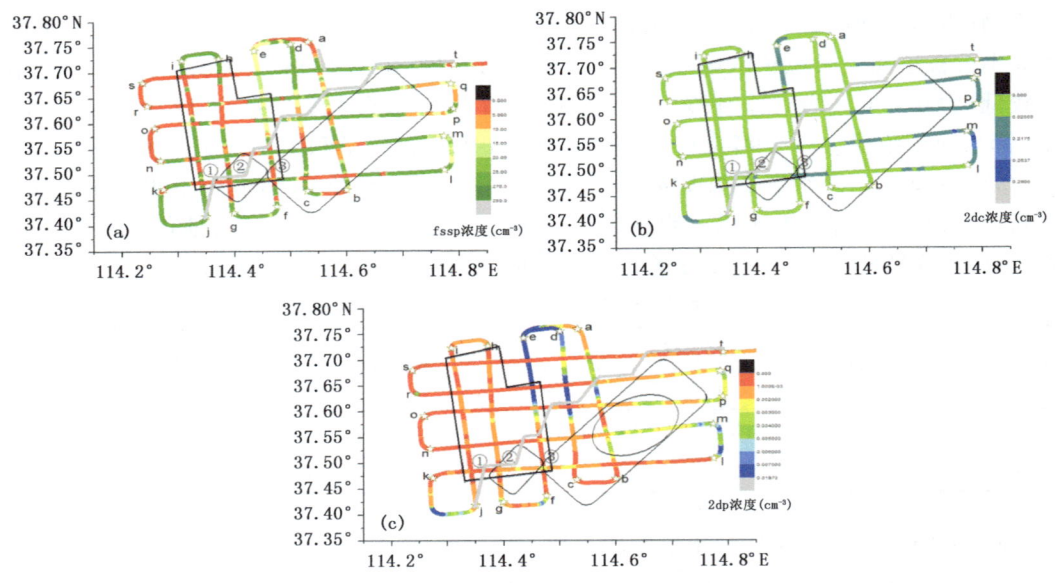

图9 粒子浓度时空分布图(a.小云粒子;b.大云粒子;c.降水粒子)

选取在不同时间间隔内飞机催化的3个点位(①、②、③),计算出飞机再次飞到移动后的这3个点位(T_1、T_2、T_3),精细化分析作业前后粒子的相互响应。图9中ij线段中的①(18:18:31)、gh线段中的②(18:07:27)和ef线段中的③(18:03:52)分别为飞机纵向飞行与第一次横向飞行(kl线段)的交叉点的稍下方,根据飞行速度和云移动风向、速度推算出图10a中T_1为飞机沿着kl线横向飞行时再次穿过云团①的时间,T_2为再次穿过云团②的时间,T_3为再次穿过云团③的时间。计算得出经的过T_1时间为18:24:46;经过T_2时间为18:26:24;经过T_3时间为18:29:26。

可以看出作业前即①位置小云粒子浓度27.07 cm^{-3},作业后到达T_1位置,小云粒子浓度上升为155.63 cm^{-3};大云粒子浓度由0.00092 cm^{-3}上升为0.016 cm^{-3};降水粒子浓度由0.00038 cm^{-3}上升为0.002 cm^{-3}(图10a和图10b)。作业前即②位置小云粒子浓度14.20 cm^{-3},作业后到达T_2位置,小云粒子浓度下降为2.19 cm^{-3};而大云粒子浓度由0.0015 cm^{-3}上升为0.012 cm^{-3};降水粒子浓度由0.0013 cm^{-3}上升为0.0015 cm^{-3}(图10a和图10c)。作业前即③位置小云粒子浓度45.37 cm^{-3},作业后到达T_3位置,小云粒子浓度上升为137.79 cm^{-3};而大云粒子浓度由0.00012 cm^{-3}上升为0.0047 cm^{-3};降水粒子浓度由0.00063 cm^{-3}上升为0.0011 cm^{-3}(图10a和图10d)。①③云团催化后小云粒子、大云粒子和降水粒子浓度均增加。②云团催化时小云粒子浓度小于20 cm^{-3},不具有一定的可播性,因此出现催化后,其影响区内小云粒子浓度减少到了2.19 cm^{-3};这与陶树旺的观点是一致的;大云粒子和降水粒子浓度增加可能是上层粒子沉降到下层之故。

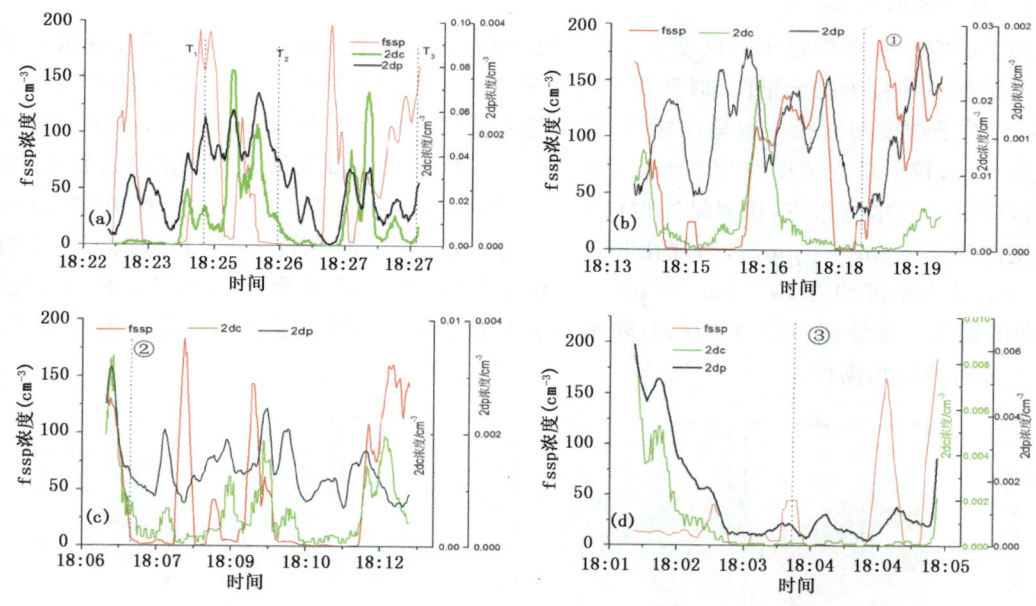

图 10 粒子浓度随时间的变化(a. kl 段;b. ij 段;c. gh 段;d. ef 段)

水平观测的影响区、对比区(影响区和对比区划分同图 9a)小云粒子分位浓度、直径特征量统计(表 5),影响区小云粒子分位浓度大于对比区相应分位浓度值,其中 75% 分位值增加了 48.11 cm^{-3}(分别为 132.35 cm^{-3}、84.24 cm^{-3}),说明该层最厚实云区有了发展;50% 分位值大幅提高了 47.31 cm^{-3}(分别为 55.20 cm^{-3}、7.89 cm^{-3}),25% 分位值上升了 5.26 cm^{-3}(分别为 7.93 cm^{-3}、1.67 cm^{-3}),说明大片稀薄云层明显变得浓密,原来未达入云条件的区域也发展成云区。

小云粒子直径特征量在 75% 分位数都有增加,影响云与对比云相比,粒子有效直径、平均直径、平方根直径和立方根直径分别增加了 0.45 μm、0.09 μm、0.51 μm、0.88 μm,意味着在浓密云区催化后粒子特征直径普遍增大。在 50% 分位数,粒子有效直径增加 1.89 μm,平均直径、平方根直径和立方根直径分别增加了 1.32 μm、1.13 μm、0.84 μm;在 25% 分位数,有效粒子直径增加 0.98 μm,平均直径、平方根直径和立方根直径分别增加了 1.14 μm、1.04 μm、0.37 μm;说明在适宜的云区催化,随着平均直径、平方根直径和立方根直径不同程度的增长,有效粒子直径宜增加,有利于形成降水粒子。

表 5 水平观测影响区、对比区小云粒子分位浓度、直径特征量统计

区域	分位	浓度(cm^{-3})	D_e(μm)	D_1(μm)	D_2(μm)	D_3(μm)
影响区	25%	7.93	13.48	6.14	7.69	9.20
	50%	55.20	18.31	7.30	9.94	12.63
	75%	132.35	25.93	9.39	12.29	15.02
对比区	25%	1.67	12.50	5.00	6.65	8.83
	50%	7.89	16.42	5.98	8.81	11.79
	75%	84.24	25.48	9.30	11.78	14.14

4.2.3 粒子谱的变化

为了研究云中各种粒子的尺度大小及浓度分布情况,用小云粒子、大云粒子和降水粒子探测数据绘制各种粒子的全谱图,时间为飞机水平作业和探测期间即 17:46:05—19:06:48。图 11 显示,粒子浓度与直径一般呈反相关,粒子越大,浓度越小;其中 fg、hi、jk、qr、st 小云粒子呈双峰分布;云粒子最大浓度约为 10 $cm^{-3} \cdot \mu m^{-1}$,其中,<20 μm 的液态粒子浓度占较大比例,说明云中以过冷水滴为主,机翼结冰也说明了云中过冷水丰沛(图 11c)。大云粒子(图 11b)最大浓度约为 0.1 $cm^{-3} \cdot \mu m^{-1}$,出现在 hj、jk、im、qr、st 段内。降水粒子(图 11a)最大直径约为 8000 μm,最大浓度约为 10^{-6} $cm^{-3} \cdot \mu m^{-1}$,cde 段降水粒子出现多峰,该段位于云团 A 和云团 b 之间的弱雷达回波区(15~20 dBz),降水粒子中浓度分布不随直径的增加而逐渐递减,出现了时空分布的不均衡性。

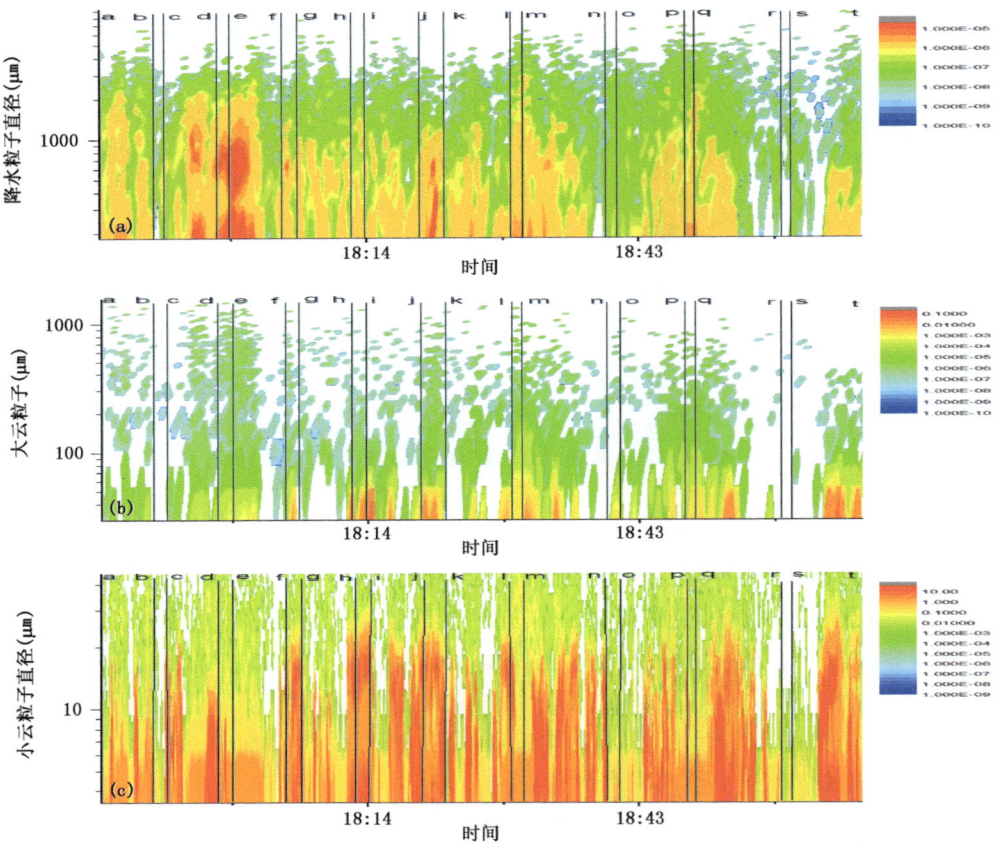

图 11 水平观测粒子全谱(a 到 t 的时间和位置同表 1b 中的时间和位置)

同一云团作业前(b)后(B)平均粒子谱显示(图 12a),粒子谱皆呈双峰结构,第二峰在 10.5 μm。影响区(云团 B)小云粒子和大云粒子浓度皆大于对比区(云团 b),二者相差 50% 左右,而影响区降水粒子直径在 500 μm 以下和 4000 μm 以上的浓度均低于对比区,直径在 500~4000 μm 期间的浓度影响区明显高于对比区。影响区和对比区分位谱上同样显示双峰结构(图 12b),第二峰仍在 10.5 μm;同分位谱影响区浓度均大于对比区浓度,且影响区谱变宽。对比区25%分位浓度在50～190 μm出现断线,说明该层有25%的观测记录中没有直径50～190 μm的粒子。影响区25%分位浓度在90 μm以上出现断线,说明影响区有25%的观测记录中没有直径90 μm以上的大粒子。

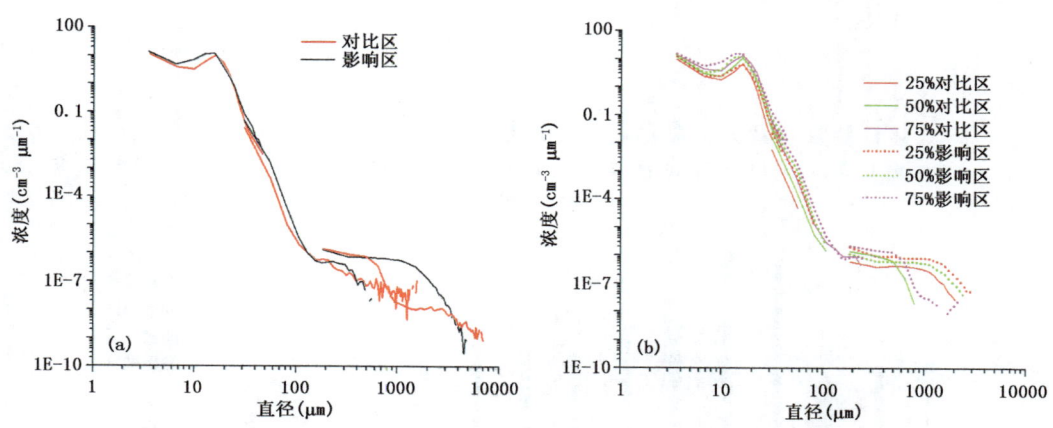

图12 同一云团作业前(b)后(B)粒子谱(分位顺序是浓度值从小到大排列)

4.2.4 粒子直径特征量变化

平均直径表示小云粒子的大致尺度;平均平方根直径表示小云粒子的平均截面;平均立方根直径表征小云粒子的平均体积;有效直径则表征云的可降水量。众数直径指该直径范围内的粒子数占总粒子数的比例最高的直径。为研究催化对粒子直径特征量影响,计算了催化影响区和对比区(影响区和对比区划分同图9a)小云粒子直径特征量的频谱分布。图13a显示,对比区众数粒子有效直径为17 μm,众数值6.43%,其中有效直径在8～20 μm的粒子占比43.44%;影响区众数粒子有效直径为16 μm,众数值8.09%,其中有效直径在8～20 μm的粒子占比56.38%;影响区有效粒子直径频谱呈双峰,对比区有效粒子直径频谱呈多峰,可能与平飞中穿过有效粒子大小和密度不均匀的云团有关,影响区小云粒子有效直径向大值方向偏移,大粒子明显增加。平均直径频谱的带宽明显比有效粒子直径频谱带窄。对比区众数平均直径为6 μm,众数值25.33%,其中平均直径在4～12 μm的粒子占比96.06%;影响区粒子众数平均直径为7μm,众数值23.82%,其中平均直径在5～14 μm的粒子占比97.15%;影响区粒子平均直径较大,分布较为离散。

图13b显示,对比区众数均方根直径为8 μm,众数值13.39%,其中均方根直径在4～14 μm的粒子占比92.52%;影响区众数均方根粒子直径为8 μm,众数值12.76%,其中均方根直径在6～16 μm的粒子占比94.89%。对比区众数立方根直径为13 μm,众数值11.68%,其中立方根直径在4～18 μm的粒子占比93.57%;影响区众数立方根粒子直径为14 μm,众数值10.92%,其中立方根直径在7～20 μm的粒子占比93.31%;影响区小云粒子均方根直径、立方根直径比催化前变大,分布更分散,频谱变宽。

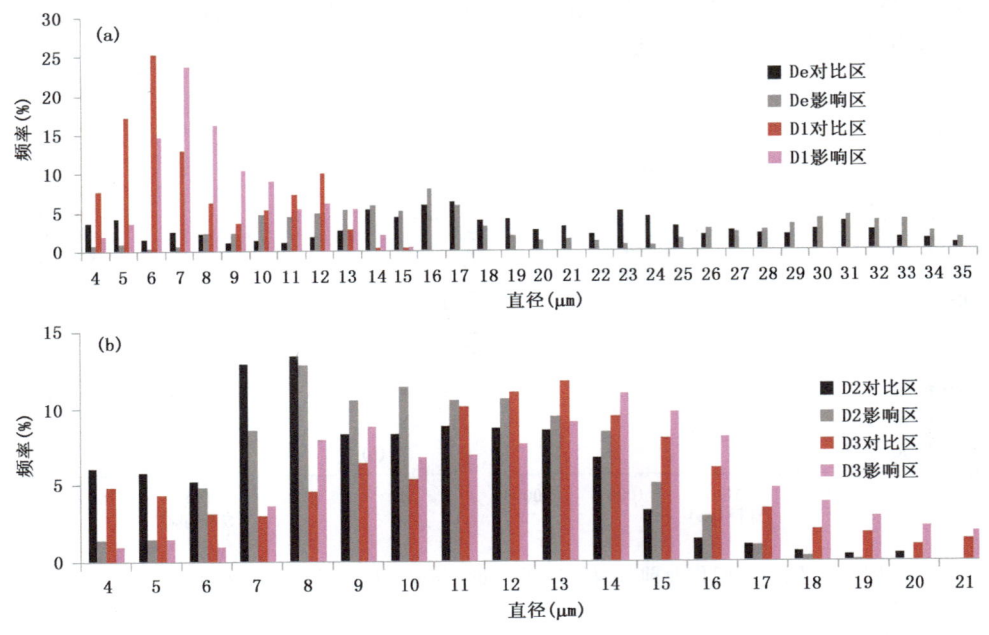

图 13 小云粒子特征直径的频谱分布（D_e 为粒子有效直径，D_1 为平均直径，D_2 为平均平方根直径，D_3 为平均立方根直径）

4.3 影响区和对比区地面降水区域差异

为了分析飞机作业影响时间及催化后的效果，根据 CAPS 平台计算的催化剂扩散轨迹计算作业开始后每小时影响区和对比区平均小时降水量，该雨量采用区域自动雨量站的观测值。图 14 为 17—21 时逐时影响区和对比区随时间的变化图，图 14 中黑色线图为作业后影响位置，四周大小相同的区域为对比区（图中略）。作业前（16—17 时）对比区小时雨量为 0 mm；作业 1 小时（17—18 时）影响区北部雨量 0.5 mm，南部影响区雨量 0 mm；作业后 2 小时（18—19 时）影响区为 0.5～3 mm，其中 a、b 云团中心最大雨量达 3 mm，影响区雨量呈现降雨中心，小时雨量明显大于对比区；作业后 3 小时（19—20 时）影响区降为 0.5～2.5 mm，其中 b 云团中心最大雨量达 2.5 mm，小时雨量大于对比区雨量；作业后 4 小时（20—21 时）影响区降为 0.5 mm，影响区小时雨量与周围对比区相同。19—20 时影响区雨量比对比区雨量明显偏多，说明作业 3 小时内影响区雨量增加，结果与 Rosenfeld et al(1993)对德克萨斯州播云实验的效果评估结果基本吻合。

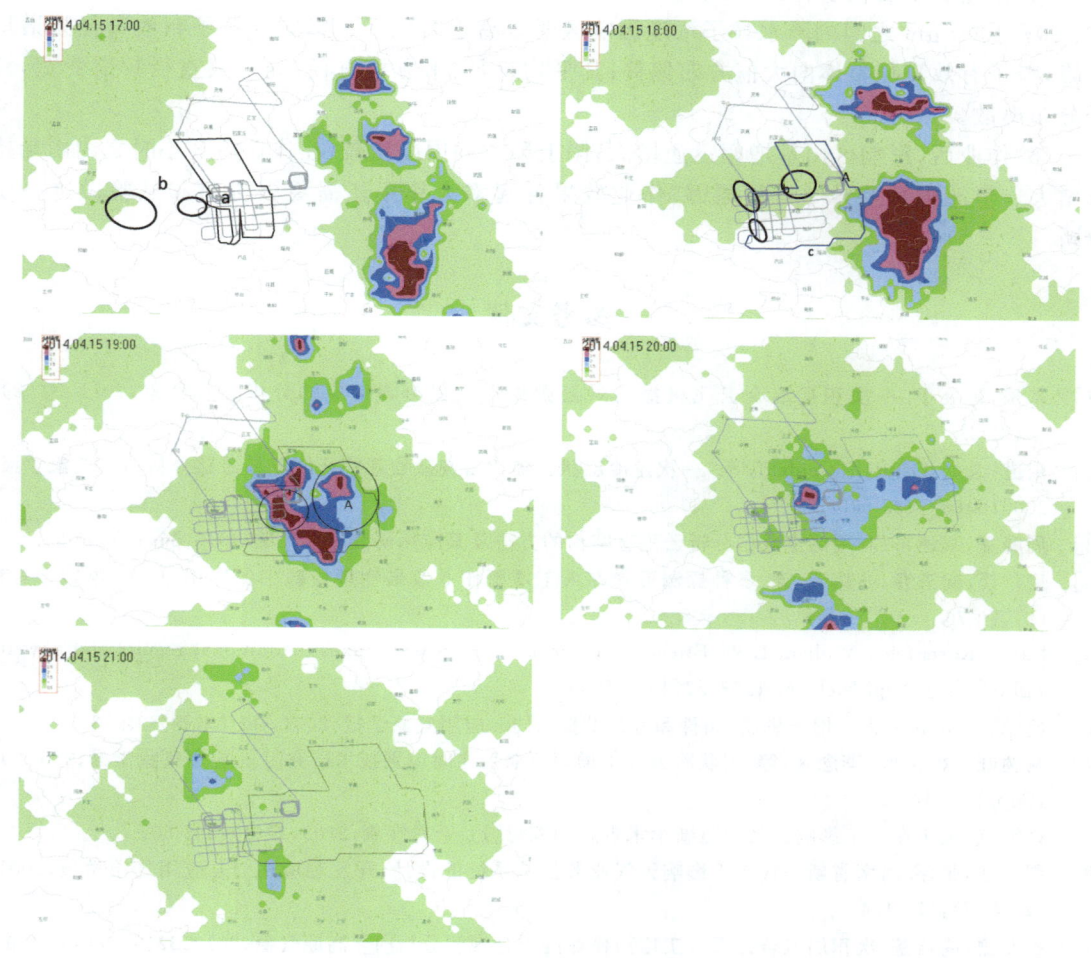

图 14 影响区和对比区地面小时降水量(单位:mm)

5 结论

(1)此次过程是以锋后冷高压南部的冷空气和低层 850 hPa 偏东风作为冷垫,中高层西南暖湿气流沿着冷垫爬升形成的河北中南部层状云降水天气系统。由于 700 hPa 西南风较强、850 hPa 偏东风较弱,上层"槽前云",下层"回流云",大粒子主要在"槽前云"中增长。

(2)3000~5500 m 云层温度为 -2~-15℃,4800 m 作业云层小云粒子浓度一般在超过 20 cm^{-3} 以上,最大值 300 cm^{-3},因为没有高云,中云内大云粒子偏少。除作业区南侧边沿外,大部分云区属强可播云区,全谱拟合曲线 $LgN=aLgD+b$ 的截距 b 值在 3.31~7.37;可播区和强可播区雷达回波强度为 20~35 dBz,不可播区雷达回波强度小于 20 dBz。

(3)对云团 a 和云团 b 进行催化后雷达反射因子、FY-2C 卫星反演参量都有明显变化。云团 a 催化后 FY-2C 卫星云图亮度增加,最强雷达反射因子达 45 dBz,35 dBz 以上的雷达回波带面积增加(长)明显。

(4)作业后小云粒子、大云粒子和降水粒子浓度均增加。粒子谱呈双峰分布,催化后直径在500~4000 μm之间的降水粒子浓度影响区明显高于对比区。影响区粒子有效直径频谱呈双峰,粒子有效直径整体向大值方向偏移;其平均直径、平方根直径、立方根直径频谱变宽,粒子分布离散。

(5)作业后,影响区雨量增幅迅速增大,同上风方和周围比较,在作业后3小时之内雨量持续增大。但总雨量差异中自然原因、作业效果各起多大作用还需更多资料和试验做进一步分析。

参考文献

[1] 辛乐,姚展予.一次积层混合云飞机播云对云微物理过程影响效应的分析[J].气象,2011,**37**(2):194-202.

[2] 戴进,余兴,Daniel Rosenfeld,等.一次过冷层状云催化云迹微物理特征的卫星遥感分析[J].气象学报,2006,**64**(5):622-630.

[3] 周毓荃,欧建军.利用探空数据分析云垂直结构的方法及其应用研究[J].气象,2010,**36**(11):50-58.

[4] 唐仁茂,向玉春,叶建元,等.多种探测资料在人工增雨作业效果物理检验中的应用[J].气象,2009,**35**(8):70-76.

[5] Daniel Rosenfeld,William L W. Effects of cloud seeding in west texas:Additional results and new insights[J]. J Appl Meteor,1993,**32**:1848-1866.

[6] 胡志晋.层状云人工增雨机制、条件和方法的探讨[J].应用气象学报,2001,**12**(增刊):10-13.

[7] 陶树旺,刘卫国,李念童,等.层状冷云人工增雨可播性实时识别技术研究[J].应用气象学报,2001,**12**(Suppl.):14-22.

[8] 许焕斌.关于在人工影响天气中更新学术观念的探讨[J].干旱气象,2009,**27**(4):305-307.

[9] 周毓荃,张存.河南省新一代人工影响天气业务技术系统的设计、开发和应用[J].应用气象学报,2001,**12**(增刊):173-184.

[10] 蔡兆鑫,周毓荃.次积层混合云系人工增雨作业的综合观测分析[J].高原气象,2013,**32**(5):1460-1469.

[11] 蔡兆鑫.层状云系降水结构特征及飞机人工增雨作业的综合观测分析[D].南京:南京信息工程大学.2012.

山西省一次典型层状云降水过程的
宏微观特征个例分析*

封秋娟　李培仁　申东东　杨俊梅

山西省人工降雨防雹办公室,太原 030032

摘　要　针对山西省 2010 年 5 月 27 日一次较为典型的层状云降水过程,利用机载 DMT 探头和 Parsivel 激光降水粒子谱仪进行探测,分析了云微物理特征,并对空中和地面雨滴谱进行比较。结果显示:层状云的空中垂直和水平结构分布是不均匀的,云粒子探头(CDP)、二维云粒子图像探头(CIP)探测最大粒子浓度分别为 165.20 cm^{-3}、1.08 cm^{-3}。地面雨滴微物理量的观测表明:雨滴微物理参量随时间分布是不均匀的,雨强主要由雨滴数密度决定。本文建立了地面雨强 I 与雷达反射率因子 Z、雨水含量 W、雨滴数浓度 N、Gamma 分布的谱参数 N_0、λ 的相关关系,$Z-I$、$W-I$ 相关性很好,$N-I$、N_0-I、$\lambda-I$ 相关性较差。地面平均雨滴谱较空中平均雨滴谱窄,谱型陡。结合粒子图像和雨滴特征量分析和空中雨滴谱随高度的分布后发现,本次降水是冷雨和暖雨降水过程共同形成的。

关键词:空中云微物理特征,地面云微物理特征,层状云

1　引言

　　层状云系是中国北方降水的一种主要云系,对层状云降水过程宏微观结构的观测研究可以进一步了解层状云降水的形成机制,为人工增雨作业方案的优化提供科学依据。Hobbs et al(1974)和 Heymsfield(1986)的研究表明,冰晶聚并的比例随温度的降低而减小,但仍有可能存在于温度低于－25℃的云内。Field(1999)通过对冷锋高层云系的探测发现,－40～－20℃层冰晶以扩散增长为主,而－20～－10℃层聚并占主导地位。利用机载粒子测量系统是目前研究层状云结构和降水机制的重要方法(张佃国 等,2010,2011;刘莹莹 等,2012)。我国自 20 世纪 80 年代起,引进美国的粒子测量系统开展云的研究。游来光等(2002)发现北方的层状云中存在"播种云—供应云"的配置,有时中间还常夹有干层。杨文霞等(2005)对 4 架次飞行个例的 PMS 资料进行综合分析,发现河北省春季层状云降水系统存在不均匀性,表现之一为较强降水云带。居丽玲等(2011)分析了 2008 年 10 月 4—5 日石家庄一次降水性层状云系的 PMS 资料,发现云系微物理要素的垂直分布结构与粒子增长过程符合顾震潮先生的三层模型的冷云降水形成机制。2006 年山西省人工降雨防雹办公室从美国粒子测量技术公司(DMT,Droplet Measurement Technology)引进云物理探测系统,孙鸿娉等(2011)利用 DMT 探测平

---

* 资助项目:山西省青年科技研究基金项目(2011021034);中国气象局云雾物理环境重点开放实验室开放科研课题(2009002);中国气象局大气物理与大气环境重点开放实验室开放课题(KDW1102)。

台对山西一次云降水过程实施了综合探测,分析表明只有当云粒子浓度不小于 30 cm^{-3} 时,相应云区才具有一定的可播度。

利用可能的观测手段来研究降水云系的微观结构,以揭示降水形成机理,是云降水物理研究的主要方法。以往的研究注重于空中飞机探测资料的分析,或者地面雨滴谱的研究,很少有将空中飞机观测和地面雨滴谱观测结合起来研究降水结构的工作。本文利用 2010 年 5 月 27 日一次从空中到地面的微观探测资料,结合卫星云图、雷达回波等宏观资料,分析了一次典型层状云降水云系空中云微物理参量的垂直、水平分布特征和地面雨滴谱特征,建立地面雨强与雷达反射率因子、雨水含量、雨滴数浓度、Gamma 分布谱参数的相关关系,并对比空中和地面雨滴谱,通过研究空中雨滴谱变化了解本次层状云降水的主要机制,以期提高对山西地区层状云降水特征的了解。

2 天气背景

2010 年 5 月 26—27 日,500 hPa 山西省受西南气流控制,并且在新疆西部和河套地区有短波槽不断东移影响,在蒙古中部形成闭合低涡,700 hPa 山西省位于切变线以东和最大风速带以西。受巴尔喀什湖移入冷涡系统和西太平洋副热带高压边缘暖湿气流系统影响,2010 年 5 月 27 日 10 时在华北大部分地区、内蒙古东部地区的上空形成一条东北—西南走向的连续云带(卫星云图略)。从雷达 PPI(plane position indicator,平面位置显示)回波图看,所选用区间(太原—祁县—介休)资料回波结构相对均匀,回波强度在 20 dBz 左右,且空间距离在太原雷达 90 km 范围内;图 1b 为沿介休、祁县方向 RHI(range-height indicator,距离高度显示)剖面图,观测区域回波顶高不均匀,强回波顶在 4 km 左右。2010 年 5 月 26 日 08 时山西南部运城先出现小雨,17 时系统东移,山西中南部大部分地区降小雨,2010 年 5 月 26 日 17 时至 5 月 27 日 20 时为全省范围的小到中雨,5 月 27 日 23 时全省降水基本结束。

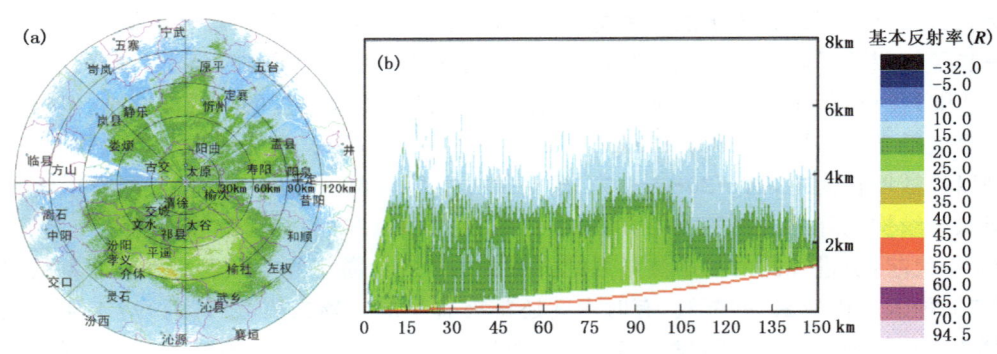

图 1 2010 年 5 月 27 日 10:04 太原站雷达回波
(a. PPI(仰角 1.5°);b. RHI(沿介休、祁县方向,方位角 214.4°))

3 资料的获取

空中观测采用美国 DMT 公司生产的空气状况探头(ADP)、云粒子探头(CDP,量程:3~50 μm)、二维云粒子图像探头(CIP,量程:25~1550 μm)、二维降水粒子图像探头(PIP,量程:

100~6200 μm)。地面观测以雨滴谱为主,采用德国 OTT 公司生产的 Parsivel 激光降水粒子谱仪。该仪器的数据共有 32 个尺度测量通道和 32 个速度测量通道,其中粒子尺度测量 32 个通道对应的数据范围为 0.2~25 mm(实际测量中前两通道无数据),粒子速度测量范围为 0.2~20 m/s。

探测飞机为运-12,2010 年 5 月 27 日飞行主要区域为祁县、介休上空,从图 1 雷达回波看出,飞行区域回波相对均匀。从图 2 飞行轨迹图可知,09:12 飞机从太原武宿机场起飞,本场小雨,起飞后垂直爬升飞往祁县,约 2100 m 高度入云,0℃层在 3500 m,09:34 到达祁县,高度 5600 m,500 hPa 盛行西南风,风速 8 m/s。随后保持高度 5600 m 折线飞往介休并作业,09:55 从介休保持 5600 m 平飞往祁县回穿作业云,10:04 在祁县盘旋下降 600 m 后保持 5000 m 平飞到介休,10:17 在介休盘旋下降 600 m 后保持 4400 m 平飞到祁县,10:29 在祁县盘旋下降 600 m 后保持 3800 m 平飞到介休,700 hPa 盛行南风,风速 16 m/s,10:44 从介休返航回太原并于 11:12 落地。

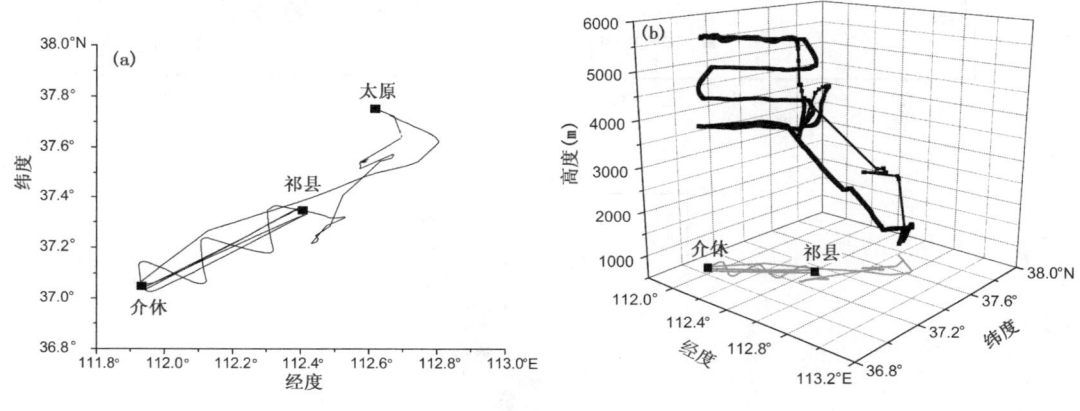

图 2　2010 年 5 月 27 日二维轨迹(a)和三维轨迹(b)

地面雨滴谱观测在山西祁县、介休进行。取样间隔时间是 1 min,飞行时间内(09:12—11:12)祁县、介休各取得样本 121 个。5 月 27 日探测时间段(09:12—11:12)飞行区域主要云系是高层云,降水类型是连续性小雨,其中介休降水量 2.5 mm,祁县降水量 2.1 mm。

4　云的微结构

4.1　微物理参数的垂直分布

利用飞机爬升阶段的探测资料研究云系的垂直结构。图 3(a~c)给出了 CDP、CIP、PIP 三个探头观测到粒子数浓度、粒子直径的垂直分布,探测高度范围为 780~5600 m,温度 15.7~-6.7℃。由图 3a 看出,2300~4200 m 高度云滴数浓度较大,最大粒子数浓度为 165.20 cm^{-3},粒子数浓度和直径呈负相关关系,2300 m 以上粒子直径变化小,基本在 20 μm 以下。图 3b 看出 CIP 探测到 3000 m 以上粒子数浓度量级分布在 10^{-2}~10^{-1} cm^{-3},3000 m 以下数浓度量级变化大部分在 10^{-3}~10^{0} cm^{-3},并出现粒子数浓度最大值为 1.08 cm^{-3},粒子尺度 3000 m 以下分布在 25~1550 μm,3000 m 以上粒子尺度主要分布在 800~1550 μm。图 3cPIP 探测资料显示,3000 m 以下粒子数浓度量级约为 10^{-3} cm^{-3},随高度增加递减,粒子直径基本小于 1300 μm，3000 m 以上粒子数浓度量级为 $10^{-3}\,\mathrm{cm^{-3}}$，但粒子数浓度大于 3000 m 以下，随高度增加递增，粒子直径基本大于 1300 μm。

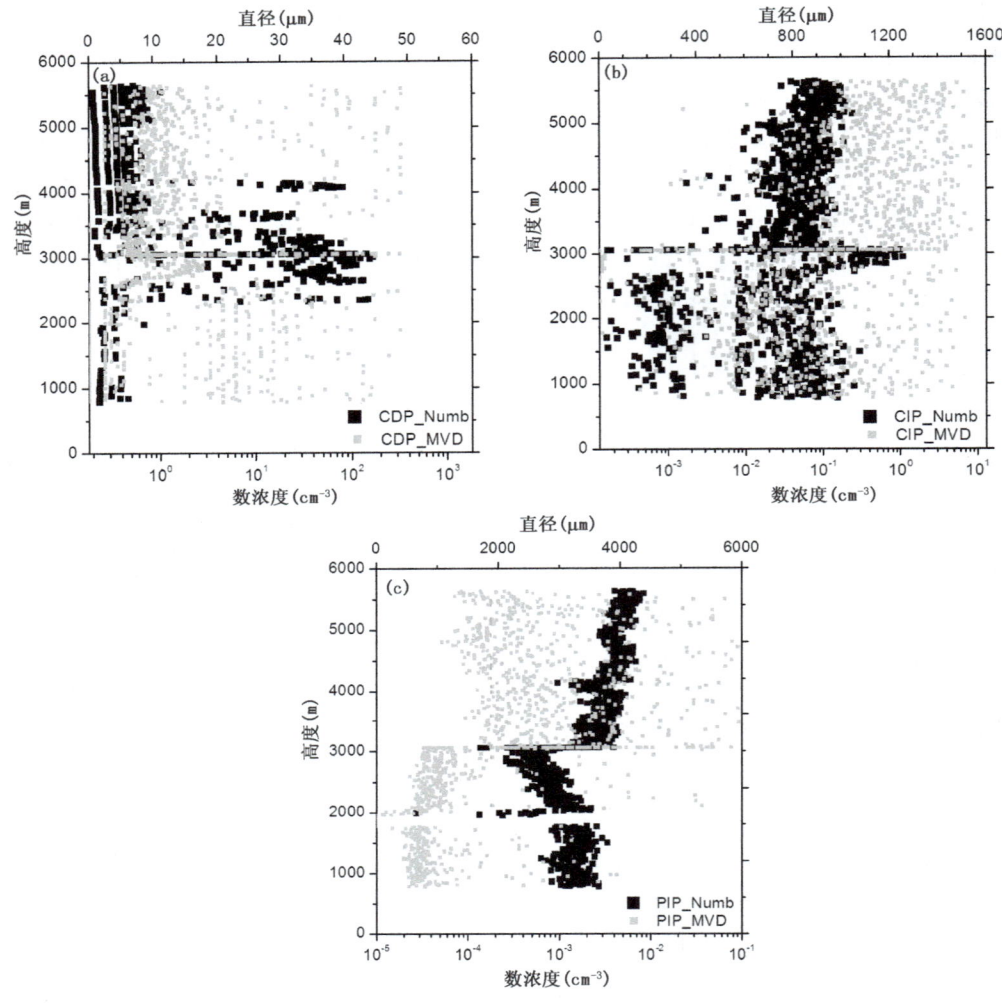

图 3　2010 年 5 月 27 日飞机爬升阶段探测云微物理参数垂直分布
（a. CDP；b. CIP；c. PIP）

4.2　微物理参量的水平特征

图 4a～c 和图 4d～f 分别给出了 5000 m、3800 m 高度层 CDP、CIP、PIP 观测到的粒子数浓度、粒子直径的水平分布特征（观测数据取 6 s 平均）。从图 4a 可以看出，CDP 探测到云粒子数浓度量级为 $10^{-1}\,\mathrm{cm^{-3}}$，水平起伏小，粒子平均体积直径起伏大。CIP 探测到大云滴粒子浓度分布均匀，平均为 $1.0\times10^5\,\mathrm{m^{-3}}$，粒子平均体积直径分布均匀。PIP 观测到降水粒子量级为 $10^3\,\mathrm{m^{-3}}$，曲线较平滑，体积直径起伏大，约 1400～4100 μm。5600 m、4400 m 高度层探测的云粒子水平分布特征同 5000 m 高度层。图 4d 为 3800 m 高度层探测云粒子水平分布特征，CDP 探测云滴浓度在整个平飞阶段分布很不均匀，有 3 个量级的变化，粒子数浓度和直径呈反相关

关系,粒子平均体积直径起伏也较大。CIP探测大粒子数浓度有起伏,极值相差2个量级,粒子直径尺度基本分布在600～1500 μm。PIP降水粒子数浓度量级为 $10^3 m^{-3}$,水平分布略有起伏,粒子尺度分布小于5000 m高度处,变化范围为1900～3800 μm。

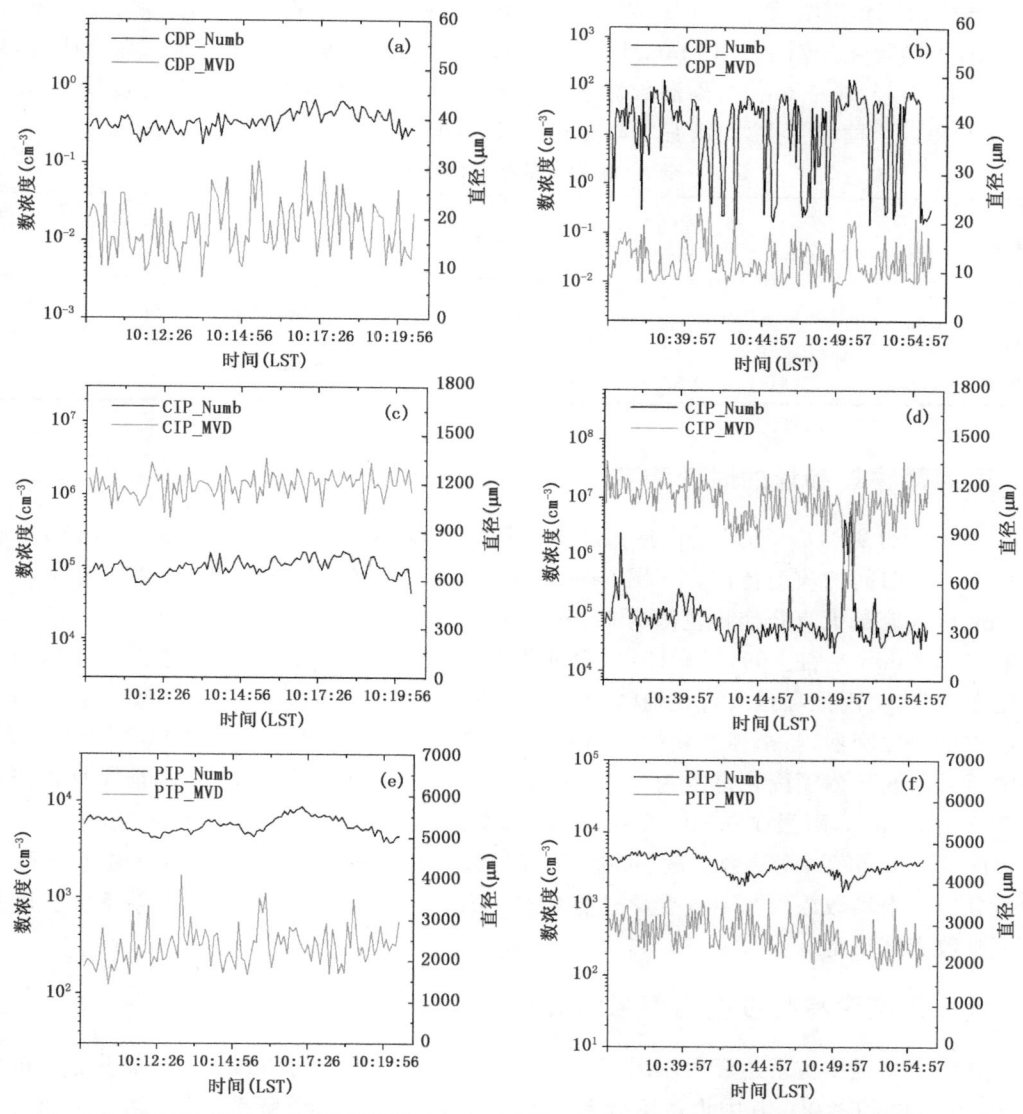

图4 2010年5月27日探测的5000 m(a)及3800 m(b)云微物理参数的水平分布

5 地面雨滴谱特征

5.1 雨滴谱微物理特征参量

雨滴的微物理参量可以反映降水的基本特性,对探测时间段内(2010年5月27日09:11—11:19)介休、祁县地面雨滴微物理参量计算平均值,结果见表1。其中 D_1、D_2、D_3 分别为雨滴平均直径、均方根直径、均立方根直径,D_{max} 为雨滴最大直径的平均值,N 为雨滴总数浓度,I 为雨强,N_{0-1}/N、I_{0-1}/I 表示直径 0～1 mm 的雨滴占总数密度和雨强的比例,I_{1-2}/I 表示直径 1～2 mm 的雨滴雨强占总雨强的比例。由表 1 可以看到,介休、祁县两站的各物理参量比较接近,雨滴数浓度有 10^2 m^{-3} 的量级,介休、祁县雨滴平均直径分别为 0.79 mm、0.86 mm,平均雨强分别为 1.13 mm/h、1.54 mm/h,这是典型的层状云降水。在介休、祁县的降水过程中,直径 0～1 mm 的雨滴数浓度占总数浓度的 80% 左右,对降水的贡献为 30% 左右,降水过程以小雨滴为主,对雨强贡献超过 50% 的雨滴直径范围是 1～2 mm。

表 1　雨滴谱微物理量的平均值

观测地点	D_1(mm)	D_2(mm)	D_3(mm)	D_{max}(mm)	$N(m^{-3})$	I(mm/h)	(N_{0-1}/N)(%)	(I_{0-1}/I)(%)	(I_{1-2}/I)(%)
介休	0.79	0.86	0.92	2.11	210	1.13	82.9	38.0	56.9
祁县	0.86	0.95	1.04	2.71	175	1.54	77.8	24.2	57.0
平均值	0.83	0.91	0.98	2.41	193	1.34	80.4	31.1	57.0

5.2　雨滴微物理参量的时间演变

图 5(a,b)分别给出了介休、祁县两站的雨滴数浓度 N、雨强 I、雨滴的平均直径 D_1 和最大直径 D_{max} 随时间的演变特征。从图 5a 可以看出,介休雨滴数浓度多起伏,变化范围为 92.8～400 m^{-3},雨滴最大直径变化范围为 1.5～3.5 mm,雨强在 0.62～2.12 mm/h,雨滴平均直径基本在 0.8 mm 左右。09:11—10:10 降水期间雨滴数浓度先下降,随后缓慢上升达到一峰值后逐渐下降,与雨强和最大直径随时间变化趋势基本一致。10:10—11:19 较 09:11—10:10 雨滴数浓度变化剧烈,与雨强变化趋势相同,雨滴最大直径变化平缓。从图 5b 可以看出,降水过程中祁县雨滴数浓度变化范围为 82.9～265 m^{-3},变化范围较介休窄,雨滴最大直径变化范围为 2.0～4.0 mm,雨强在 0.68～2.61 mm/h,雨滴平均直径基本在 0.8 mm 左右。

由图 5(a,b)可见,雨滴数浓度、雨强、雨滴最大直径出现多次起伏,反映了层状云降水的不均匀分布。雨滴数浓度与雨强变化趋势基本一致,与雨滴最大直径变化关系不大。雨强主要由雨滴数密度决定。

5.3　地面雨滴谱特征参量与雨强的关系

建立地面雨强 I 与雷达反射率因子 Z、雨水含量 W、雨滴数浓度 N、Gamma 分布的谱参数 N_0、λ 的相关关系(表 2),其中雷达反射率因子 Z 由太原雷达测量所得,介休取 1.5° 仰角的基数据,祁县取 2.4° 仰角的基数据,地面雨强 I 是雨强计测量所得。介休雨滴谱 $Z-I$ 关系可表示为 $Z=56.700I^{2.332}$,$W-I$ 关系可表示为 $W=60.256I^{0.908}$,$N-I$ 关系可表示为 $N=201.386I^{0.495}$。祁县雨滴谱 $Z-I$ 关系可表示为 $Z=138.373I^{0.340}$,$W-I$ 关系可表示为 $W=53.781I^{0.905}$,$N-I$ 关系可表示为 $N=137.840I^{0.569}$。介休 $N_0=1191.381I^{0.149}$,$\lambda=2.651I^{-0.136}$,祁县 $N_0=614.673I^{0.583}$,$\lambda=2.276I^{0.044}$。N_0 随 I 的增大而增大,λ 随 I 的增大而减小,相关系数较低。

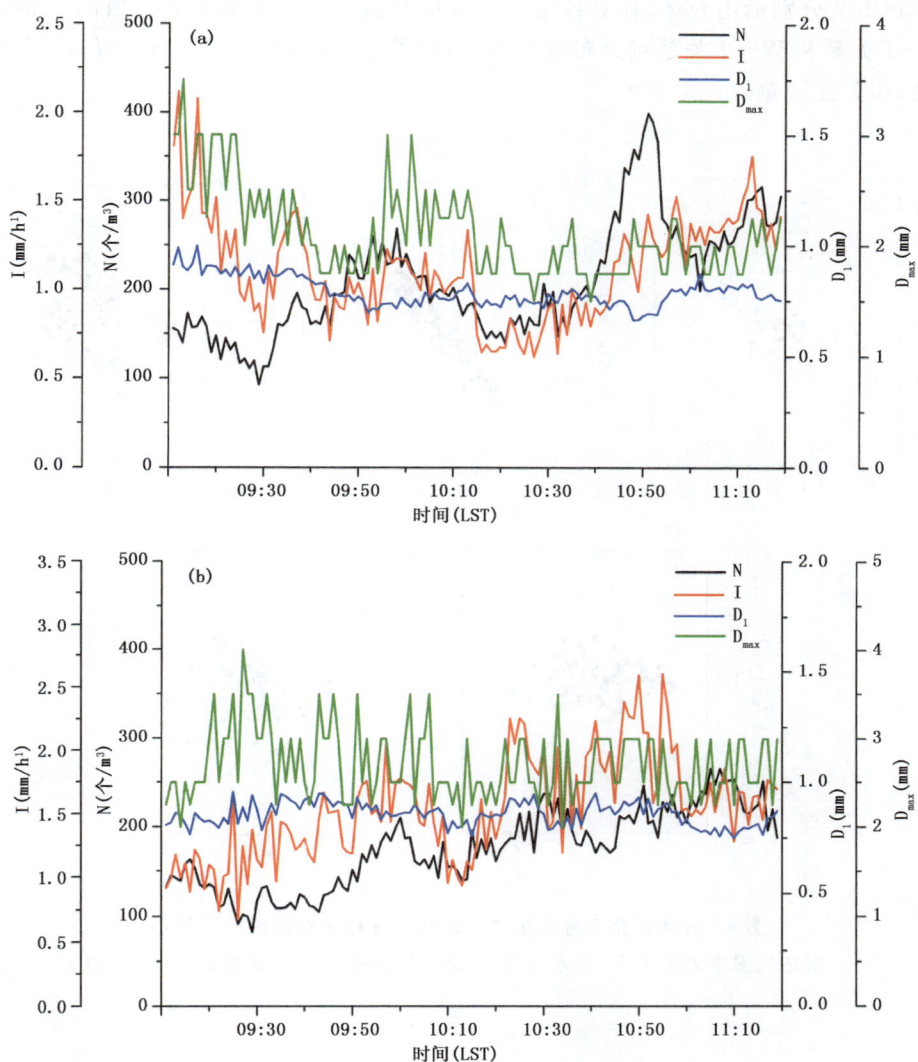

图 5 雨强 I、雨滴数浓度 N、平均直径 D1 和最大直径 Dmax 随时间演变
（a. 介休；b. 祁县）

表 2 雨强 I 与各谱特征参量及谱参数的相关关系

	介休			祁县		
	A	b	相关系数	A	b	相关系数
$Z=AI^b$	56.700	2.332	0.474	138.373	0.340	0.460
$W=AI^b$	60.256	0.908	0.933	53.781	0.905	0.945
$N=AI^b$	201.386	0.495	0.171	137.840	0.569	0.361
$N_0=AI^b$	1191.381	0.149	0.004	614.673	0.583	0.132
$\lambda=AI^b$	2.651	−0.136	0.036	2.276	0.044	0.009

图 6 和图 7 分别给出介休、祁县各谱特征参量及谱参数与 I 的关系。由图 6 和图 7 可以看出,$Z-I$ 关系和 $W-I$ 关系点分布较为集中,相关性很好,而 $N-I$、N_0-I、$\lambda-I$ 关系的点较为分散,相关性较差。

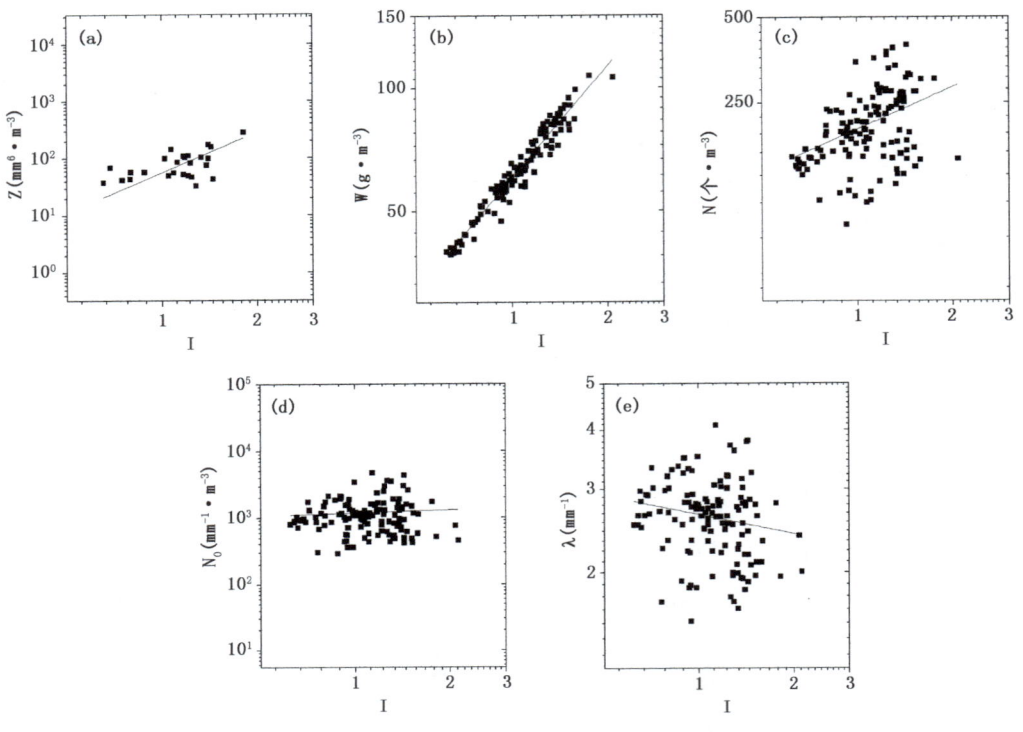

图 6　介休雨强 I 与雨滴谱物理特征量和谱参数的相关关系
(a. 雷达反射率因子 Z;b. 雨水含量 W;c. 雨滴浓度 N;d. 谱参数 N_0;e. 谱参数 λ)

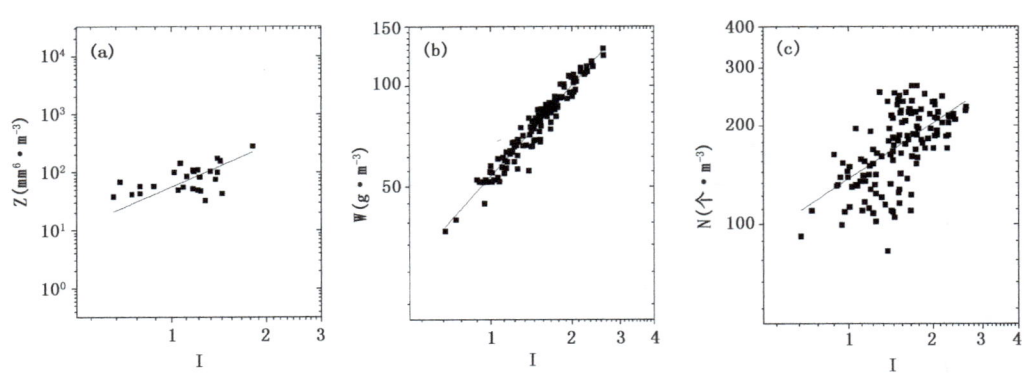

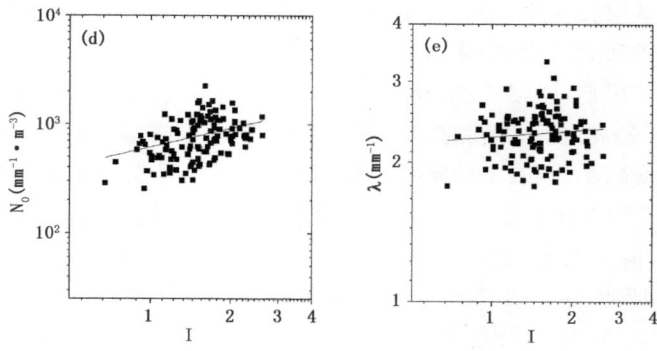

图7 祁县雨强I与雨滴谱物理特征量和谱参数的相关关系
(a. 雷达反射率因子Z；b. 雨水含量W；c. 雨滴浓度N；d. 谱参数N0；e. 谱参数λ)

6 空中、地面雨滴谱特征

6.1 空中和地面雨滴平均谱的对比

比较空中和地面雨滴平均谱,其中空中雨滴谱选取0℃层以下云内雨滴谱作平均。由图8可以看出地面雨滴平均谱呈单峰分布,空中雨滴平均谱在 $D<1.0$ mm 的小滴段和 $D>4.0$ mm的大滴段呈多峰分布,尤其在大滴处有多个峰值,说明雨滴的碰并、破碎还没达到一种相对均衡的状态。地面雨滴平均谱比空中雨滴平均谱窄,谱型较陡,这是由于大雨滴在降落地面过程中破碎、蒸发作用,导致地面雨滴谱谱宽较空中雨滴谱谱宽窄的多。

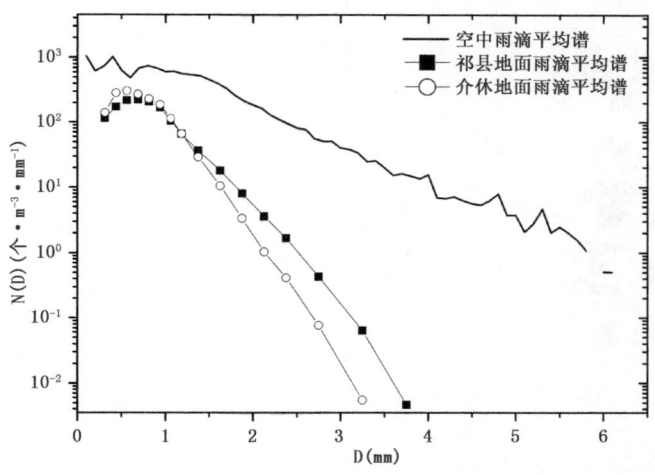

图8 空中和祁县、介休地面平均雨滴谱

6.2 空中雨滴谱随高度的分布

分析2010年5月27日观测到的空中不同高度层雨滴谱分布的变化(资料取自PIP探头),5000 m、4400 m高度冰粒子数浓度大于5600 m(表3),并含有丰富的过冷水,云粒子在高层以核化、凝华和扩散增长为主,由于云中上层受冷空气活跃带产生的辐合作用,云粒子和冰粒子活跃增长,雪粒子和大滴形成(图9)。云中存在冰雪晶、过冷水,云滴冻结凇附在冰雪晶上,对雨滴增大产生了影响,所以5000 m、4400 m雨滴谱较5600 m宽(图10)。从图3a可以看到3800 m(低于0℃)高度,云滴数浓度很低,是一个干层,雨滴平均直径较冷云其他层增加明显,同时雨滴数浓度减小(见表3),雪粒子聚合(图9),这里发生了固态粒子聚合和云滴蒸发。3000 m高度雨滴浓度比上层小,可能是降水的不均匀性造成的现象,也有可能是上层高浓度雨滴胚胎还没有降落所致,滴谱变窄是因为冰相粒子融化所致,此高度应当是雨滴碰并云滴增长。2100 m和1500 m,雨滴数浓度的变化是阵性降水所致,与3000 m相比平均直径变小,地面相对湿度90.4%,应当是蒸发的缘故。

由此可总结,暖雨降水过程的主要机制是云滴凝结增长、云滴和小雨滴的碰并、破碎、蒸发等,冷雨降水过程的主要机制包括冰晶的凝华增长、破碎、繁生与碰并增长等。

表3 各高度层雨滴谱特征量

高度层(m)	平均温度(℃)	平均数浓度(L^{-1})	平均直径(mm)	对应云位置
5600	−6.7	4.93	1.68	
5000	−5	6.41	1.65	冷云
4400	−3.6	7.28	1.65	
3800	−1.2	2.73	2.12	冷云干层
3000	2	1.35	1.16	
2100	7.4	2.08	0.79	暖云
1500	11	1.34	0.80	

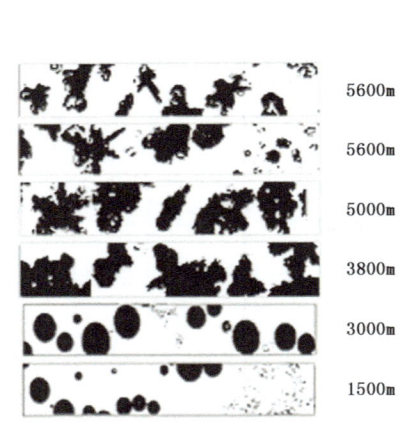

图9 不同高度层二维粒子图像

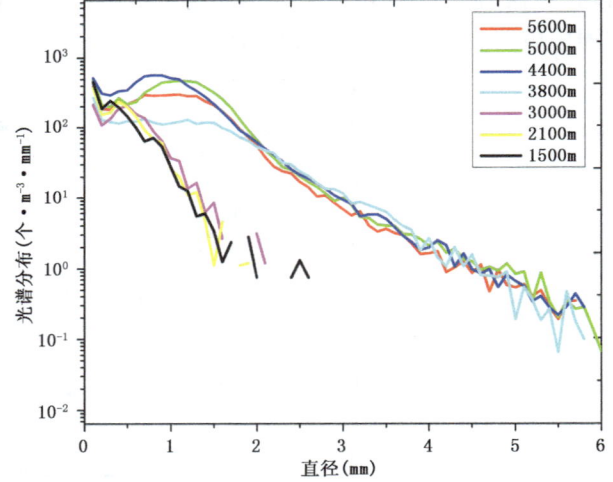

图10 不同高度层雨滴谱

7 结论

本文对2010年5月27日一次典型层状云降水的地面、空中云微物理特征进行了分析,得到如下结论:

(1)根据卫星云图和雷达回波等宏观资料判断本次降水属层状云降水,主体云系分布在 2100~4200 m,垂直方向存在干层。

(2)分析飞机探测空中云的微结构表明,云微物理结构垂直分布不均匀,CDP 探测粒子浓度相差 4 个量级,粒子浓度与直径成负相关关系。CIP 探测粒子浓度量级在 10^{-3}~10^0 cm^{-3},最大粒子浓度为 1.08 cm^{-3},3000 m 以下粒子直径分布在 25~1550 μm,3000 m 以上粒子直径分布在 800~1550 μm。PIP 探测粒子浓度量级基本为 10^{-3} cm^{-3},3000 m 以下粒子直径小于 1300 μm,3000 m 以上粒子直径大于 1300 μm。5600 m、5000 m、4400 m 平飞 CDP、CIP、PIP 探测粒子浓度起伏小,直径起伏大。3800 m 平飞 CDP 探测粒子浓度起伏大,CIP、PIP 探测粒子浓度起伏小。

(3)对地面雨滴谱特征分析发现,雨强主要由雨滴数密度决定,层状云降水微物理参量随时间分布不均匀。建立地面雨强 I 与雷达反射率因子 Z、雨水含量 W、雨滴数浓度 N、Gamma 分布的谱参数 N_0、λ 的相关关系,$Z-I$ 关系和 $W-I$ 关系点分布较为集中,相关性较好,$N-I$、N_0-I、$\lambda-I$ 关系的点较为分散,相关系数较低。N_0 随 I 的增大而增大,λ 随 I 的增大而减小。

(4)比较空中、地面平均雨滴谱发现,地面雨滴平均谱比空中雨滴平均谱窄,谱型较陡。结合粒子图像、空中雨滴谱分布分析降水机制,本次降水是冷雨和暖雨降水过程共同形成的。

参考文献

居丽玲,牛生杰,段英,等. 2011. 石家庄地区一次秋季冷锋云系垂直微物理结构的观测研究[J]. 高原气象,**30**(5):1324-1336.

刘莹莹,牛生杰,封秋娟,等. 2012. 一次积层混合云的形成过程和微物理观测[J]. 大气科学学报,**35**(2):186-196.

孙鸿娉,李培仁,闫世明,等. 2011. 华北层状冷云降水微物理特征及人工增雨可播性研究[J]. 气象,**37**(10):1252-1261.

杨文霞,牛生杰,魏俊国,等. 2005. 河北省层状云降水系统微物理结构的飞机观测研究[J]. 高原气象,**24**(1):84-90.

游来光,马培民,胡志晋. 2002. 北方层状云人工降水试验研究[J]. 气象科技,**30**(增刊):19-56.

张佃国,樊明月,龚佃利,等. 2010. 一次降水性积层混合云系的微物理特征分析[J]. 大气科学学报,**33**(4):496-503.

张佃国,姚展予,龚佃利,等. 2011. 环北京地区积层混合云微物理结构飞机联合探测研究[J]. 大气科学学报,**34**(1):109-121.

Field P R. 1999. Aircraft observations of ice crystal evolution in an altostratus cloud[J]. J Atmos Sci,**56**:1925-1941.

Heymsfield A J. 1986. Ice particle evolution in the anvil of a severe thunderstorm during CCOPE[J]. J Atmos Sci,**43**:2463-2478.

Hobbs P V,Chang S,Locatelli J D. 1974. The dimensions and aggregation of ice crystals in natural clouds[J]. J Geophys Res,**79**:2199-2206.

山西省春季一次降水过程观测分析

裴　真　　蔡兆鑫　　李培仁　　杨永龙

山西省人工降雨与防雹办公室,太原 030032

摘　要　层状云是我国北方地区主要降水云系,也是人工增雨作业主要对象。科研中主被动遥感和飞机采样是主要观测手段,结合分析云宏微观结构特征是认识人工增雨作业条件和播云效果的关键。本文利用 2010 年 4 月 20 日在山西省太原及其附近地区实施的观测试验资料,结合卫星、雷达、雨量等多种宏观观测资料,综合分析了春季一次层状云系的播云条件和云降水变化,此次云顶高度约为 8 km,雷达回波集中在 15～30 dBz,有明显回波亮带;云中以过冷水为主,LWC 大值区域主要集中在 2500～3500 m,4 km 以上 LWC 数值很低;大云粒子直径随着高度增加而增大,降水粒子直径随着高度增加先增大后减小,大值区集中在 2600～4500 m;水平分布上小云粒子浓度整体较小,但有几个高值区,大云粒子直径大小和粒子浓度分布相对较均匀,降水粒子直径分布较均匀,浓度与小云粒子呈反相关;此次降水粒子主要成因可能为冰水转换机制。

关键词:层状云降水,DMT,垂直结构

1　资料介绍

本文使用资料主要包括:FY-2E 卫星观测的亮温(T_{bb})资料及其反演资料,太原地区多普勒雷达(CC)观测资料,地面加密雨量资料及山西飞机观测资料。本次观测使用 Y12-3817 飞机,观测仪器为机载 DMT 粒子测量系统,使用资料采样探头主要技术参数见表1。

表 1　DMT 系统各探头参数列表

探头名称	分档	测量范围(μm)	每通道间隔(μm)	主要探测粒子类型
PIP	62	100～6200	100	云和降水粒子
CIP	62	25～1550	25	冰雪晶、大云滴
CDP	30	2～50	2～14 为 1 14～50 为 2	霾、云滴、冰晶
AIMMS20				温、风、湿、压、经纬度

2　云的宏观结构特征

2.1　云系演变及降水实况

4 月 20 日 08 时到 21 日 12 时 FY-2E 卫星 T_{bb} 连续演变图可看出整个云带移动过程,该云

系以24小时23个经距的速度向东移动逐渐加强;系统纬向尺度约15个纬距,其冷锋云系较弱呈反气旋性弯曲。20日08时山西西部有一冷锋云团,云团强中心位于青海东部、甘肃中部和内蒙古西部地区;南方有另一云团覆盖,云团T_{bb}强中心位于河南西北部,边缘已覆盖山西中南部地区,两个云团均不断发展并向东北方向移动。14时(图1a)北部云团移至内蒙古中部,云团中心强度减弱但覆盖范围变广;南部云团强中心消散,边缘覆盖整个山西境内并与北部云团连成一片,陕西湖北交界处新生云团,T_{bb}低值中心约为－60～－70℃。20时冷锋云系持续,但T_{bb}强中心已不明显,覆盖范围进一步增大;新生云团强中心有所减弱,并移入河南境内,边缘对山西东南部略有影响。21日两云团均不断减弱,于21日12时全部移出山西境内。

4月20日08时至21日08时,山西全省出现明显降水,24小时降雨量在0.1～35.9 mm(图1b)。根据4月20日08时至4月21日08时地面降水小时加密雨量数据分布情况看,20日08时起山西西南部有一雨核,随着时间的推移不断增长并向西移动,边缘影响山西地区,山西西南境内出现零星小雨,17—21时雨量最大,23时开始雨核边缘移出山西境内,雨量开始逐渐变小渐止;20日15时山西中部地区开始出现一新雨核,雨量开始逐渐增大并持续向东北移动,18—20时降雨量最大,23时开始雨量逐渐变小渐止。此次降水最大雨量主要分布在文水、临汾市尧都区、汾西、垣曲、万荣、绛县、新绛、沁水、阳城等区县。

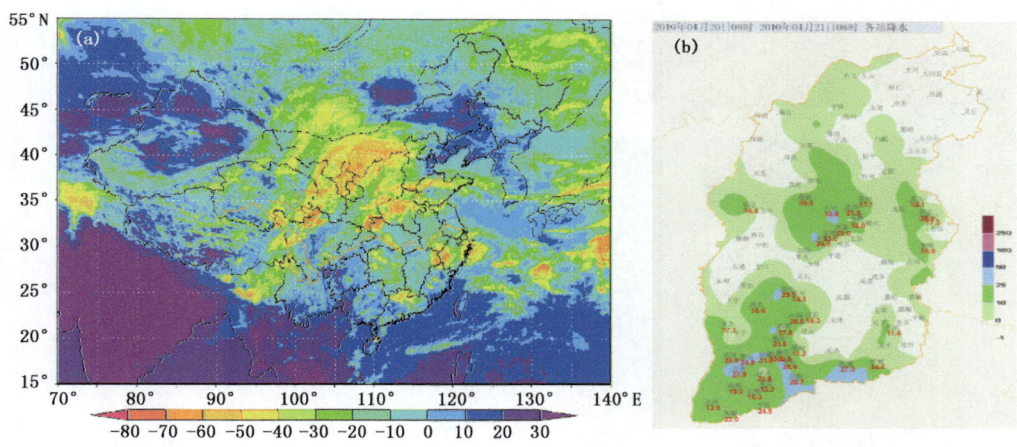

图1 (a)2010年4月20日14:00时卫星TBB云图;(b)4月20日08时—21日08时24小时降水

云光学厚度是用于描述云辐射特性最重要的参数[8],图2给出了2010年4月20日09—17时山西及其附近区域范围内的光学厚度逐小时变化图,从图中可以看出山西境内中部以南地区,自西向东有一狭长云带,随着时间的推移,范围逐渐增加,16时覆盖全省境内,并影响河北南部、河南北部。从空间上看,山西境内光学厚度不均,自北向南逐渐增大,中部往南地区含水量较丰沛,容易引发地面降水。降水云系应为层状云。09时,山西北部地区光学厚度很小,主要集中在6以下,中部往南地区自西向东有一带状的光学厚度大值区,光学厚度超过18,其中部分地区超过36;10时,光学厚度大值区域的开始增加,14时覆盖山西全省;15时开始,光学厚度大于36的区域范围减小,整个山西的光学厚度均大于18。

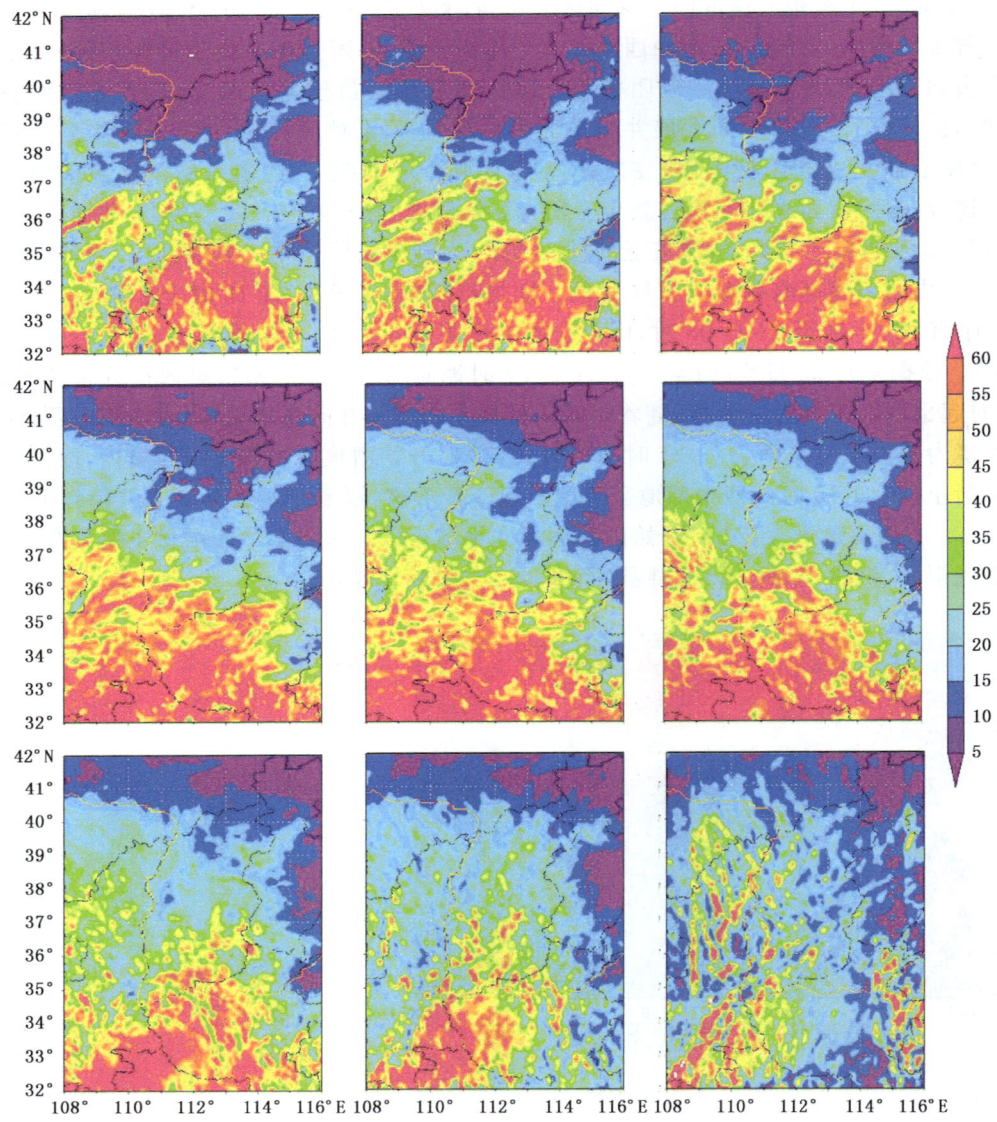

图2 4月20日09—17时山西及其附近地区光学厚度演变

2.2 多普勒雷达资料分析

图3为4月20日太原雷达站(112°34′44″,37°44′6″,817.4)多普勒雷达回波,其中图3a~h为15时到22时逐小时的体扫资料演变图,仰角为1.5°,i为16:37沿286°截的RHI,j为17:57沿255°截的RHI。图3a~h可以看到雷达站周围100 km范围内回波分布均匀,强度在15~30 dBz,维持时间较长,为典型层状云降水回波,随时间推移回波大值中心覆盖范围先增大后减小,回波单体生消更替很快,整体变化不明显,自西南向东北移动,移速约100 km/h。15—17时回波成饼状分布,回波大值区域主要分布在雷达站西部80 km范围内,随时间推移强度和覆盖范围均略有增加,此时云团处于发展阶段;18—20时回波大值区域集中分布在雷

达站周围 100 km 范围内，随时间推移回波的覆盖范围和强度并无明显变化，说明云团处于维持阶段；21—22 时回波大值区域集中分布在雷达站周围 50 km 范围内，回波大值区域覆盖范围明显减少，说明云团开始逐渐消散。图中可见回波水平均匀，顶部平整，垂直高度两公里处有较明显均匀的回波亮带，0 dBz 回波高度在 8 km 左右，为典型层状云降水回波。

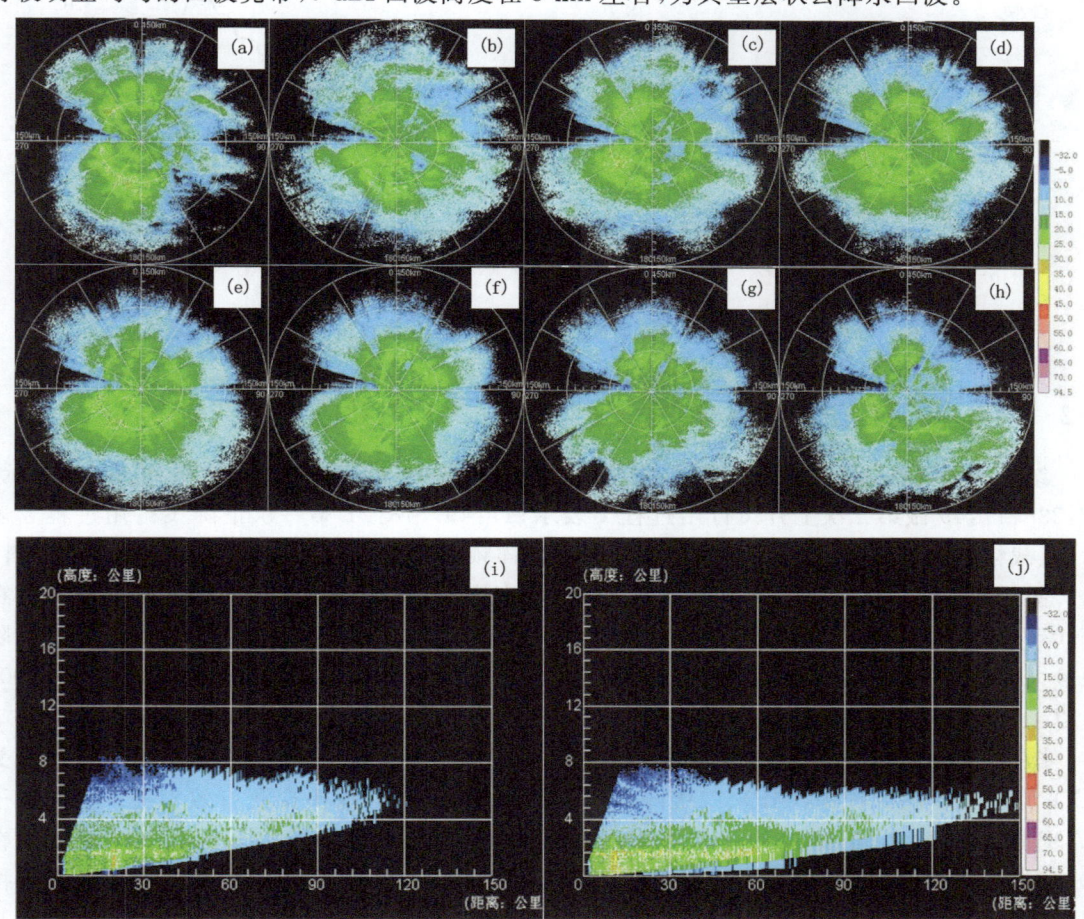

图 3 （a）～（h）4 月 20 日 15—22 时多普勒雷达 PPI 回波演变图；（i）16:37,286°RHI 演变图；（j）17:57,255°RHI 演变图

3 飞机的飞行轨迹与云微物理结构特征

3.1 飞机的飞行轨迹

云宏微观结构特征是认识人工增雨作业条件和播云效果的关键[1-10]。图 4 给出此次试验飞行概况，其中 a 为整个探测过程飞行轨迹图，b 为飞机飞行高度及探测温度随时间变化。飞行主探测区位于山西中部上空，15:37 从太原机场起飞，15:52 到达 3600 m（－2℃）高度开始平飞，16:27 沿着 A→B→C→D 进行探测，D 点探测完后，17:23 开始在 E 点和 F 点之间以 600 m 的间隔盘旋上升探测，最高攀升到 6200 m（－13℃）高度，然后开始下降返航，18:21 抵

达太原机场,结合图 4(b)中飞机探测信息可看出零度层高度大约在 3000 m。

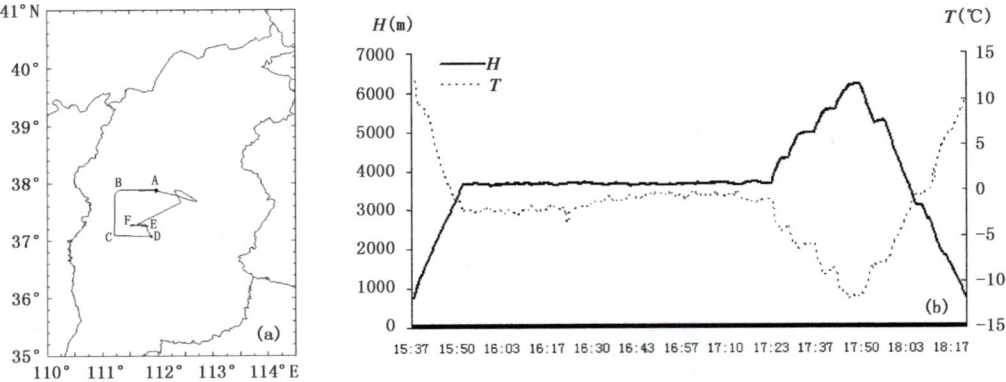

图 4 (a)飞机轨迹;(b)飞行高度和温度随时间变化(实线为高度、虚线为温度)

3.2 LWC 和云粒子的垂直分布

结合前面飞行概况和图 3b 发现,飞机在 15:37—15:52 做第一次上升飞行用过程 1 表示;17:23—17:49 做第二次上升飞行用过程 2 表示;17:49—18:21 第一次下降飞行用过程 3 表示;机载粒子测量系统(DMT)在实际探测中的取样频率为 $1s^{-1}$,本文使用了 10s 的平均资料。

图 5a 为三次垂直飞行过程探测到 LWC 随高度的变化,图中 LWC 的大值主要集中在 2500~3500 m 高度,上升过程中 LWC 测得最大值出现在 3100 m 处,为 0.5759 g/m³,下降阶段最大值出现在 3250 m 处,其值为 3 g/m³。4000 m(-3.5℃)以下含水量比较充沛,而 4000 m 以上含水量较少。

图 5b~g 为飞机探测到粒子大小和浓度随高度分布。其中 b~d 分别为云粒子探头(CDP)、云粒子图像探头(CIP)、二维降水粒子图像探头(PIP)探头探测有效直径。小云粒子(CDP 探头探测,下同)的平均直径为 13.85 μm,随高度呈多峰分布,0℃层以上主要集中在 10~30 μm,说明云中过冷云粒子平均直径不大,可能以过冷水为主;大云粒子(CIP 探头探测,下同)整层平均直径为 777.45 μm,随着高度增加而增大,最大可达 1 mm 左右,说明冰晶随着上升气流不断增长;降水粒子(PIP 探头探测,下同)整层平均直径为 1515.36 μm,随高度增加先增大后减小,呈单峰分布,大值区集中在 4500 m(-5℃)和 2600 m(2℃)之间,通常 0~-5℃是雪花多发区,在这段温度范围内,冰表面存在准液膜,与冰晶的表面能有关,这种准液膜存在于冰与空气的界面上,但当它被夹于两层冰之间时就会固体化,使冰晶黏合在一起(准液膜理论)从而增大;而当雪花下落至零度层时,则会融化成水滴并发生碰并增长,然而当雨滴直径增大到一定程度后容易发生后破碎,粒子直径会突然减小,图 5d 直径变化与上述规律很吻合。

图 5e~g 分别为小云粒子、大云粒子、降水粒子浓度随高度的分布。可以看出粒子浓度随高度全部呈单峰分布,高值区集中在 2300~4200 m,与亮带位置较为吻合。4000 m 以上粒子浓度变化不大,大云粒子浓度与小云粒子浓度结果一致,且比降水粒子浓度高约 2 个数量级,说明云中已经产生大量冰晶粒子。3000~4000 m 高度(0℃以上),粒子浓度均有较大增长,CIP 测得浓度比 CDP 测得浓度低 3 个数量级,比降水粒子浓度高约 1 个数量级。

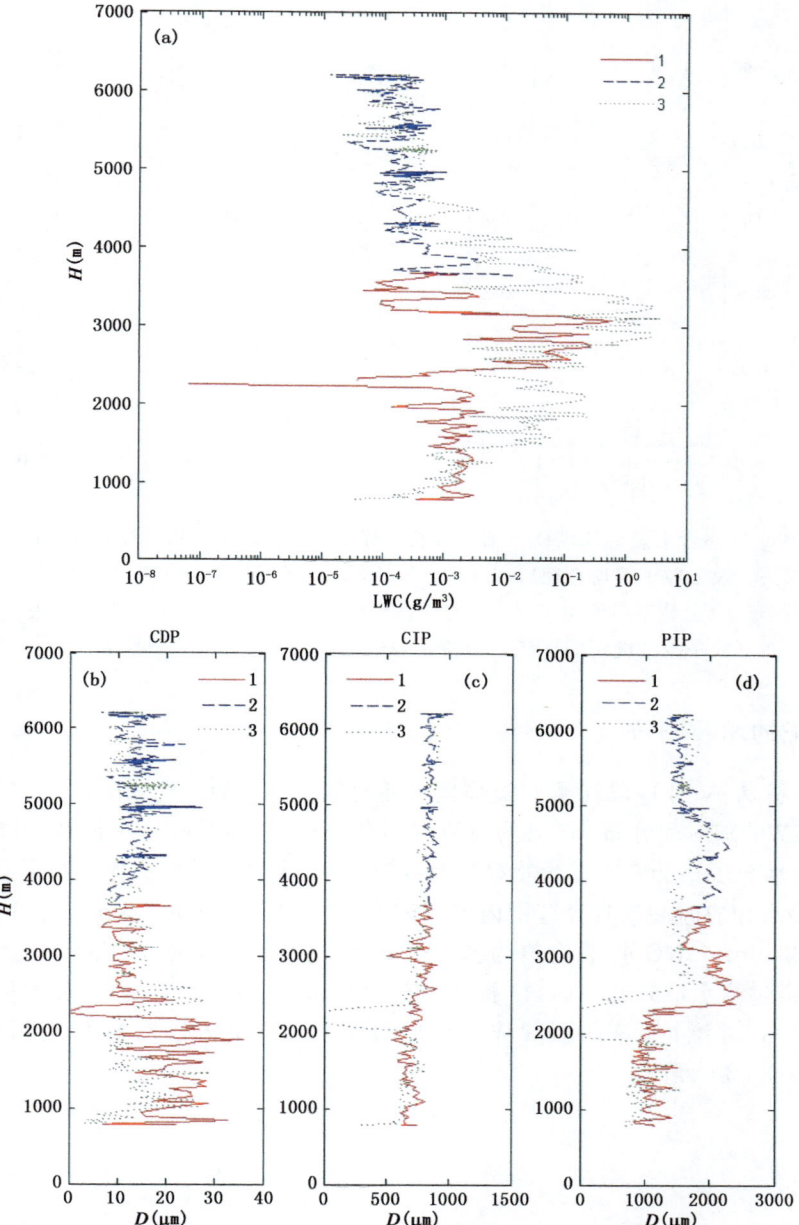

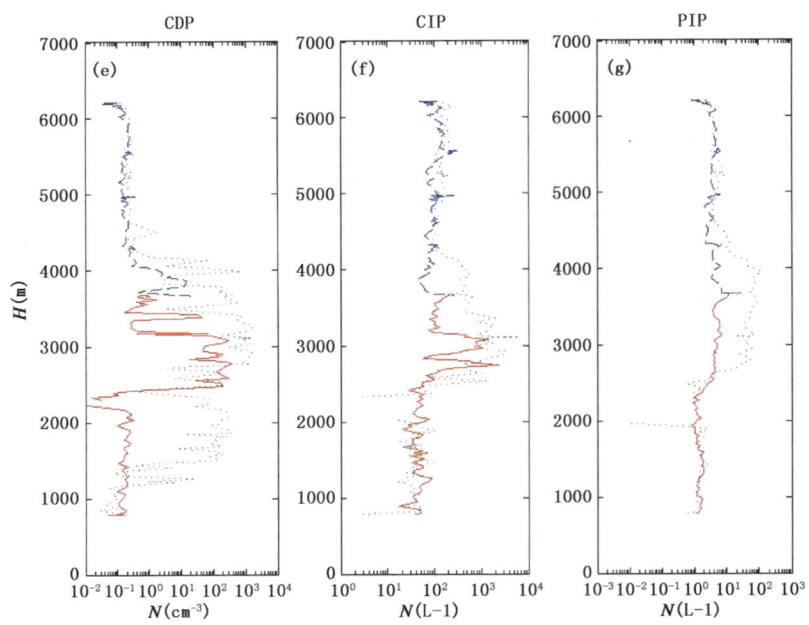

图5 (a)LWC(液态含水量);(b)CDP－ED(云粒子探头－小云粒子平均直径);(c)CIP－ED(云粒子图像探头－大云粒子平均直径);(d)PIP－ED(降水粒子图像探头－降水粒子平均直径);(e)CDP－N(云粒子图像探头－小云粒子数浓度);(f)CIP－N(云粒子图像探头－大云粒子数浓度);(g)PIP－N(降水粒子图像探头－降水粒子数浓度)

3.3 云粒子的水平分布

图6为飞机从A到D段探测到微物理量随时间分布,其中a为由CDP探头探测到粒子谱换算出的LWC随时间分布,b～d为飞机探测粒子谱,分别对应为小云粒子谱分布,大云粒子谱分布和降水粒子谱分布。其中横坐标为探测时间,纵坐标为探头探测粒子直径范围,单位为 μm,颜色表示相应时间该直径范围内粒子浓度,单位为个·$(m^3·\mu m)^{-1}$。可以看出,飞机探测高度为3600m,LWC的平均值为0.013 g/m³,分布不均匀存在两处大值区,15:52—16:03测得少量过冷水,16:03—16:45探测不到过冷水,16:46—17:23出现大量过冷水,可能飞机进入了一个对流泡,该阶段LWC平均值为0.027 g/m³,双峰分布,最大值分别为0.134 g/m³和0.139 g/m³。

4 结论

(1)此次降水云系云顶分布均匀,雷达回波水平分布均匀,强度集中在15～30 dBz,垂直高度上有明显和均匀回波亮带,维持时间较长,为典型层状云降水;结合飞机观测宏观记录和雷达回波垂直剖面可以判断云顶高度约为8 km。

(2)由飞机探测结果可知,垂直高度上,LWC大值区域主要集中在2500～3500 m高度上,4 km以上LWC数值很低,这与粒子浓度分布趋势一致,可以认为LWC变化主要是由粒子数量决定的;小云粒子直径主要集中在20 μm以下,说明云中以过冷水为主,大云粒子直径

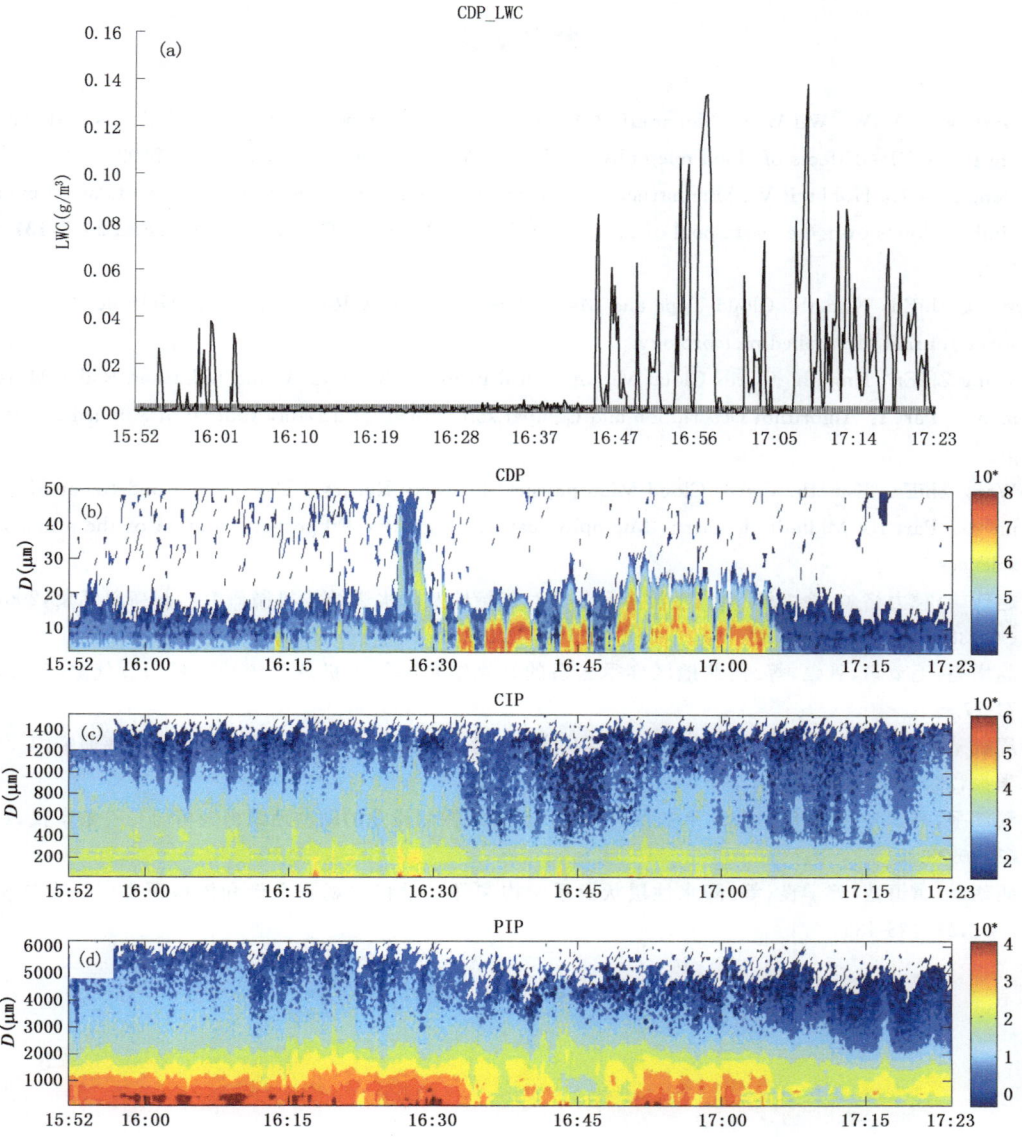

图 6 (a)CDP—LWC；(b)CDP 测得粒子谱分布；(c)CIP 测得粒子谱分布；(d)PIP 测得粒子谱分布

随着高度增加而增大，降水粒子直径随着高度增加先增大后减小，大值区集中在 2600～4500 m。

(3)水平分布上，小云粒子浓度整体较小，但有几个高值区，大云粒子直径大小和粒子浓度分布相对较均匀，降水粒子直径分布较均匀，浓度起伏变化，其浓度大值区对应的小云粒子浓度较低，而其浓度低值区对应的小云粒子浓度较高，此次降水粒子主要成因可能为冰水转换机制。

参考文献

[1] Grabowski W W, Wu W X, Moncrieff M W. Cloud resolving modeling of t ropical clouds systems during Phase III : Effects of cloud microphysics[J]. J. A tmos. Sci. , 1999, **56**:2384-2402.

[2] Rangno A L, Hobbs P V. Microstructures and precipitation development in cumulus and small cumulonimbus clouds over the warm pool of the tropical Pacific Ocean[J]. Q. J. R. Meteorol. Soc. 2005, **131**:639-673.

[3] Wang ZhiEn, Knneth. Cloud Type and Macrophysical Property Retrieval Using Multiple Remote Sensors, Journal of Applied meteorology.

[4] Wang ZhiEn, Knneth. Cirrus Cloud Microphysical Property Retrieval Using Lidar and Radar Measurements. Part I: Algorithm Description and Comparison with In Situ Data, Journal of Applied meteorology.

[5] Wang ZhiEn, Knneth. Cirrus Cloud Microphysical Property Retrieval Using Lidar and Radar Measurements. Part II: Midlatitude Cirrus Microphysical and Radiative Properties, Journal of the atmospheric sciences.

[6] 赵仕雄,德力格尔,涂多彬.黄河上游降水云层对流特性及降水微结构机制研究[J].高原气象,2003,**22**(4):385-392.

[7] 赵增亮,毛节泰,魏强,等.西北地区春季云系的垂直结构特征飞机观测统计分析[J].气象,2010,**36**:71-77.

[8] 周毓荃,苏爱芳,吴蓁,等.河南冷锋气旋层状降水云系多尺度结构和降水物理机制的观测研究[J].气象学报,2005,**63**:79-87.

[9] 濮江平,郑国光,姚展宇,等.北京初秋一侧层积云飞机探测作业的微物理结构分析[J].气象学报,2005,**63**:70-78.

[10] 胡朝霞,雷恒池,郭学良,等.降水性层状云系结构和降水过程的观测个例和模拟研究[J].大气科学,2007,**31**:425-439.

山西省人工增雨与探测飞行方案初探*

蔡兆鑫[1]　蔡森[2]　李培仁[1]　孙鸿娉[1]

1. 山西省人工降雨防雹办公室,太原 030012；
2. 中国气象科学研究院,北京 100081

摘　要　当前我们国家人工影响天气事业开展的越来越多,飞机也已经成为人工增雨的主要手段,另外,由于飞机可以直接进行穿云观测,获得气溶胶、CCN、云粒子等的空间分布信息,飞机探测也越来越被人们所重视。本文针对人影充分播撒作业、效果检验方法、层状云系云结构和过冷水分布规律的探测以及积云探测等不同目的详细给出不同的飞行设计方案。结果表明,为了获得较好的播撒效果,飞机应在过冷水丰沛区(-5℃高度上)进行作业,针对云的坐标系,可以采取 U型播撒或方框播撒；针对地面坐标系,在不同的高空风下,采取 8 字型或相应"变 8"字方式播撒；如果想利用卫星反演、雷达、地面雨量等进行效果检验,需对层状云带进行分区,并严格在作业区进行播撒,如果飞机上装载了探测仪器,作业结束后,可以对作业区进行回穿,获得微物理资料；为了了解层状云系的垂直结构,在不同特定温度层进行平飞探测,从而获得不同相态的粒子谱分布；为了探测过冷水分布的水平规律,在-5℃层进行垂直于云带的穿飞探测,勾画出过冷水水平分布规律；综合利用机载仪器,对初生积云进行探测,可以获得气溶胶和凝结核之间的转换效率、可以获得积云中液态水分布规律以及云粒子谱分布信息；为了保障作业或探测的飞行任务顺利进行,作业前需要对天气情况进行会商,作业后需要对飞行进行总结,从而保障飞行的顺利进行和采集资料的可靠性完整性。通过给出观测实例,拟为其他省市的科研和业务人员提供参考。

关键词：人工增雨飞行方案,飞机探测飞行方案

1　引言

目前我国人工影响天气规模、经费投入已达世界之最,人工影响天气工程正在建设之中。几十年来,我国开展了一系列云雾降水的外场观测研究和人工影响天气的外场试验研究,云和降水物理以及人工影响天气的理论和技术研究不断取得进展,在云和降水物理过程和降水机制研究、云的微物理结构、云水资源和人工增雨潜力评估、催化条件预测、催化剂和催化技术等方面取得了显著进展[1]。其中外场试验作业是这些技术的核心,而外场试验又主要以飞机观测为核心,其他观测为辅助条件。机载云探测设备包括机载微波辐射计、机载云雷达和机载云粒子测量系统等。然而我国在机载微波辐射计和机载云雷达方面目前还处于研究和试验阶段[2],所以目前我国人工影响天气工作中,飞机主要用来进行催化作业和进行气溶胶、云粒子等探测。

---

* 资助项目：山西省气象局重点项目(SXKZDRY20185106)；国家自然基金青年项目(41805111)。

云降水微物理研究飞行观测方案设计包含两种飞行目的：云物理探测与催化作业及其前后微物理变化。又是以探测云微物理特性为主，围绕所关心的云微物理过程进行必要的飞行设计，为了达到云物理结构研究目的，要有科学周到的监测、决策、催化和效果检验的技术体系和运作方案[3]。其中想要在人工增雨作业中要使飞机播云的催化剂起到预期的增雨效果，除必须认真选择好催化对象、催化时机、催化部位等客观条件外，还必须主观上严格科学地设计播云航线[4]，目前国内外这方面的研究工作很少。刘健等[5]人对吉林省层状云中的过冷水做了统计分析，并给出了他们认为的作业最佳飞行方案，即飞到过冷水含量的大值区；濮江平对大尺度锋面云系、小尺度积云结构、中尺度云带结构以及人工增雨催化作业飞行和物理效果检验等的飞行方案做了简单阐述；余兴等根据飞机人工增雨作业个例，利用层状云中催化剂输送扩散的三维时变模式，对过冷层状云中播云产生的有效区域、催化剂水平输送和扩散速率等进行了模拟研究。认为飞机播云中催化剂扩散速率1h平均为 0.82 m/s，与风、温、湍流有关；播云的有效作用时段为 20～80 min，有效面积和有效体积先随时间不断增加，达到极值后逐渐减小，在播云结束时50分钟达到极大；蔡兆鑫等[6]对张家口一次积层混合云系人工增雨过程的综合观测进行了细致的分析，将飞行结果与雷达资料进行对比分析，认为C波段雷达回波与降水粒子谱有较好的相关性，而与云粒子谱相关性较弱；通过细致分析播撒航线，发现同一片云区在作业后小云粒子减小，大云粒子和降水粒子增加，从而从微物理角度分析作业效果，通过扩散计算出影响区域，并通过与对比区的雨量对比验证作业效果；余兴等[7]利用NOAA卫星探测到对深厚层状云飞机人工增雨后的物理效应，发现在 $-10\ ℃$ 层播撒 AgI 使过冷云产生大量冰晶，以及降水形成的云沟。利用卫星反演云光学厚度、有效半径、云顶温度等分析云微物理特征。除了人影作业，针对不同对象和目的的飞行探测对于飞行设计要求也很严格：Rosenfeld 通过在不同高度的积云云顶的飞行探测，将飞行探测结果与极轨卫星的反演结果相对比，利用云顶温度（T）和有效半径（Re）分析云垂直结构及降水形成过程，提出了 T-Re 的分析方法[8]；通过对积云的飞行探测，研究了气溶胶对降水的影响[9,10]，分析不同过饱和度下面的 CCN（云凝结核）的凝结，发现了 CCN 决定了云底的云底浓度，云底粒子浓度决定了云粒子尺度的垂直发展和降雨高度[11]。

虽然过去关于人工增雨和飞机探测的研究很多，每个研究或多或少会对飞行方案有所描述，但专门针对飞行方案设计的研究还很少。山西省人工影响天气工作从1958年开始，通过全省人工影响天气工作者不懈的努力奋斗，山西省人工影响天气工作取得了显著成绩。目前全省常年租用三架人影作业飞机，每年飞机增雨作业平均150架次，规模位居全国前列。山西省具有多年的人工增雨和飞行探测的经验，针对不同的目的和对象设计了不同的飞行方案，本文通过对山西省业务中实际进行的典型人工增雨和飞行探测使用的飞行方案进行总结介绍，针对不同的飞行对象和飞行目的，设计不同的飞行方案，以便为其他省（区、市）的科研业务人员提供参考。

2 山西省地形、观测仪器布设及 Y12 性能介绍

2.1 山西省地形与降雨简介

山西省大部分位于太行山之西，吕梁山和黄河以东，轮廓略呈东北斜向西南的平行四边

形。东有太行山,与河北省、河南省北部为邻;西部与南部以黄河为堑,与陕西省、河南省中南部相望;北面与内蒙古自治区相连。全省年降水量在 400~650 mm,但季节分布不均匀,夏季 6—8 月降水高度集中且多暴雨,降水量约占全年的 60% 以上。通过对历史资料的统计分析,发现山西省降雨主要受东北冷涡、华北冷涡、河套低涡、西南涡、切变线、副高后部、回流、江淮气旋、黄河气旋、蒙古气旋、倒槽、台风低压以及冷锋共计十五种天气类型的影响,年降水日数为 86.3 天,而对年降雨量贡献最大的系统分别为西来槽、切变线、东蒙冷涡和冷锋,占年降雨量的 90% 以上。

山西地形较为复杂(图 1),整个地区的地势呈北高,中、南部低的簸箕状。境内有山地、丘陵、高原、盆地等多种地貌类型。山区、丘陵占总面积的 2/3 以上,北部大部分在海拔 1000~2000 m。而南部大部分仅在 500~900 m。最高点为五台山的北台叶斗峰,海拔 3058 m,最低点在垣曲县境内西阳河入黄河处,海拔仅 180 m。山西境内主要有六大盆地,即大同盆地、忻州盆地、太原盆地、长治盆地、临汾盆地和运城盆地,全省降水受地形影响很大,山区较多,盆地较少,而人口主要集中在盆地地区,出于农业和抗旱的需要,山西省常年进行人工增雨作业。

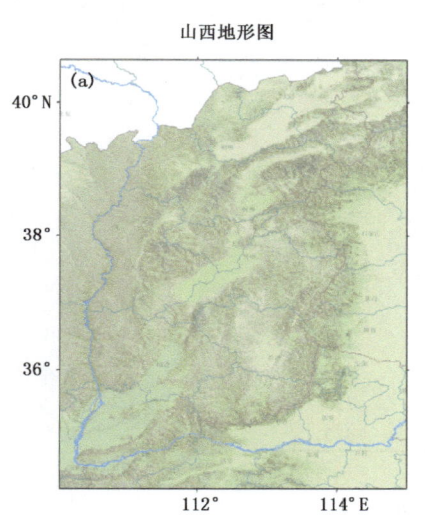 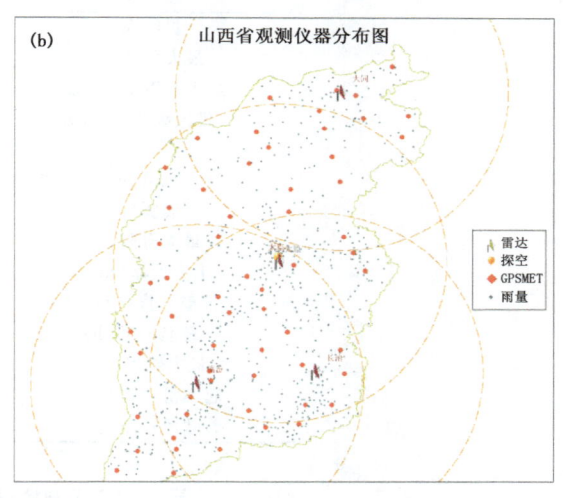

图 1　山西省地形及仪器布网情况(a. 山西省地形图;b. 山西省观测仪器分布图)

2.2　探测飞机及观测仪器状况

山西省的主要探测仪器(图 1b)包括:L 波段常规探空一部,位于太原,可以获取每日 08 时和 20 时两个时次的资料信息,可以直接获得太原及其附近上空的温、风、湿、压等参数信息,从而进一步获取云的参数信息,包括云顶、云底、云夹层以及特定温度层高度等信息;四部 C 波段多普勒降雨雷达,有效探测半径 150 km,扫描时间为 6 分钟,分别置于大同、太原、临汾和长治,基本可以覆盖山西全境;拥有德国莱比信公司生产的并行 14 通道微波辐射计一部,观测时间为一分钟一次,可以反演获得太原及其附近上空的温湿度以及液水等信息,置于太原;拥有德国 OTT 公司生产的 Parsivel 激光雨滴谱仪七部,可以直接获得降水粒子的速度谱和粒子谱,分别置于太原、太谷、离石、方山、汾阳、介休、祁县等七个县;拥有 GPS/MAT 60 台,通过反演可以获得山西省全省的积分液态水含量;拥有 CCN 探测系统 CCN-100、CCN-200 两套，可以直接获得不同过饱和度下 CCN 的粒子谱分布等信息，而且可以放在地面或加载在飞机上进行观测，通过对比可以获得 CCN 的垂直廓线。拥有 Y12 型号增雨作业飞机三架（表1），分别置于大同、太原和运城，其中太原飞机经过改装，加载 DMT 观测仪器一套（表2），可以直接获得云中的粒子大小、谱分布及液态含水量，还可以获得云中粒子的图像信息，主要包括气溶胶探头 PCASP－SPP200（0.1～3 μm）、空气状况探头 ADP（AIMMS－20 Air－Data Probe）、二维降水粒子图像探头 PIP（Precipitation Imaging Probe）（100～6200 μm）、二维云粒子图像探头 CIP（Cloud Imaging Probe）（25～1550 μm）、云粒子探头 CDP（Cloud Droplet Probe）（3～50 μm）、热线液态水含量探头 LWC（Liquid Water Content）（0.01～3 g/m^3）。同时安装由中国飞行试验研究所研制的机载高精度温湿度测量仪探头，测量精度高，弥补了 DMT 仪器在结冰严重时打开加温开关导致了测量误差较大的弊端；加载行车记录仪一部，可以全程获取云的宏观资料。

表1 Y-12 飞机状况

飞机型号	运-12
机组人数	5
最大负载（kg）	1700
最大起飞负载（kg）	5300
最大载油量（kg）	1230
机长（m）	14.86
机高（m）	5.675
展翼（m）	17.235
最大升限（m）	7000
上升速率（m/s）	8.3
巡航速度（km/h）	328
巡航时间（h）	4.4
最大航程（km）	1440
起飞滑行距离（m）	733
着陆滑行距离（m）	629

表2 DMT 观测探头介绍

探头名称	量程	测量范围（μm）	通道间隔（μm）	主要探测粒子类型
PIP（二维降水粒子探头）	固定	100～6200	100	云和降水粒子
CIP（二维冰晶粒子探头）	固定	25～1550	25	冰雪晶、大云滴
CDP（云粒子探头）		2～50	2～14 为 1；14～50 为 2	霾、云滴；云滴、冰晶
CCN（云凝结核计数器）	固定	0.75～10	不固定	气溶胶粒子、霾
SPP（PCASP）（气溶胶探头）	固定	0.1～3	不固定	气溶胶粒子、霾
AIMMS20（常规气象及 GPS 观测）				温、风、湿、压、经纬度
Hotwire_LWC（热线含水量仪）				含水量

此外，山西省还拥有地面常规的自动雨量站，可以获得地面雨量信息；拥有卫星接收系统，可以实时接收 FY2 号静止卫星的资料；可以从网上直接下载得到 FY3 号极轨卫星资料以及 modis 等资料信息。探测飞行方案的设计在于如何设计合理的飞行方案，有效的利用以上观

测仪器,对山西省不同云系进行综合观测,从而增强对山西省云降水过程的认识,提高人工影响天气的水平。

3 人工增雨飞行方案

目前我们国家冷云催化技术相对较为成熟,而暖云催化的水平相对落后。在冷云催化的实际业务中,人工增雨往往采用高炮、火箭和飞机等运载工具,将 AgI 催化剂直接送入符合条件的云区进行播撒催化。根据前面介绍结果,对山西省降雨贡献较大的系统主要为大范围的层状云系,故其也成为主要的播云对象,在几种播撒手段中,飞机播撒具有继续时间长、覆盖范围广、安全性能高、碘化银的成核率高等优点,已经成为山西省人工增雨的主要手段。然而在飞机播撒的实际业务中,只有在合适的时机、合适的部位播撒合适剂量的催化剂才能取得较好的播撒效果,下面介绍山西省人影工作者在设计作业飞行方案时考虑的上面几个问题。

通过对山西省 2009—2012 年三年中 106 次飞机观测的资料统计分析发现,当温度低于 0 ℃时,随着温度的降低,液态含水量也不断减少;山西省飞机播云作业的手段是燃烧 AgI 烟条,而 AgI 成核率随温度下降会迅速增加,综合考虑后,故在作业中作业层高度往往选在 -5~-10 ℃。作业时,飞机左右两边最大各安装五根烟条,共计十根。每根烟条的碘化银含量为 125 g,可以燃烧 20~25 分钟。根据现有的人工影响天气理论研究,一般人工冰晶的浓度应达到 $10^4/m^3$ 才能对降水过程有显著作用[12],为了使得人工冰核达到足够的浓度,作业时往往一次点燃两根烟条,左右各一根,故播撒的最大时长为 100~125 分钟,播撒距离最大约为 450~600 km。在过去的作业中,为了考虑飞机航线尽可能地多覆盖县市,往往采取直线作业,然而这样作业的实际有效影响面积并没有增加,而且作业区域内催化剂往往由于达不到足够的浓度,作业效果并不明显,对于效果的检验也非常困难;针对这个问题,很多学者提出锯齿形飞行或者"U"形飞行,然而他们在设计这两种方案的时候,往往是针对地面的设计,在高空风的作用下,播撒航迹会发生变形,影响区域内也达不到充分播撒[13]。针对以上问题,山西省对实际增雨飞行方案进行了改进。

3.1 充分播撒作业——对云轨迹

以锋面云系为例,一般宽 100 km,可催化区宽约为 50 km,作业后飞机的每条催化带扩散宽度左右各约 5 km,故若想在一片区域内进行充分播撒,可以对锋面云系进行多条航线反复播撒,如图 2 所示,其中 a 图为传统的"U"型播撒,b 图为方框型播撒,从图中可以看出播撒航线的长约 50 km,两条催化带宽之间的间距为 10 km。需要指出的是,本节讨论的两种飞行方案均是以云系为参考坐标系,而非地面坐标系,只有当高空风为静止风的时候,两者才能统一,否则飞机对地的飞行轨迹与催化结束时催化剂对云的分布轨迹并不相同。实际操作中,飞行员只需平行和垂直于风向进行飞行即可,不需要根据地面的经纬度进行方向的修正。飞行结束后的实际对地轨迹,与高空风速有关,如何建立起它们之间的联系,在下一节进行讨论分析。

结合改装后的 Y12 的实际飞行情况,对飞行方案进行详细阐述。改装后的 Y12 在平飞时航速 V_1 约为 80 m/s,故若想让播撒带约 50 km,只飞十分钟左右;飞机的转弯半径最小为 2.5 km,小于 10 km,故完全可以假设飞机转弯时是以圆弧转弯,则可以算出圆弧长约为 10.5 km,飞机转弯时航速 V_2 约 60 m/s,转弯时间约 3 分钟。Y12 的续航实际在 4.4 小时,在实际增雨航线设计时,一般需要考虑到突发情况,整个飞行过程的时长一般控制在3小时范围内,除去飞机从机场到目标区间的来回时间,以目标区作业75分钟为例(三根烟条),根据上面计算的结果,如果采取U型飞行,一共可以形成6条平行催化带,考虑到扩散,影响面积为3000 km²;如果采取方框型飞行,可以形成5条平行的催化带,影响面积约为2500 km²。

U型飞行方案,飞机起飞后,直接飞到作业高度层的过冷水大值区域,然后垂直于风飞行10分钟(约50 km)后转弯(约3分钟),再垂直于风飞行10分钟,如此反复,直至作业结束后返航;方框型飞行方案,飞机起飞后,直接飞到作业高度层的过冷水大值区域,然后垂直于风飞行10分钟(约50 km),然后右转,沿着风向飞行4分钟(约20 km),再右转,垂直于风向飞行10分钟,再右转,顶着风向飞行2分钟(约10 km),如此反复飞行,直至作业结束后返航。通过这两种飞行方案,扩散后,均可以在空中形成多条密实的平行催化带,在一片区域内获得较好的催化效果,其中U型方案受影响的面积较大,而方框型方案催化后特征更加明显。

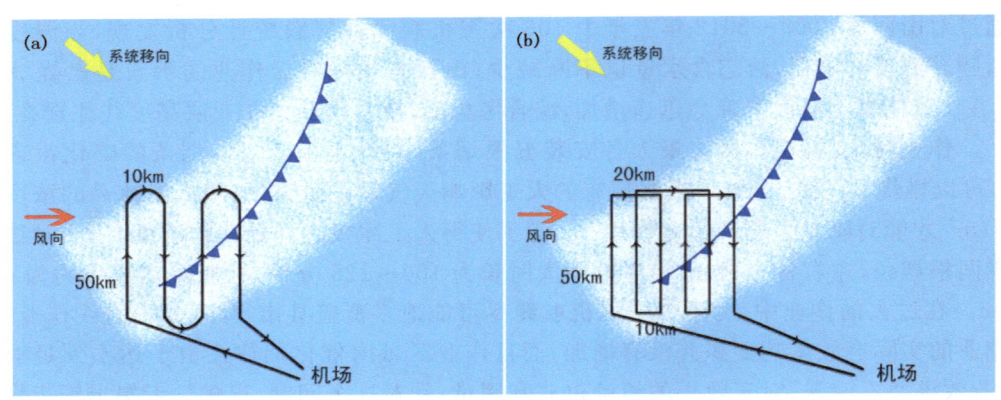

图2 相对于云飞行的多条平行催化带的播撒航线设计
(a. U型轨迹;b. 方框型轨迹)

3.2 充分播撒作业——对地轨迹

上面讨论的结果,可以发现如果针对于云的飞行轨迹,U型播撒可以取得较好的播撒效果,而在实际业务中,在上报计划的时候往往需要提供对地的飞行轨迹。在不同速度的高空风作用下,催化剂会向下风方移动扩散,催化带变形而无法达到多条平行带催化的效果。为了修正这一结果,在飞机播撒时需要根据烟条燃烧速率决定它最大的扩散宽度(例如7 km),考虑播撒高度风造成烟团的飘移,保证播撒结束时在播撒区能有充分的播撒,即图3d所显示的效果。若以地面为参考系,实际飞行的轨迹需设计如图3a~c,其中a图为高空风风速较小时所用的所用飞行方案,定为方案一,b为风速适中的时候采用飞行方案,为方案二,c为风速较大时采取的飞行方案,为方案三。

为了详细说明设计原理,以方案二为例进行说明,并对一些参数的计算方法和计算结果进行说明(图3d)。若飞机从A经C、B、D,回到A点,风向为正西方向,得到催化带分布应如图3d右图所示,为三条平行分布的催化带,整个催化区域被完全覆盖,都能达到被催化的目的;同样的,在一定的高空风速作用下,利用方案一和方案三播撒后也可以得到平行的催化带。假设飞机平飞时飞行速度为 V_1,作业层的高度的风向为正西方向,风速为 u,飞机以对风向为 $\cos^{-1}(V_1/u)$ 角度飞行,飞机从 A 到 C 的播撒时间为 t_1,飞机转弯时的飞行速度为 V_2,从 C 到 B 的转弯时间为 t_2,则 AC 为 $V_1 \times t_1$,BC 之间的弧长为 $V_2 \times t_2$,u 为作业高度的风速,AD 间的直线距离为 $u \times t_1$,下面根据山西省实际作业时的参数对图 3d 中的飞行路线设计的具体问题做一些计算。改装后的 Y12 在平飞时航速 V_1 约为 80 m/s,每条播撒 t_1 为 10 分钟左右,则 AC 约 50 km;每条催化带扩散宽度约为 3.5~5 km;转弯时航速 V_2 约 60 m/s,转弯时间约 2.5 分钟,故 BC 间弧长距离一般约 9 km;飞机飞行的角度为 $\cos^{-1}(80/u)$,AD 间距离为风在十分钟内移动的距离,即 0.6u km,若 0.6u 近似为 9 km,则飞行轨迹接近"8"字型(图 3a),若远大于 9 km,则飞行轨迹为图 3b,若远小于 9 km,则飞行轨迹为图 3c。表 3 给出了不同风速下方案的选择及一些参数的计算。通过选择合理的飞行方案,可以让飞机播撒而获得多条平行的催化带。

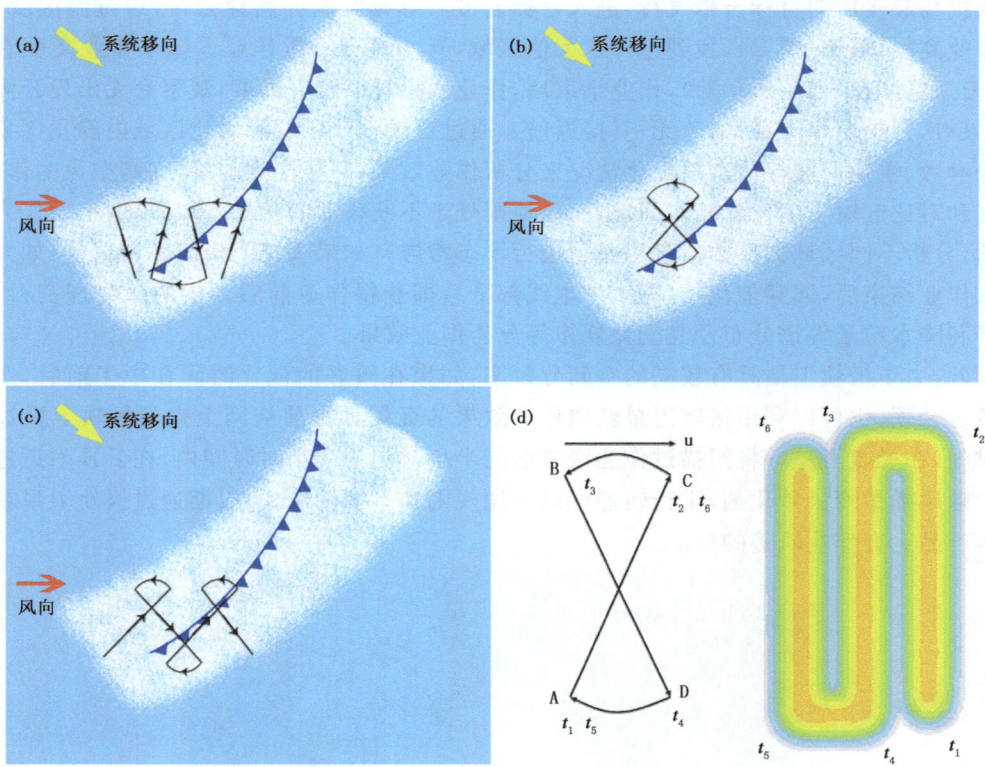

图 3 不同高空风速下对地的播撒轨迹(a. 风速适中时的轨迹;b. 风速较大时的轨迹;
c. 风速较小时的轨迹;d. 平流下的为达到平行催化带的播撒航线设计和
扩散得到的部分平行催化带(即 b 图的补充说明))

表 3 不同风速下的催化方案的选择

风速(m/s)	5	10	15	20	25	30
方案选择	方案一	方案一	方案二	方案三	方案三	方案三
AD 间的距离(km)	3	6	9	12	15	18
对风角度(°)	87.85	85.70	83.54	81.37	79.19	73.00

3.3 对比区选择方案

作业效果可通过比较对作业区和对比区的不同卫星云参数、雷达回波、地面雨量等宏观资料进行验证,也可以通过飞机观测的微物理资料进行检验。为了检验作业效果,首先要确定作业区域和对比区域,并对目标云区进行充分播撒,"作业区"与"对比区"的确定需要根据当时天气系统的分布与移动方向确定,最好是在同一系统的不同位置,两者的作业前的云参数、雷达回波等信息较为接近。作业效果分析飞行区域和对比区域下方应当由相应的地面降水观测设备,最好是雷达能够良好观测范围的区域。

根据高空风速,确定具体的作业方案,根据实际作业高度的风速,按照前面的分析结果采取不同的作业方案;需要注意严格按照"作业区"的范围飞行,以对云轨迹为例,如图4所示。飞机从机场起飞后向目标云带飞行,进入目标云带后继续爬高并斜穿云带,通过温湿度探头,确定作业高度(低于-5℃),找到过冷水大值区域,开始进行播撒作业。如果作业高度靠近云顶(即云顶温度在-5~-10℃),作业结束后,作业飞机可以爬升高度,观察有无出现云沟或云洞,如果有,则拍照作为证据;若无,直接返航。通过比较作业区域和对比区域内静止气象卫星反演云参数、雷达回波等信息的变化情况来分析作业效果,需要注意的是,在高空风的作用下,作业区和对比区对云的位置相对固定,而对地则处于不断移动的状态,故如果以地面作为参考系的话,分析不同区域的参数信息也必须进行动态考虑。如果飞机上安装探测仪器(如太原飞机),在作业结束后,回穿催化带(图4中虚线部分),即获得作业前后云中的微物理资料,根据云粒子和降水粒子等谱分布及其变化规律等分析作业效果。

此外,由于极轨卫星具有较高的空间分辨率,如果在较好的催化时间在中午前后,作业高度又接近云顶,也可以利用极轨卫星获取作业效果的证据。提前从网上查到极轨卫星过境的准确时间,在极轨卫星即将扫描过作业区之前的半小时到一个小时时间内,在云顶附近进行迎风或者顺风播撒冷云催化剂,飞行轨迹可以采用规则和不规则形式,以期通过极轨卫星获得精细反演产品上有作业轨迹的反应。

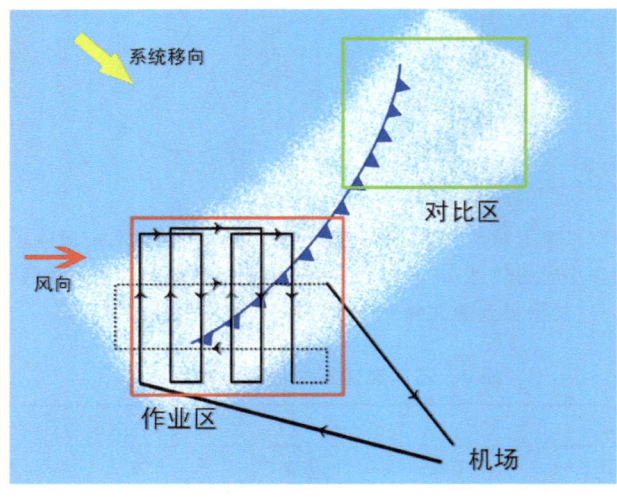

图4 作业区和对比区的选择

4 层状云飞行探测方案

层状云系是北方开展人工增雨作业的主要目标云系,云中过冷水含量是云中重要的微物理要素之一,特别是在人工增雨工作中该物理量显得尤为重要。就层状冷云人工增雨潜力条件而言,云中的过冷水含量是最重要的参数之一。根据 Bergeron 提出的关于冰晶水滴共存、水滴蒸发和冰晶凝华增长的降水理论,可知云中过冷水含量的多少及云体过冷却部分是否缺乏冰晶是衡量云中降水转化效率的主要指标,因此,对降水性层状云中过冷水含量分布特征进行研究,可以为人工增雨外场作业中寻找过冷水含量大值区提供理论依据,减少外场作业中存在的盲目性,进一步提高人工增雨效率。机载粒子测量系统可以直接得到云中过冷水量、云滴浓度、冰晶浓度等微观参数,是云微物理观测的主要手段,下面对层状云系常见的两种观测方案进行描述。

4.1 降水云系结构探测飞行方案

为了解系统性层状云系的水平、垂直结构特征规律,可以利用飞机观测与遥感资料(如卫星、雷达、探空等)相配合进行综合观测,从而获取层状云系的宏微观特征。为了将飞机资料与静止卫星资料相结合,可以根据静止卫星的像素点分辨率,设计垂直探测采取平飞一段空间距离的方式进行垂直探测,平飞的距离约占3~5个像素点(华北地区约15~30 km),根据"运—12"巡航飞行速度大约水平飞行3~6分钟;为了将飞机资料与雷达回波相结合,飞行探测区域最好有雷达回波或地面降水。另外,针对一块云不同高度的观测,高度选择时需根据云中温度分布规律进行选择,在暖云区、混合云区以及冷云区都要有观测。而且在不同云区的观测的目标和对象也不同,例如暖云区,主要有云滴、雨滴还有可能有从上面掉下来没有完全融化的冰相粒子;而在混合云区尤其是零度层上下,这里是雷达0℃层亮带的区域,冰相粒子表面开始融化,粒子大小变化不大,但形状开始发生改变,同时也有部分过冷水的存在;冷云区、主要观测过冷水以及冰晶。针对不同的云宏微观物理特征,观测时的记录重点也应有所变化。

具体的飞行方案(图5)为:探测飞机机场起飞后朝着探测云带一直爬升直至云顶(如果云层很厚则爬升到飞行升限高度),进入飞机探测区域A位置,可以直接得到云底高度、云顶高度和云层厚度信息;根据总体云层厚度大致分为3~6层,每层厚度约300 m;先进行小范围盘旋下降高度垂直探测,直到云底出云(或者是规定安全飞行高度,当地海拔加600 m),沿探测空域水平飞行3~6分钟,按照计算的探测层厚度爬升一个厚度层在飞行3~6分钟,到达探测空域的边缘厚可以盘旋调转方向反方向多次水平、爬升、水平、在爬升方式进行云物理探测,依次类推,直到云顶层或飞行高度上限,然后平飞至探测区域B,区域A和区域B最好为冷锋云系的不同部位(如锋前和锋后)再次进行小范围盘旋下降高度垂直探测,结束后返回机场。利用温湿度探头,可以获得每个高度层的温度,飞机在−5℃层、0℃层、+5℃的特性高度层要尽量拥有观测资料。此种飞行方式可以给出粒子谱相态、浓度(比例)、含水量等随高度的分布以及与0℃层相互位置信息,通过对云层区域粒子谱的垂直分布与卫星反演参数相比较寻找作业潜力区的位置,确定卫星反演潜力区域综合指标。

具体方案在飞行前,根据最近时次探空资料,获取主要关心层风向、风速,如−10℃层、−5℃层、0℃层、+5℃层等,再据卫星云图和雷达回波的移向、移速,在加密观测区域上风方或回波移向上方,选取一点,同样在下风方或回波移动方向下方选出一点,定出各点的经、纬度值,两点间在观测区内,相距以 50～80 km 为宜。

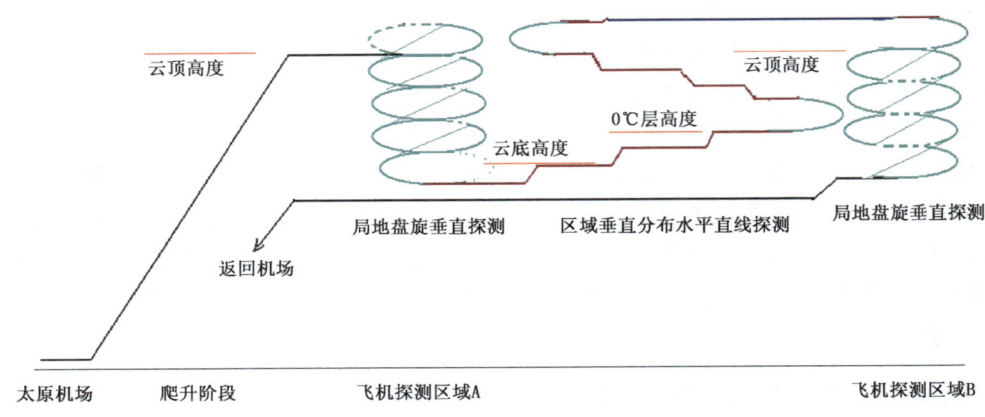

图 5　层状云系云结构探测示意图

4.2　过冷水探测方案

根据山西三年观测资料的统计结果表明,垂直分布上,当温度低于 0℃ 时,随着温度的降低,过冷水逐渐变小。故了解层状云系的过冷水水平分布特征就显得非常重要,尤其是在人工影响天气时,找到过冷水丰沛区,可以直接提高人影效率,避免多余的飞行。当飞机起飞后,直接向上爬升,飞到 -5℃ 层后,垂直于云带进行来回的穿飞探测,获得水平方向上过冷水的大值区(图6)。从而寻找层状云系的过冷水分布规律,尤其是冷锋云系的锋前锋后,过冷水的大值区分布规律。力图使飞机一维航线数据能够勾绘出云系中液态水的分布状况。

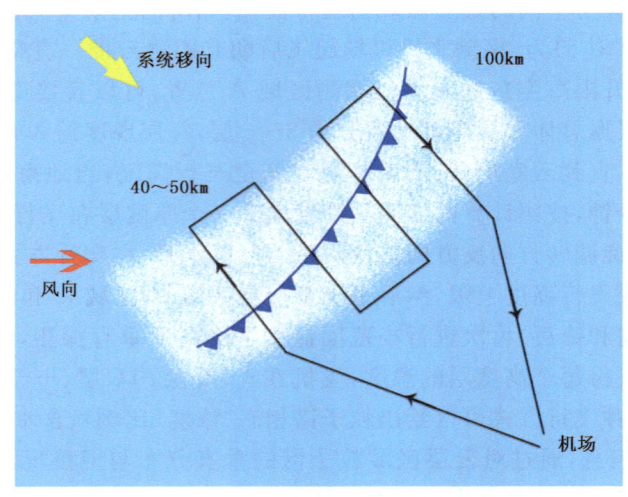

图 6　层状云系过冷水探测方案

5 积状云飞行探测方案

积云边界明显,成长机制较为简单。尤其初生积云的粒子谱对于积云以后的发生发展,都起了决定性的作用。通过合理的设计飞行,利用太原飞机上 CCN 和气溶胶探头,可以了解气溶胶和凝结核之间的转换效率;利用热线含水量仪器,可以获得积云中液态水分布规律;利用 DMT 仪器,可以获得不同发展阶段的云粒子谱分布信息。这些对于更好地了解积云的发生发展情况,从而对于研究夏季对流降水和积层混合云降水的形成机制,都是至关重要的。下面简单介绍一些积云探测方案。

5.1 积云发展初期

淡积云一般出现在午后,地面温度较高时,且其位置很难通过一般的遥感资料获得,只能通过分析地面站观测热泡出现的历史资料获得积云出现的大致时间和地点,然后利用飞行人员目测寻找。此类云一般范围不大,且不是很厚,高度约 1 km,水平尺度为 2~3 km,中心上升气流速度约为 1~3 m/s,不是很颠簸,可以直接穿云。为了了解云内外 CCN 和云粒子直接的关系,利用山西省的两套 CCN 探测仪器,可以将 CCN-100 置于地面观测站,其过饱和度设置为 0.3,飞机上安装 CCN-200,其过饱和度一个设置为固定值 0.1,另一个设置为 0.6、0.3、0.1 的循环,每次循环探测三分钟。

积云发展初期,积云尺度较小,垂直高度往往在 1 km 以内,难以分层探测,可以选择一片固定区域(如 8 km×8 km),保持同一高度,针对不同大小积云进行穿飞探测,了解不同积云内部同一高度发展情况(图 7a),或者飞机起飞后直接飞往目标区域,针对不同大小的积云云顶附近进行穿云探测。

5.2 积云发展中期

当积云从淡积云继续发展时,可以发展成为中积云,此类积云云厚约为 3 km,水平尺度约为 4~5 km,上升气流也比淡积云大,较为颠簸,云中可能出现过冷水,但云顶还没有产生冰晶,此类云也可以进行飞行探测。图 7b 飞行方案与淡积云相类似。飞机从太原机场起飞后爬升到云底高度,贴云底来回平飞两到三次,爬升 300 m 后继续穿云平飞,每次出云后尽快掉头,再次穿云,来回穿飞 1~3 次可以继续爬升 300 m,以此类推直到云顶,后返航。

5.3 积云发展旺盛期

当积云发展成为浓积云时,云中上升气流很强,危险系数大,不建议进行探测飞行。

6 山西省飞行实例与分析

山西省在实际的飞行探测中积累了大量飞行个例,本文讲分别一次对层状云和积云的探测飞行进行描述。

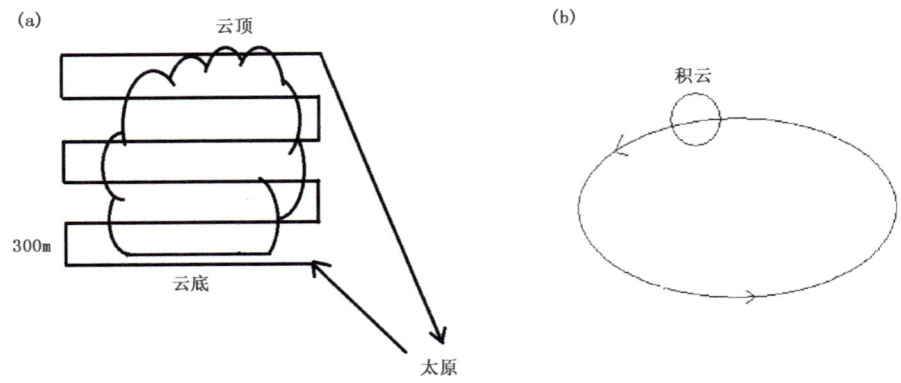

图 7 积云观测方案(a.图积云垂直探测剖面;b.图积云水平探测剖面)

6.1 层状云飞行个例

2012年9月25日,一个冷锋云系经过山西境内,在太原－娄烦－忻州－太原进行了一次探测飞行,飞行航线如图8所示,其中a为飞行轨迹,b为飞行高度,c为飞行时拍摄的云顶照片。飞机于12:17起飞,温度17.9℃,起飞时机场小雨,西偏西北风2级;起飞后一直爬升,

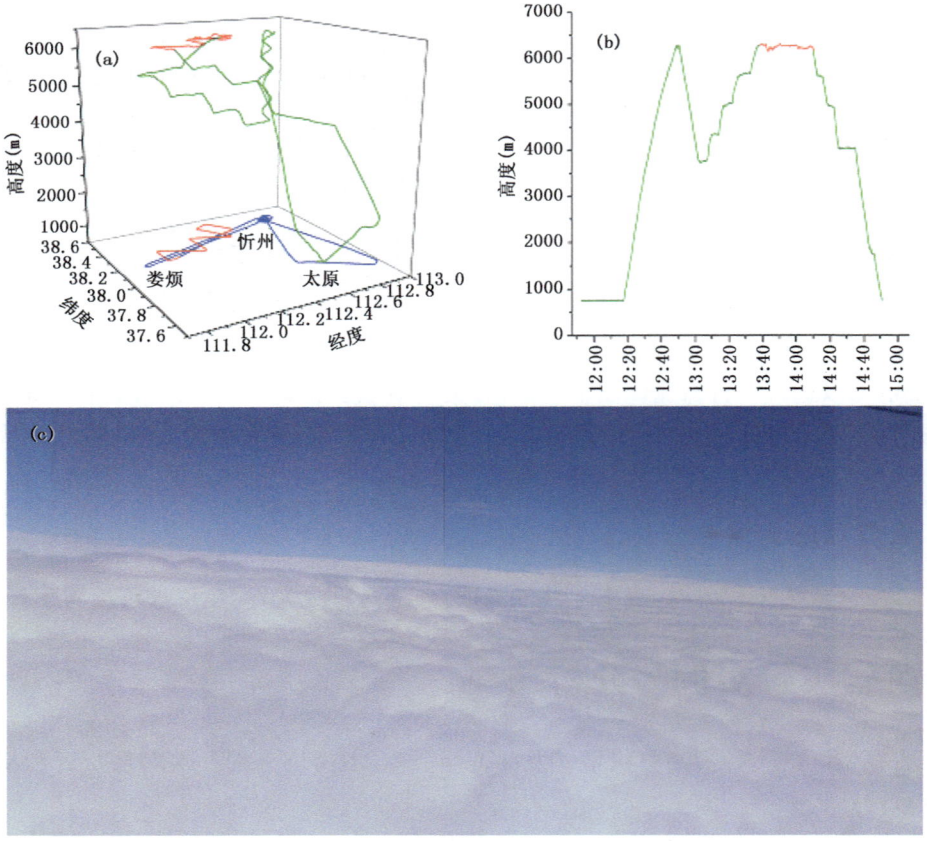

图 8 2012年9月25日层状云探测飞行分析(a.飞机轨迹;b.飞行高度;c.飞机上拍摄的云层照片)

12:40 到达忻州,高度 5240.3 m 温度－5.3℃;在忻州盘旋上升,12:49,在忻州爬升到最高 6293.2 m,温度 －10.3℃;然后在忻州地区开始盘旋下降,于 13:02 下降到 3767.2 m,温度 0.9℃,然后开始飞往娄烦。飞机以 600 m 的高度间隔进行平飞探测,每个高度层平飞约 3 分钟,13:37 爬升到 6300 m,并开始作业,温度 －10.4℃。在忻州和娄烦之间保持 6300 m 作耕作作业飞行探测;14:10 结束作业,高度 6198.3 m,温度－9.4℃。从娄烦飞往忻州回穿作业云带。回穿结束后,从 14:09 开始进行平飞探测,每飞 600 m 下降一层,每层平飞约 3 分钟,14:22 到达忻州,高度 4905.8 m,温度－3.3℃。14:22—14:25 从 5000 m 下降到 4000 m。14:25—14:35 保持 4000 m 平飞,14:35 开始下降。一直下降,14:50 落地,温度 16.4℃。落地时本场小雨,能见度 1600 m,北偏西北风 2 级。

此次作业飞行探测,采取了局地盘旋探测和分层探测,另外,当天天气小雨,主要探测地点也在雷达回波探测范围内,14 时有加密探空,且 modis 卫星正好过境,通过多种资料间的有效配合印证,可以很好地了解山西地区层状云系的水平垂直结构特征。此次作业方式采取了耕作飞行,并在飞行后回穿作业云区,并在云顶进行拍照,对于了解作业效果提供了很好的一手资料。

6.2 积云探测个例

2013 年 8 月 5 日,在忻州北部地区进行一次积云探测飞行。飞行轨迹如图 9 所示,其中

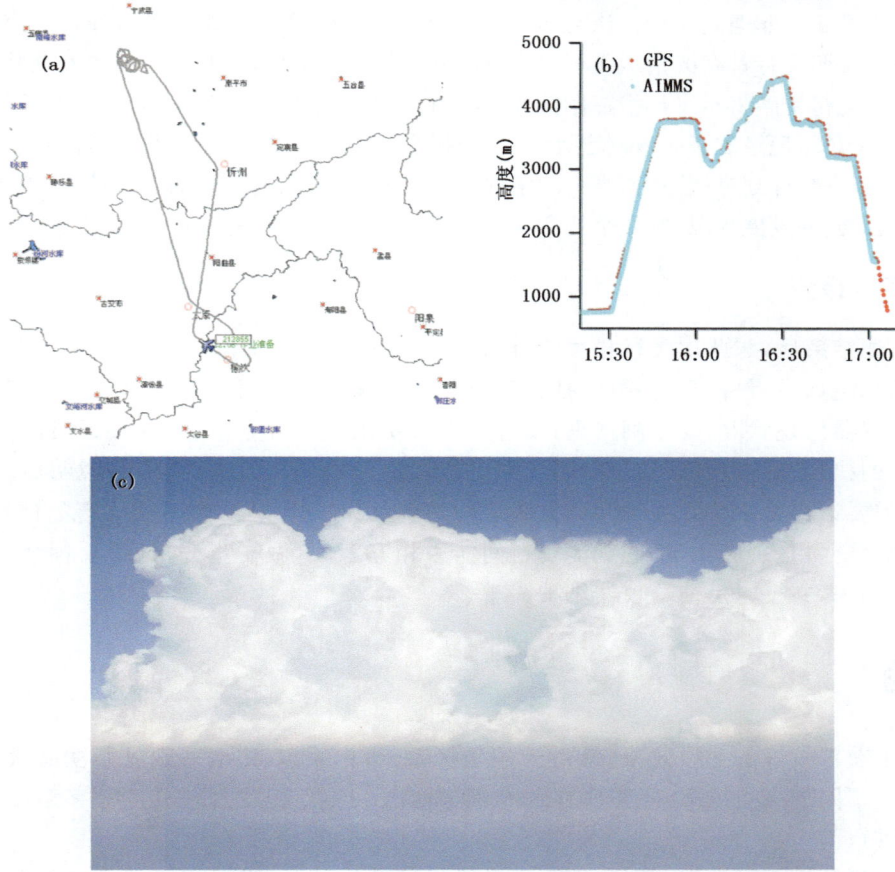

图 9 2013 年 8 月 5 日积云探测飞行分析(a.飞机轨迹;b.飞行高度;c.飞机上拍摄的云层照片)

9a 为飞行轨迹,9b 为不同仪器探测出的飞行高度,9c 为飞机拍摄到的积云图片。飞机于 15:30 起飞,本场晴天,能见度很好。湿度 39.4%,温度 33.6 ℃。起飞后一直爬升,15:47 到达忻州,高度 3772.6 m,湿度 20.0%,温度 11.9 ℃。保持 3800 m 左右平飞,16:00 到达探测区,高度 3748.9 m,湿度 22.1%,温度 12.8 ℃。16:00—16:16 在探测区从 3800 m 盘旋下降到 3100 m 左右,又从 3100 m 盘旋爬升到 3800 m。16:27—16:31 保持 4400 m 左右平飞,16:34:14—16:43:52 保持 3700 m 左右平飞。后一直下降。17:06 落地,落地时本场晴天。

此次飞行,针对夏季浅对流云的一次飞行探测,飞机上安装了气溶胶、CCN、云粒子探头以及行车记录仪等,对积云的宏微观信息做了详细记录,对于分析山西地区积云发生发展提供第一手资料。

7 与飞行相关的其他工作

7.1 飞行前会商

每次飞行前要进行飞行会商,确定当天的飞行科学家,了解当天的气象概况和合适的云的简介,并对仪器的状态进行评价;飞行科学家根据会商结果,确定飞行目标和飞行方案,制定飞行计划并指导飞行员。除非遇到飞行员认为与飞行安全或者空管部门的命令和章程相冲突的情况,飞行员都应该按照飞行首席的指示飞行。机窗前安置行车记录仪,以便记录云的宏观状况,飞行前标定时间。飞行首席将对飞行指挥做记录,如飞行的开始结束时间等有用信息,和任何有用的印象,即使不是必须记录的。一般制定计划后,根据当天的空管情况,会有几种可能:当天的条件可以放飞,按照飞行计划进行飞行;当天的条件不允许放飞,则取消这天的飞行计划;如果当天需要待命,则根据云的发展情况,制作个待命计划,以便进行更为科学的飞行探测。

7.2 降落后报告

飞行探测结束后,与此次飞行相关所有人员(飞行员和地面工作人员),需要立刻对飞行数据进行回顾总结,做一份报告,主要包括:飞行科学家要描述飞行管理情况和仪器状态,如果在飞行中发现仪器出现状况,要立刻修理;飞行科学家要比较飞行方案和实际的飞行过程,然后对飞行目标的执行程度进行评估。如果计划更改,飞行科学家和飞行员需要说明原因。像这样的例子,需要讨论采取什么样不同的方法才能达到目标,这个将要在下次飞行的计划考虑进去。查看观测资料是否完整,不同观测资料间能否相互匹配,做初步分析,看看各个测量值是否在合理范围内,并及时反馈给仪器维护人员。

8 结论

(1)为了获得较好的播撒效果,针对云的坐标系,可以采取 U 型播撒或方框播撒;针对地面坐标系,在不同的高空风下,飞机应在过冷水丰沛区(−5 ℃高度上)采取"8"字型或相应"变 8"字方式播撒;

(2)如果想利用卫星反演、雷达、地面雨量等进行效果检验,需对层状云带进行分区,并严格在作业区进行播撒,如果飞机上装载了探测仪器,作业结束后,可以对作业区进行回穿,获得微物理资料；

（3）为了了解层状云系的垂直结构，在不同特定温度层进行平飞探测，从而获得不同相态的粒子谱分布；

（4）为了探测过冷水分布的水平规律，在－5℃层进行垂直于云带的穿飞探测，勾画出过冷水水平分布规律；

（5）综合利用机载仪器，对初生积云进行探测，可以获得气溶胶和凝结核之间的转换效率、可以获得积云中液态水分布规律以及云粒子谱分布信息；

（6）为了保障作业或探测的飞行任务顺利进行，作业前需要对天气情况进行会商，作业后需要对飞行进行总结，从而保障飞行的顺利进行和采集资料的可靠性完整性。

参考文献

[1] 洪延超,雷恒池.云降水物理和人工影响天气研究进展和思考[J].气候与环境研究,2012,**17**(6):951-967.

[2] 郭学良,付丹红,胡朝霞.云降水物理与人工影响天气研究进展(2008—2012年)[J].大气科学,2013,**37**(2):351-363.

[3] 濮江平.层积云物理结构观测及其反演技术研究[D].南京信息工程大学博士论文,2010,40-44.

[4] 余兴,王晓玲,戴进.过冷层状云中飞机播云有效区域的模拟研究[J].气象学报,2002,**60**(2):205-214.

[5] 刘健,于勇,蒋彤.吉林省层状云中过冷水含量分布及最佳飞行方案设计[J].吉林气象,2004,(3):9-11.

[6] 蔡兆鑫,周毓荃,蔡淼.一次积层混合云系人工增雨作业的综合观测分析[J].高原气象,2013,**32**(4)

[7] 余兴,戴进,雷恒池,等.NOAA卫星云图反映的播云物理效应[J].科学通报,2005,**50**(1):77-83.

[8] Rosenfeld D, Lensky I M. Satellite-based insights into precipitation formation processes in continental and maritime clouds [J]. Bull. Amer. Meteor. Soc.,1998,**79**:2457-2476.

[9] Rosenfeld D. TRMM observed first direct evidence of smoke from forest fires inhibiting rainfall [J]. Geophys. Res. Lett.,1999,**26**:3105-3108.

[10] Rosenfeld D. Suppression of rain and snow by urban and industrial air pollution [J]. Science,2000,**287**:1793-1796.

[11] Andreae M. O. and D. Rosenfeld, 2008: Aerosol-cloud-precipitation interactions. Part 1. The nature and sources of cloud-active aerosols. Earth-Science Reviews,**89**:13-41.

[12] 史月琴.华南冷锋云降水微物理过程及其人工催化机理的数值模拟试验研究[D].北京大学物理学院,2008.

[13] 周毓荃,朱冰.高炮火箭和飞机催化扩散规律和作业设计的研究[J].气象,2014,**08**(40):965-980.

天津北部区域飞机增雨飞行方案改进研究

刘 晴 王兆宇

天津市人工影响天气办公室,天津 300074

摘 要 本文统计归纳天津地区 2013 年、2014 年两年中 44 次飞机外场试验,结合天津北部作业区降水特征和 2 次典型飞行实例的播撒方案,找出实际方案设计中出现的问题进行改进,设计出北部作业区兼顾探测和作业飞行方案,并进行可行性分析。结果表明:北部作业区航线设计中缺少对作业云系宏微观结构的垂直探空、未考虑地面雨滴谱仪布设位置、无法进行作业效果分析;改进后的方案航线由垂直上升探测区、水平蛇形播撒区、水平回穿探测区构成,航线区域覆盖 4 台地面雨滴谱仪,可通过雨滴谱仪资料分别计算北部作业区层状云系作业前后的 Z-R 关系,进而分析作业效果。

关键词:飞机人工增雨,方案改进,可行性分析

1 引 言

近几十年来,云降水物理和人工影响天气理论技术方面所取得的成果,与外场试验研究密切相关,而外场试验又主要以飞机增雨作业和探测为核心。国际上,澳大利亚 STEP 热带试验,利用机载光散射成像仪,测量热带地区积雨云云砧与台风和云团系统的关系[1];Brown 在飞机探测试验中利用机载总水量探头,改进云中冰相水含量的测量方法[2];美国 NCAR 利用逆流粒子取样器和机载探空仪器,对比分析混合相态云中的凝结水含量[3]。国内,张佃国等人开展 4 架次的飞机探测,获得北京及周边地区云中小云粒子最大浓度的变化范围和平均直径[4];秦彦硕等人分析飞机探测资料,综合分析河北地区层状云的微物理特征,发现雷达反射率相关性远高于云黑体亮温[5]。

对于飞机人工增雨作业而言,除必须关注催化对象、催化时机、催化部位等客观条件外,还必须主观上严格科学地设计播云航线[6],科学合理的飞行航线对云的综合探测十分重要。过去针对飞机人工增雨综合观测分析的研究很多[7],但专门针对某一区域的飞行方案和播云航线的设计和改进还很少。国际上,Rosenfeld 对积云的飞行探测方案进行科学合理的设计,发现气溶胶和降水之间的相互影响[8,9]。国内,濮江平对大尺度锋面云系、小尺度积云结构、中尺度云带结构等的飞行方案进行分析总结[10];刘健等人研究吉林省层状云中的过冷水含量分布,发现垂直于高空风的"U"型水平播撒为最佳飞行方案[11];蔡兆鑫等人分析张家口一次飞机增雨过程的播撒航线,从微物理角度研究作业效果[12];游积平等人[13]在佛山、江门地区,采用特定高度盘旋上升的方案,发现气溶胶粒子自下而上存在累积层、递减层和增加层。

本文统计归纳天津地区 2013 年、2014 年两年中 44 次飞机外场试验,分析讨论两种常用飞行播撒方式在北部作业区的应用情况,然后结合天津地区降水特征、空地基仪器设备现状,

以及北部作业区典型飞行实例的播撒方案,找出实际方案设计中亟待解决的问题,提出改进方案并进行可行性分析,拟为相关科研业务人员提供参考。

2 降水特征

天津地区夏季降水量最多,冬季非常少,且 10 月至次年 5 月底总雨雪量仅占全年的 20%,结合降水季节性差异,确定天津区域飞机人工增雨作业仅在每年春季和秋季开展。影响春季降水的主要天气系统是蒙古气旋、江淮气旋和东北回流高压等;影响秋季降水的主要天气系统是冷切变、东北回流高压和倒槽等。了解作业区域的影响系统,对飞行方案的设计和改进有很大的帮助。同时由于天津降水空间分布很不均匀,东西方向差异小,南北方向差异较大,雨量由北向南呈现递减趋势[14],遂设定两个飞机增雨作业区域,分别为北部作业区和南部作业区,以天津滨海国际机场所在的纬线位置为南北界(图1)。

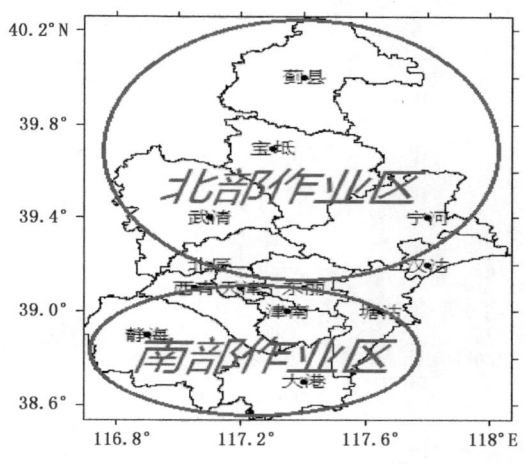

图 1 天津区域飞机人工增雨作业区布局图

3 常用飞行播撒方式

天津区域外场试验的主要装备和仪器包括:珠海中航通用航空公司运 12 飞机,机载 PMS 系统,空地传输系统等。

结合影响天津地区春秋两季降水的主要天气系统,发现天津外场作业的播云对象主要是大范围层状云系,最常使用的两种方式是垂直飞行播撒和水平飞行播撒(航线示意图如图 2 所示)。通过对天津地区 2013 年、2014 年两年中 44 次飞机外场试验的资料进行统计分析(表1)发现:水平飞行播撒在北部作业区应用频次最高;而垂直飞行播撒在两个作业区的应用频率都很低,但也呈现出北部作业多于南部的现象。这种现象的产生,印证了天津地区降水量空间分布呈现由北向南递减的事实,而且由于垂直飞行播撒为了实现在不同高度对作业云系逐层作业的目的,对垂直空域的高度和宽度的要求比较多,所以常会受到空管部门的空域限制,这可能也是造成其使用频次较少的原因之一。

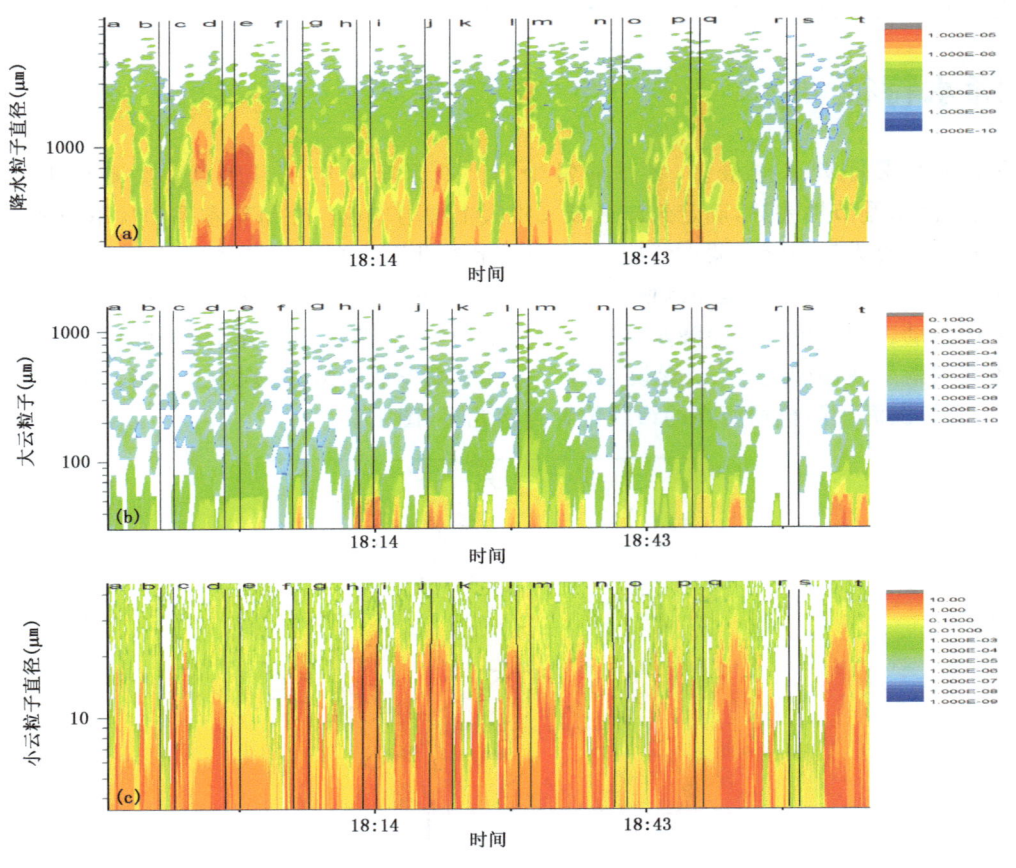

图 2 两种飞行播撒方式航线示意图（a）垂直方向（b）水平方向
（实线为催化阶段，虚线为探测阶段）

表 1 天津地区 2013 年、2014 年两年中飞行方案的统计结果

飞行播撒方式	主要集中区域	2013 年架次数	2014 年架次数	总架次数
垂直方向	北部作业区	3	2	5
	南部作业区	1	0	1
水平方向	北部作业区	15	20	35
	南部作业区	2	1	3

4 飞行实例和存在的问题

飞机外场增雨试验的持续开展，既是经验累积的过程，也是不断发现问题和解决问题的过程。以下针对北部作业区两次典型飞行实例，探讨实际作业方案设计中存在的问题。

4.1 垂直播撒飞行实例

以 2013 年 10 月 13 日一次飞机增雨作业为例。分析发现 08 时 700 hPa 中高纬地区出现两槽一脊,中纬度地区浅槽位于河套地区西部,天津受槽前部西南气流影响(图 3a);20 时 700 hPa 中高纬度出现单一大槽,天津仍受西南气流影响,但风速明显减小(图 3b)。结合地面形势,08 时受位于东北的西南气流和处于蒙古的低压共同影响,切变线位于内蒙古中部—河套西北部—青海东北部一带,有向东移动的趋势;14 时系统向东移动,切变线东移至内蒙古中部—山西北部一带,天津上空具有较好的动力抬升条件。分析 14 时北京探空资料,-10℃层高度在 5000 m 左右,K 指数 24、Si 指数 5.64、CAPE 值 0,判断为偏稳定性降水。天津大部地区具有产生降水的基本动力条件,有进行人工增雨的必要。

本次试验作业云系在宁河上空,15:55 开始点燃烟条,在三个不同高度(3900 m、4200 m、4500 m)实施增雨作业同时进行探测,17:05 结束催化,随后边下落边在 4200 m、3900 m 层平飞探测,17:44 结束最低层的平飞探测,飞行三维轨迹见图 4,红色实线表征增雨催化轨迹,X 点为开始催化作业的位置,Y 点为停止催化作业的位置。结合雷达回波(如图 5 所示,其中红色圆圈位置为作业区域),发现作业区域内强回波带出现催化前期削弱北抬、作业结束后增强南移的现象。

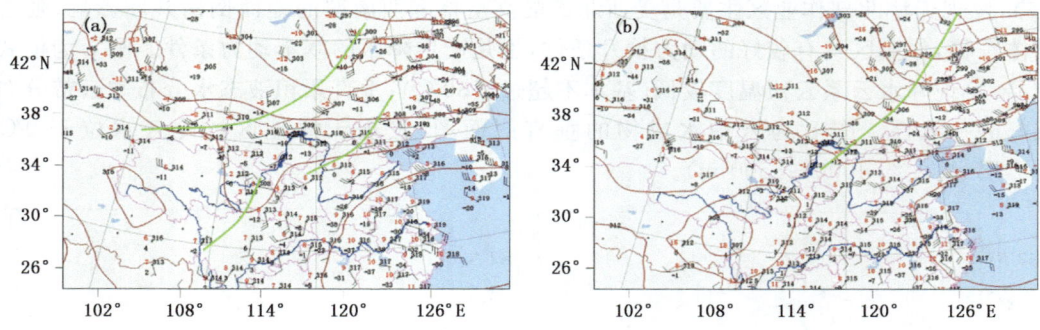

图 3　700 hPa 高空图(a.08 时;b.20 时)

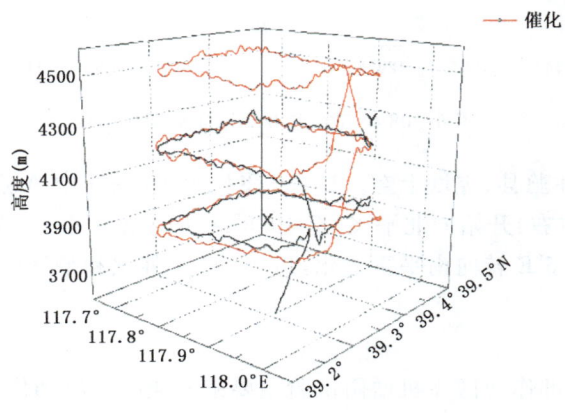

图 4　飞行轨迹三维示意图

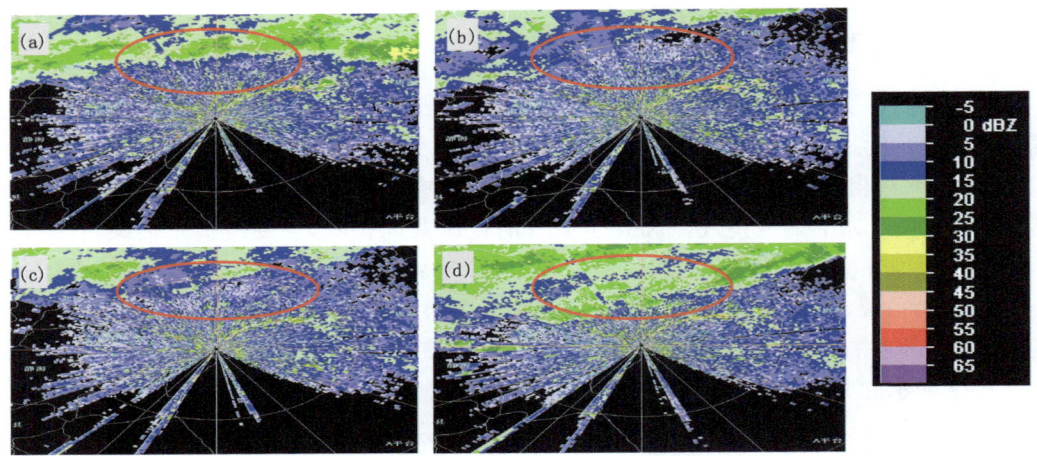

图 5　0.5 仰角高度上雷达 CAPPI 的演变(a.15:30;b.16:30;c.17:30;d.18:30)

4.2　水平播撒飞行实例

以 2014 年 5 月 10 日一次飞机增雨作业为例。分析 08 时 500 hPa、850 hPa 高度场(图 6),发现天津北部作业区主要是受西北部的高空槽和西南部的地面倒槽共同影响;随着系统整体东移,作业区具有较好的动力抬升条件,也是产生降水的基本动力条件。图 7 为模式预报产品,发现降水云系云顶温度较低(基本不超过－30 ℃);垂直累积液态水分布与云带分布具有较好的一致性。图 8 为云中水成物的垂直剖面图,发现天津地区过冷云水位于 0 ℃～－20 ℃层(高度约 4000～5500 m)。

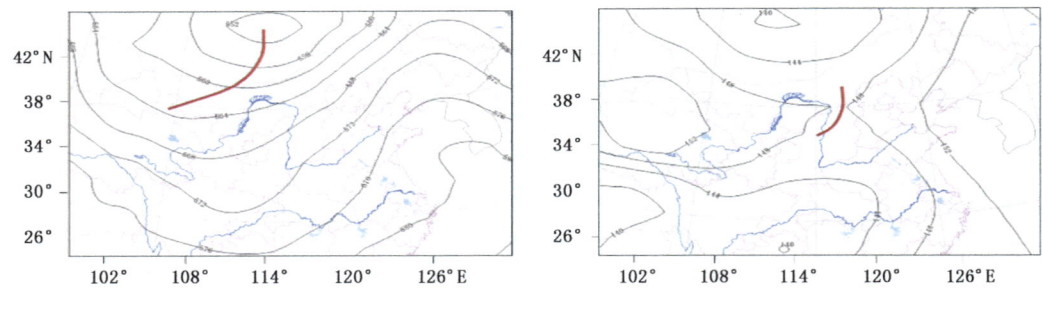

图 6　08 时 500 和 850 hPa 高度场

本次试验作业云系在蓟县、宝坻上空。10:30 飞机起飞(图 9 中 A 点),10:49 飞行高度达到过冷云水层(4900 m 左右)开始向北平飞,至 40.5°N 转向东平飞,11:12 点燃焰条(B 点),保持高度平飞催化,至 117.5°E 转向南平飞催化,11:54 停止催化和平飞(C 点)。

4.3　存在的问题

首先,现阶段天津北部作业区飞机增雨试验主要采取兼顾探测和作业飞行方式,但每架次航线设计仅局限在单一方向上进行(垂直或水平);其次,只通过模式预报产品和北京地区探空资料来确定催化高度,而缺少对作业云体宏观结构和云微物理参数的垂直探空,以至于不能根

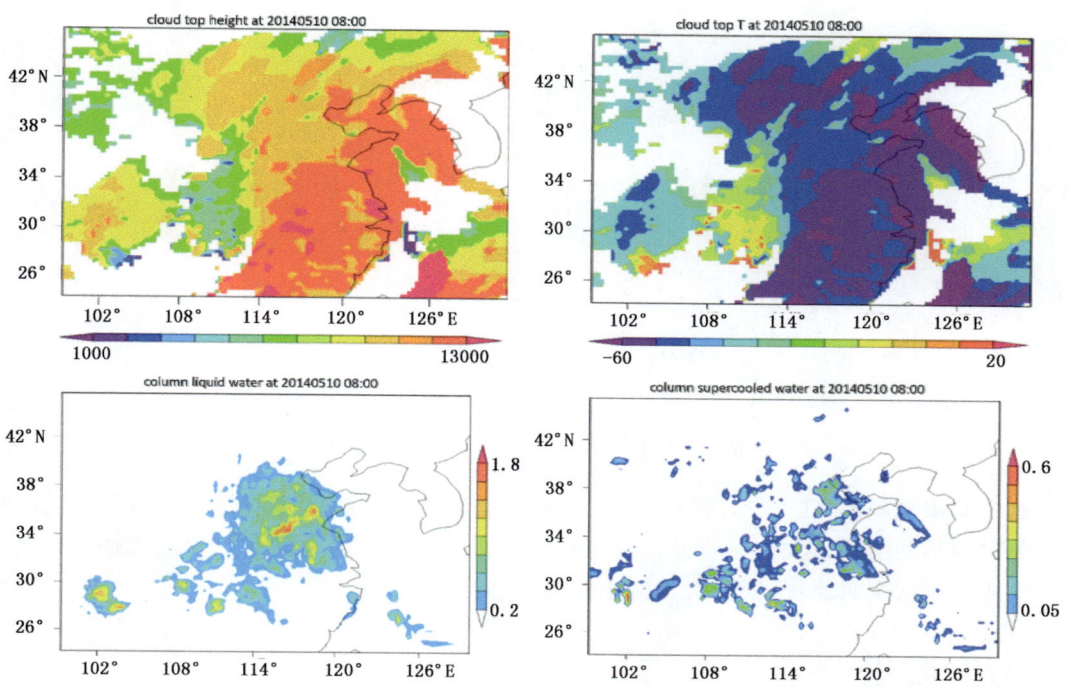

图 7　08 时模式预报云顶高度、云顶温度、垂直累积液态水、垂直累积过冷水情况

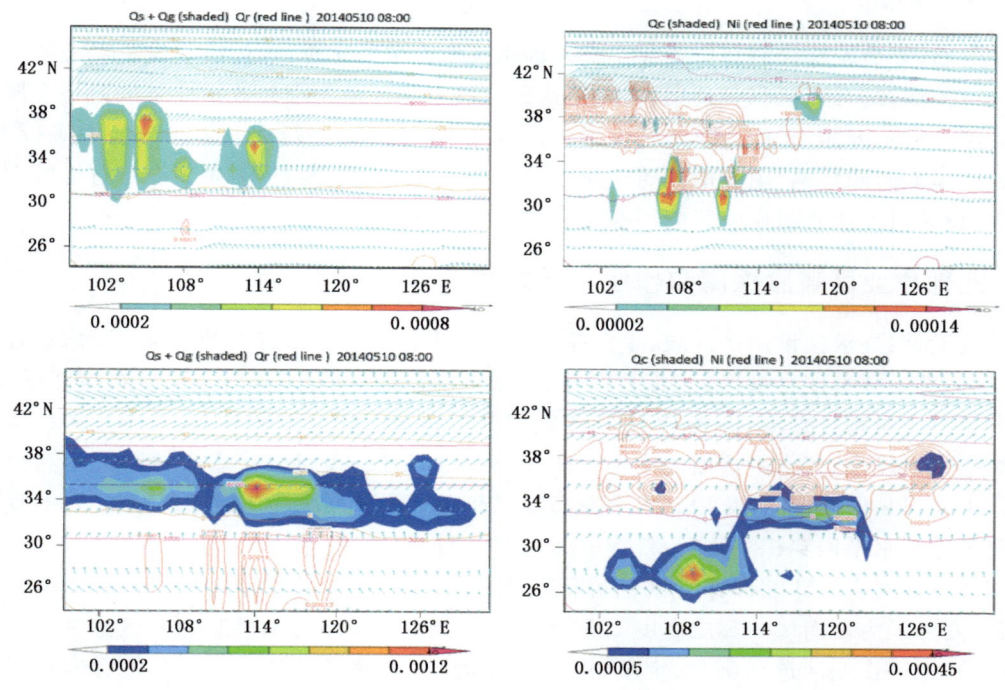

图 8　水成物 Qs+Qg、Qr、Qc、Ni 垂直剖面图
（上方是纬度剖面图，下方是经度剖面图）

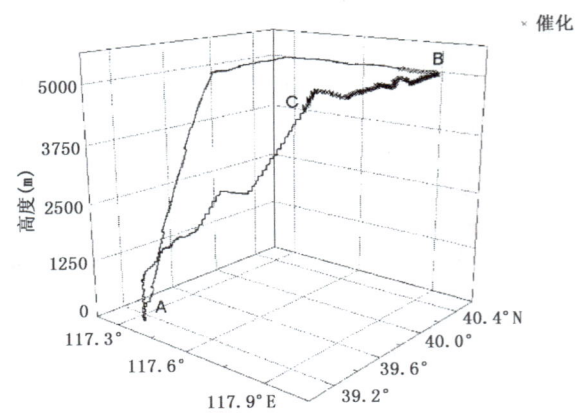

图 9　5 月 10 日飞机飞行轨迹三维示意图

据实时探测到的 0℃、−5℃ 和 −10℃ 层高度信息及时修改作业催化高度,可能造成催化位置失准的不利结果;再次,航线设计没有充分地利用已布设的雨滴谱仪等地面探测设备,只设定作业区而缺少对比区,很难对飞机作业效果进行分析。

5　方案改进

5.1　改进思路

一方面,要兼顾好探测和作业在一次外场飞机作业中的比重,通过机载设备对云的宏微观情况进行探测,结合飞机作业预案、实时雷达回波参数和云微物理参数指标来决定是否催化和催化高度。另一方面,要配合空地基仪器布设情况,设计可以进行作业效果分析的飞行方案,充分利用地面监测站网、雨滴谱仪等地面仪器设备。基于以上两点,需对现有飞行播撒方式进行改进,设计出天津北部作业区兼顾探测和作业飞行方案。

5.2　北部作业区兼顾探测和作业飞行方案

航线设计:要求预设两个区域,垂直探测区和水平作业区。垂直探测区位置要求设在高空风上风方,其下限高度尽量接近 0℃ 层高度,上限高度接近 −10℃ 层高度,飞机在该区域以 15°角度盘旋爬高做垂直探测,机载 PMS 在盘旋爬升过程中连续进行采样;水平作业区位置要求设在高空风下风方,其水平播撒高度要求在 −5～−10℃ 层,飞机结束垂直探测之后在该区域进行水平蛇形来回播撒;催化后要求根据高空风和实时情况再次确定播撒区域位置,并返回水平作业区进行水平回穿探测飞行,机载 PMS 在回穿过程中进行采样。

该飞行方案在天津北部作业区已进行初步应用,以 2015 年 11 月 13 日外场增雨作业为例,当天高空风为西南风,0℃ 层高度 2950 m,−5℃ 层高度 3850 m;垂直探测区选在宁河北部(上风方);水平作业区选在蓟县、宝坻、玉田部分地区,播撒高度 3900 m;催化后进行回穿探测,图 10 为其航线三维轨迹图。

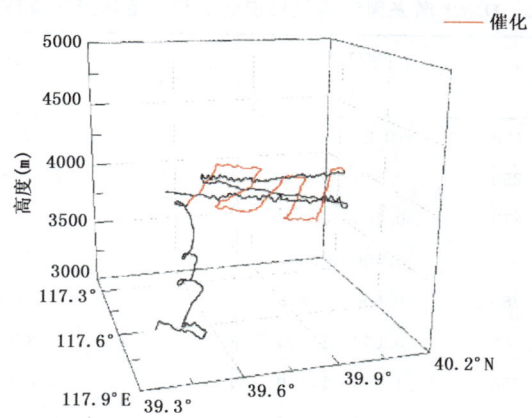

图10 2015年11月13日外场增雨作业三维轨迹图

6 可行性分析

北部作业区兼顾探测和作业飞行方案是在天津北部作业区原有的两种飞行播撒方式的基础上改进设计产生的,具有一定可行性。

6.1 方案系统性和科学性分析

方案由三部分组成,首先根据作业条件预报和临近预警制定作业预案,即根据地面、850 hPa、700 hPa、500 hPa 天气形势、卫星云图、模式预报产品,确定0℃、−5℃和−10℃层高度、云系范围移向移速等信息,设计航线预案;然后根据作业跟踪指挥(依靠雷达实时监测资料、加密探空资料)和垂直盘旋上升探测结果(通过机载温湿度探头和PMS检测获得)修订作业航线;最后收集作业信息(包括空地基仪器采集的所有数据资料)进行效果评估。

由于温度低于0℃后,云总液态含水量随着温度的降低而减少,而播云催化剂AgI成核率会随温度下降而迅速增加,综合考虑,故作业层高度选在−5～−10℃。

6.2 地面仪器布设和区域适用性分析

目前,天津地区共有自动气象站256个、两要素自动气象站147个、四要素自动气象站68个、六要素自动气象站41个,已形成覆盖面积较广、分布较为均匀的区域气象地面自动检测站网。广泛使用布设在塘沽地区的S波段的多普勒天气雷达资料,同时在蓟县、宝坻、静海、西青、宁河等地布设8部雨滴谱仪(DXC1激光降水传感器)。

本市使用的地面雨滴谱仪是DXC1激光降水传感器,激光二极管和光学器件产生的一个平行光束是采样空间,接收端带有透镜的光电二极管将测量的光信号转换为电信号。当一个降水粒子通过光束落下时接收的信号减弱。粒子的直径可通过信号衰减的幅度来计算。粒子的下落速度可由信号衰减量的持续时间确定。仪器测量的数据共有22个尺度测量通道和20个速度测量通道(表2)。

表 2　DXC1 激光雨滴谱仪尺度通道和速度通道测量范围

通道序号	尺度范围(mm)	速度范围(m/s)	通道序号	尺度范围(mm)	速度范围(m/s)
1	0.000~0.125	−0.200~0.000	12	2.500~3.000	3.000~3.400
2	0.125~0.250	0.000~0.200	13	3.000~3.500	3.400~4.200
3	0.250~0.375	0.200~0.400	14	3.500~4.000	4.200~5.000
4	0.375~0.500	0.400~0.600	15	4.000~4.500	5.000~5.800
5	0.500~0.750	0.600~0.800	16	4.500~5.000	5.800~6.600
6	0.750~1.000	0.800~1.000	17	5.000~5.500	6.600~7.400
7	1.000~1.250	1.000~1.400	18	5.500~6.000	7.400~8.200
8	1.250~1.500	1.400~1.800	19	6.000~6.500	8.200~9.000
9	1.500~1.750	1.800~2.200	20	6.500~7.000	9.000~10.000
10	1.750~2.000	2.200~2.600	21	7.000~7.500	
11	2.000~2.500	2.600~3.000	22	−∞~8.000	

北部作业区范围内共有 4 部地面雨滴谱仪,分别布设在蓟县气象局、宝坻气象局、宁河气象局和宝坻大钟庄炮站内。虽然本方案航线需要根据云系降水特征和高空风分布状况进行设计,但是由于北部作业区地面雨滴谱仪布设位置较密集且均匀(图 11),该方案只需根据高空风来向在方向上的进行整体调整,即可多次反复应用,所以其在天津北部作业区具有区域适用性。

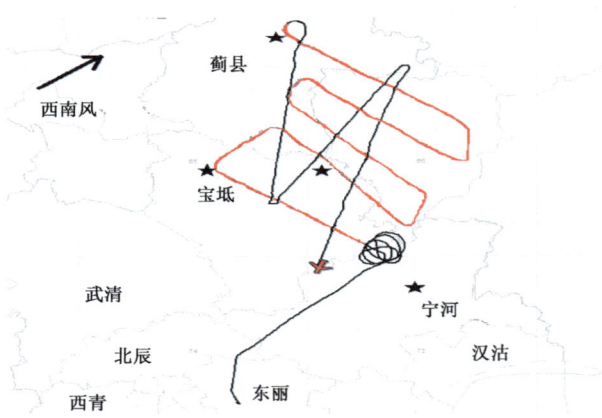

图 11　2015 年 11 月 13 日外场增雨作业航线
(黑色五角星代表雨滴谱仪,高空风向为西南风)

6.3　Z-R 关系和业务指导意义分析

雷达反射率因子(Z)与降水强度(R)之间关系的影响因素除了时间、空间以及地理位置以外,也应该包括人工对作业云的干涉。如果在北部作业区使用该飞行方案目的明确地进行多次试验,收集并分析飞机作业前和作业后雨滴谱资料,分析比较催化对同一区域层状云系 Z-R 关系的影响情况,也是一种对作业效果进行分析的方法。

即根据雨滴谱资料可以计算得到相应采样时间中的降水积分参数,雷达反射率因子 Z 和降水强度 R 的计算公式为公式(1)和(2)

$$Z = \frac{1}{At}\sum_{i=1}^{22}\left(\frac{|K_i|^2}{|K_w|^2} \times \frac{n_i D_i^6}{V(D_i)}\right) \qquad (1)$$

$$R = \frac{\pi}{6}\frac{1}{At}\sum_{i=1}^{22} n_i D_i^3 \qquad (2)$$

其中,n_i 为雨滴谱仪第 i 个通道的雨滴数目,D_i 为第 i 个通道所对应的雨滴直径,$V(D_i)$ 为直径为 D_i 的雨滴的降落末速度。A 为测量区域面积,t 为测量时间,$|K_i|^2$ 为一个粒子的介质因子(水:0.93 雪:0.208),$|K_w|^2$ 为水的介质因子(0.93)。使用 Atlas 和 Ulbrich[15]的研究结果公式(3)

$$V(D_i) = 3.778 D_i^{0.67} \qquad (3)$$

使用最小二乘法拟合 lnR 和 lnZ 的函数关系,获得 Z-R 关系

$$Z = aR^b \qquad (4)$$

a 和 b 分别为系数和指数。

明确区分飞机增雨作业的物理效果与自然降水结果,是本方案设计的重点和难点,通过分析 Z-R 关系反馈作业效果的方法具有一定科学依据,但是考虑到 Z-R 关系还有可能受其他影响因素的干扰,这种方法仅统计分析天津北部作业区多次降水过程催化前后 Z-R 关系所具有的特征,对本地区相关业务有一定指示意义。

7 总结

(1)根据天津降水空间分布南北差异较大、雨量北多南少的特征,划分北部作业区和南部作业区;外场飞机作业播云对象主要是大范围层状云系,最常使用的两种飞行方式是垂直播撒和水平播撒,统计归纳天津地区 2013 年和 2014 年两年中 44 次飞机外场试验,发现:水平播撒在北部作业区应用频次最高,垂直播撒在两个作业区的应用频率都很低,但也呈现出北部作业多于南部的现象。

(2)通过北部作业区 2 次典型飞行实例(2013 年 10 月 13 日和 2014 年 5 月 10 日),探讨实际作业方案设计中的问题。发现:北部作业区主要采取兼顾探测和作业飞行方式,但飞行播撒方式在方向上有局限性;缺少对作业云体宏观结构和云微物理参数的垂直探空,不能在外场试验过程中实时修改催化高度,造成催化位置失准的不利结果;航线设计没有充分地利用已布设的雨滴谱仪等地面探测设备,很难对飞机作业效果进行分析。

(3)针对问题,设计出天津北部作业区兼顾探测和作业飞行方案,并初步推广应用。以 2015 年 11 月 13 日外场增雨试验为例,分析方案可行性。发现:改进后设计的航线由垂直盘旋上升探测区、水平蛇形播撒作业区、水平回穿探测区构成;北部作业区地面配备 4 部雨滴谱仪,布设位置较密集且均匀,所以该方案只需根据高空风来向在方向上的进行整体调整,即可多次反复应用,在北部作业区具有区域适用性;人工播云作业是层状云系 Z-R 关系的影响因素之一,通过收集并分析北部作业区飞机作业前、后雨滴谱资料,分析比较催化对同一区域层状云系 Z-R 关系的影响情况,反馈作业效果,对本地区相关业务有指示意义。

参考文献

[1] Knollenberg R G, Kelly K, Wilson J C. Measurements of high number densities of ice crystals in the tops of tropical cumulonimbus[J]. J Geophys Res, 1993, **98**: 8639-8664.

[2] Brown P R A, Francis P N. Improved Measurements of the Ice Water Content in Cirrus Using a Total-Water Probe[J]. J Atmos Oceanic Technol, 1995, **12**: 410-414.

[3] Twohy C H, Schanot A J, Cooper W A. Measurement of Condensed Water Content in Liquid and Ice Clouds Using an Airborne Counterflow Virtual Impactor[J]. Atmos Oceanic Technol, 1997, **14**: 197-202.

[4] 张佃国, 郭学良, 肖稳安. 北京及周边地区2003年夏秋季气溶胶和云滴分布特征[J]. 南京气象学院学报, 2007, **30**(3): 402-410.

[5] 秦彦硕, 刘玺, 范根昌, 等. 华北地区春季一次层状云的微物理特征及可播性分析[J]. 干旱气象, 2015, **33**(3): 481-489.

[6] 余兴, 王晓玲, 戴进. 过冷层状云中飞机播云有效区域的模拟研究[J]. 气象学报, 2002, **60**(2): 205-214.

[7] 张良, 王式功, 尚可政, 等. 中国人工增雨研究进展[J]. 干旱气象, 2006, **24**(4): 73-81.

[8] Rosenfeld D. TRMM observed first direct evidence of smoke from forest fires inhibiting rainfall[J]. Geophys Res Lett, 1999, **26**: 3105-3108.

[9] Rosenfeld D. Suppression of rain and snow by urban and industrial air pollution[J]. Science, 2000, **287**: 1793-1796.

[10] 濮江平. 层积云物理结构观测及其反演技术研究[D]. 南京: 南京信息工程大学, 2010, 40-44.

[11] 刘健, 于勇, 蒋彤. 吉林省层状云中过冷水含量(SLWC)分布及最佳飞行方案设计[J]. 吉林气象, 2004, (3): 9-11.

[12] 蔡兆鑫, 周毓荃, 蔡淼. 张家口地区一次人工增雨的综合观测分析[C]. 第28届中国气象学会年会, 2011.

[13] 游积平, 高建秋, 黄梦宇, 等. 珠江三角洲地区大气气溶胶特征的飞机观测分析[J]. 热带气象学报, 2015, **31**(1): 71-77.

[14] 靳瑞军, 王婉, 宋薇, 等. 天津市降水特征及人影作业影响分析[J]. 气象, 2011, **37**(1): 92-98.

[15] Atlas D, Ulbrich C W. Path and area integrated rainfall measurement by microwave attenuation in the 1~3 cm band[J]. J Appl Meteor, 1977, **16**(12): 1322-1331.

层状云微物理特征非均匀性的飞机观测[*]

杨俊梅 李义宇 申东东 封秋娟

山西省人工降雨防雹办公室,太原 030032

摘 要 本文利用 2009 年 6 月 18 日 DMT 机载云物理探测系统对山西层状云的探测资料,分析层状云水平和垂直方向的微物理结构特征。分析发现云中含水量与云滴平均直径的起伏变化比较一致,与云滴数浓度相关性差;云垂直方向的云滴数浓度、含水量和平均直径在不同高度均有明显的不同,云滴谱在垂直方向也有很大差异;层状云含水量、云滴数浓度、云滴直径在平飞阶段均有变化,云滴谱峰值在不同时间不同,山西省层状云降水系统水平和垂直均存在不均匀性。

关键词:层状云,微物理结构,不均匀性

1 引言

云物理学的研究途径包括:对自然界的云和降水的形成、演变进行外场观测研究,对云物理过程的某些环节进行室内模拟试验,以及利用数学方法进行云物理过程的数值模拟研究等。其中,外场观测研究是认识云物理过程的最重要途径[1]。

层状云微物理结构的探测研究不仅是云和降水物理研究的重要内容,而且对科学实施人工影响天气作业也很重要,通过对不同类型云系的云微物理探测,了解云系微物理结构及产生降水的机制,有利于有针对性地开展人工增雨作业。不同地区的云和降水微物理特征因其气象和地形条件的差异有所不同[2-6]。本文通过 DMT 探测资料分析 2009 年 6 月 18 日降水过程中层状云的宏微观结构,研究层状云的不均匀性。

2 仪器设备和探测情况

探测中使用的飞机是运-12 型飞机,探测仪器有 GPS 定位系统和美国 DMT 机载云物理探测系统。本次观测中使用的是云粒子探头 CDP(Cloud Droplet Probe),量程为 $3\sim50~\mu m$,分为 30 个通道。观测仪器能连续记录探测结果,结合 GPS 卫星定位系统资料,可以准确判断机载仪器探测的云微物理量时空位置。

为了解垂直和水平方向层状云的微物理结构,准确地获取锋前降水云系的物理参数,以及不同高度云层间相结合的特点,并为研究工作提供可靠的资料,我们设计了云底到 3700 m 的

---

[*] 资助项目:中国气象局云雾物理环境重点开放实验室开放科研课题(2009002);中国气象局云雾物理重点开放实验室重点开放科研项目(2009Z0033);公益性行业(气象)科研专项(GYHY201206025);中国气象局业务项目云水资源评估(1220200108)。

垂直飞行,以及在云中 3700 m 高度做水平探测。

飞行时段为 2009 年 06 月 18 日 13:30—14:48,探测的航线如图 1 所示,为太原—孝义—灵石—文水—太原。起点为太原武宿机场,本场海拔高度为 758 m。飞机于 13:35 入云,记录的云底高度为 1900 m,13:52 飞到此次飞行的最高高度,高度为 3700 m,14:02 到达孝义,然后向正南飞行,14:09 到达灵石后转弯飞往文水,14:22 到文水,此前飞机一直飞行平稳,到达文水后感到轻微的颠簸,在 1875 m 高度处感到飞机颠簸严重,之后飞机出云,14:48 降落;图 2 为本次飞行高度的轨迹图。

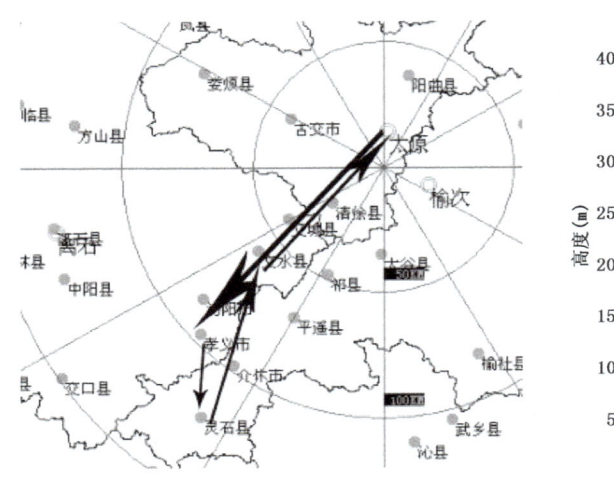

图 1　2009 年 6 月 18 日飞行航线

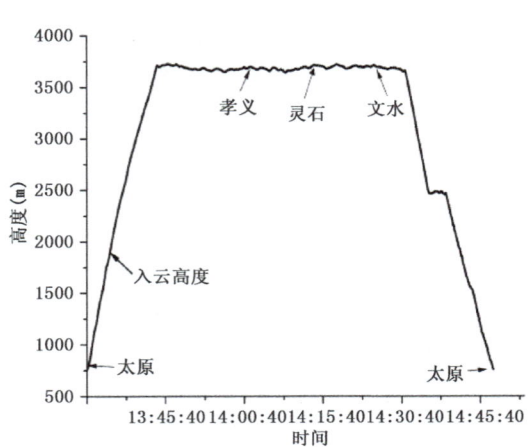

图 2　2009 年 6 月 18 日飞行高度轨迹

3　天气形势

2009 年 06 月 18 日 08 时,在 500 hPa 天气图上,贝加尔湖西北部经蒙古西部至新疆地区有一大槽,温度槽与气压槽叠加。蒙古至河西走廊有一弱的副槽。山西省处于此弱的副槽之前。700 hPa 图上,环流形势为两脊一槽型,中心位于贝加尔湖西北部的东亚大槽经蒙古中部、河西走廊至四川省中部,山西省处于槽前较强西南气流之中,湿度较大。850 hPa 图上与 700 hPa 图类似,东亚大槽中心位于贝加尔湖东部其槽线经蒙古东部地区至河西走廊,一暖中心叠加于大槽之上,山西省处于较强的东南气流之中。08 时地面图上(图略),气旋中心位于蒙古东部,向西南经河西走廊至四川省中部有一冷锋,山西省处于冷锋锋前。14 时地面图上(图 3),气旋中心略向西移,锋线略向东移经河套顶部、宁夏伸至甘肃南部,飞行时段山西仍处于冷锋锋前。山西西部、北部和南部局部出现降水。结合 14:30 的卫星云图(图 4)可以看出,探测区域云体密实,云系属于稳定的层状云。

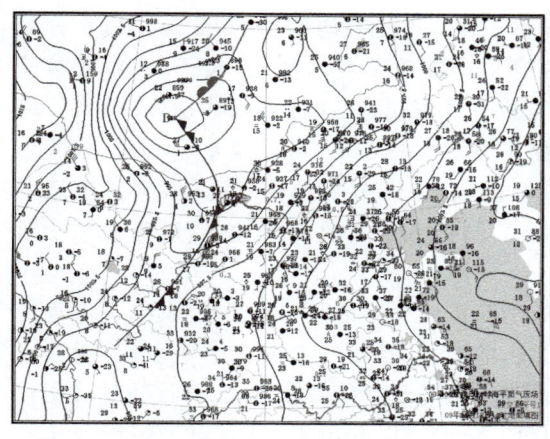
图3 2009年06月18日14时地面天气形势图

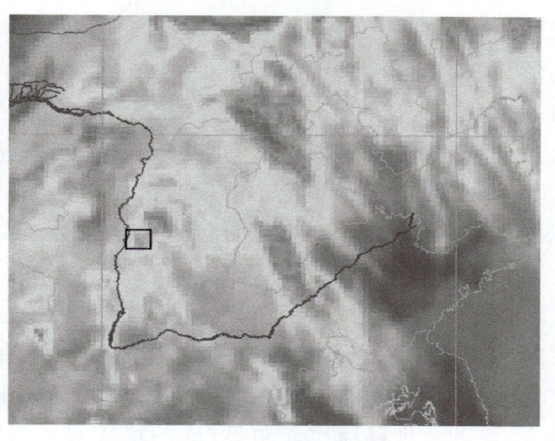
图4 2009年06月18日14:30 FY-2C 红外云图
（图中矩形区域为飞行探测区域）

4 层状云降水系统微物理结构的观测研究

4.1 垂直方向结构分析

图5为2009年6月18日飞机上升过程中云粒子垂直分布图。可以看出，云底高度大约为1850 m，与飞行记录中的观察结果相符；云底较低，云层比较厚，1850～2900 m为云系的第一层，该层云滴数浓度的平均值为150个/cm^3，最大值为280个/cm^3，1850～2200 m数浓度的变化幅度不大，2200 m处出现数浓度的最大值，之后迅速减小，2500～2900 m数浓度随高度升高递增。该层云中液态含水量的平均值为0.13 g/m^3，直径平均值为9.77 μm。3100～

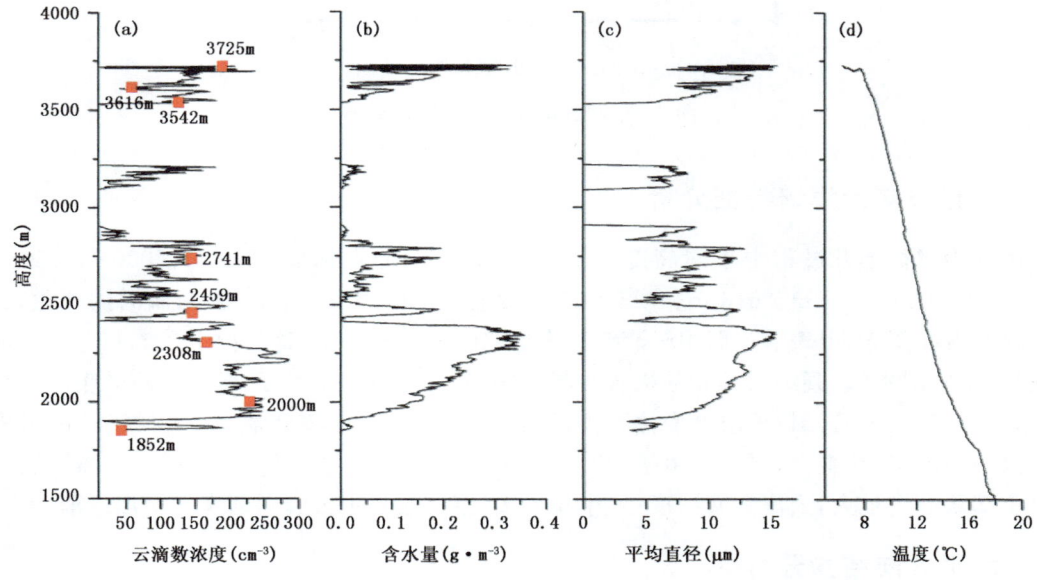

图5 2009年6月18日飞机爬升阶段云微物理量随高度的变化

3220 m 为云系第二层,该层云滴数浓度均值为 79 个/cm³,直径平均值为 6.88 μm,液水含量均值为 0.02 g/m³,该层云系较薄,含水量较小,在这层内随着高度增加,云粒子增多,大粒子也逐渐增加。3530 m 以上为云系的第三层,由于飞机性能限制,无法探测云体顶部的特征,该层观测到的云滴数浓度平均为 150 个/cm³,直径平均值为 11.69 μm,液水含量平均值为 0.16 g/m³。可见该层云系中云粒子较多,含水量丰富,存在许多大粒子。此外,从图中还可以看出,含水量与平均直径的起伏变化比较一致,与云滴数浓度变化相关性差,说明大粒子对含水量的贡献较大。

由于云中含水量与垂直气流的强度有关,上升气流区基本与高含水量区相配合,下沉气流区含水量有所减小。图 5b 中含水量从云底开始迅速增加,并且云中含有多个丰水区,说明云中上升气流很强,低层对高层的水汽输送较大,造成云层厚,云中含水量大;含水量的起伏变化很大,说明云中乱流比较明显,这一点从云滴谱图(图 6)也可以看出来(云滴谱呈多锋分布),3100~3220 m 粒子平均直径较大,但含水量较小,是因为这一层与较干空气混合,由于水滴的蒸发,使含水量减小。

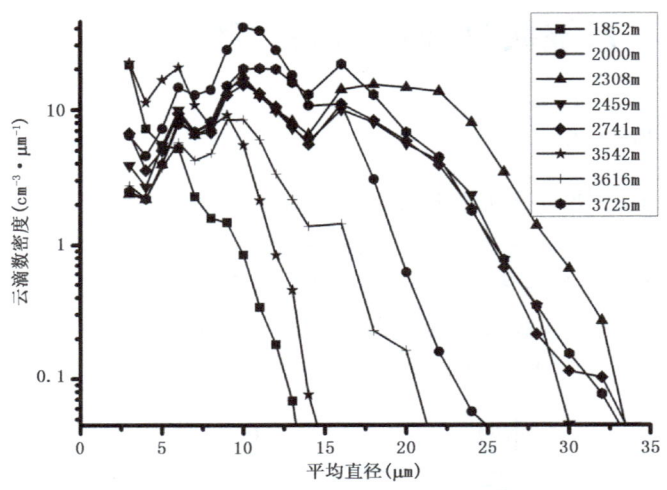

图 6　层状云不同高度雨滴谱分布

4.2　垂直方向云滴谱特征分析

图 6 为飞机上升过程中不同高度的云滴谱图,我们分别选取 1852 m、2000 m、2308 m、2459 m、2741 m、3542 m、3616 m、3725 m 各高度上每 5 秒的平均值,对比云滴谱的变化,云滴谱所在高度在图 5a 中表示。图中云滴谱型多呈双峰型和多峰型,这是由于乱流和上升气流比较强,粒子吸附水汽、凝结增长和随机碰并等共同作用,形成许多大云滴。在云层底部数浓度较大,谱较窄,入云后云粒子浓度变化不大,但云滴谱明显变宽,谱宽最大处是 2308 m,云中大粒子数明显增多;在整个云层中,由于中间夹有干层数浓度变化没有明显规律,在第一层云中云层中部云滴谱最大,云底云滴浓度小,小粒子多,第三层云中云滴谱随高度增加逐渐变宽。

4.3　水平方向结构分析

图 7 给出了 13:45:00—13:53:59 这段时间飞机平飞时所取得的云物理量的时间序列图,

飞机位于3700 m左右的层状云中。飞机平飞阶段雨滴数浓度的平均值为137个/cm³，标准差为49个/cm³，云滴直径的平均值为12.24 μm，标准差为1.40 μm，液态含水量的平均值为0.17 g/m³，标准差为0.08 g/m³，可见层状云内水平分布呈现不均匀性，存在湍流的特征。

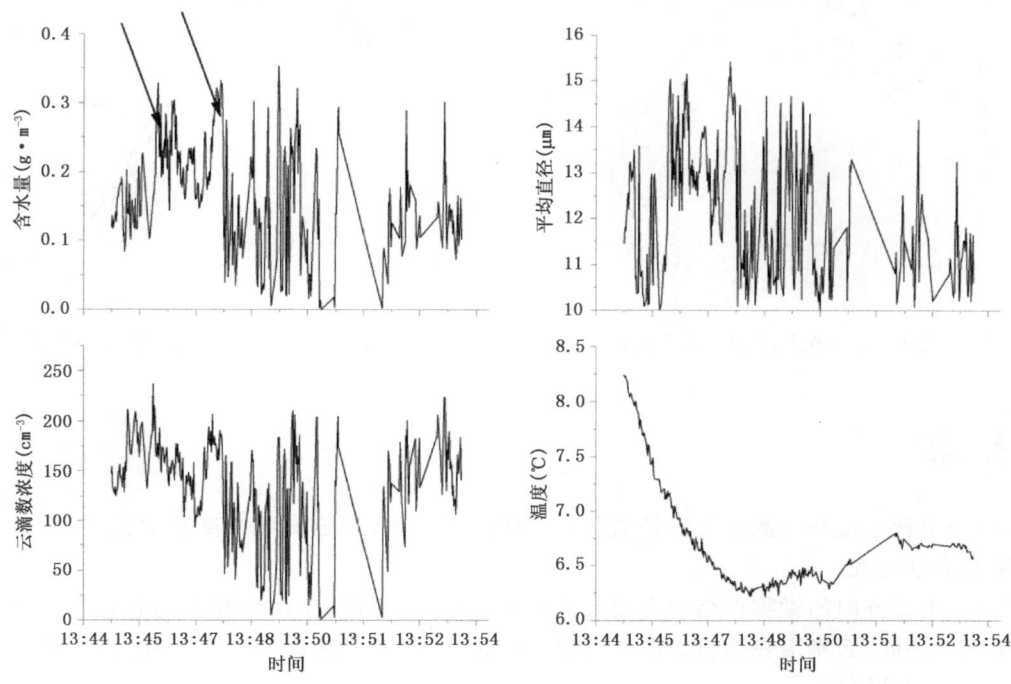

图7 飞机平飞阶段云微物理量的时间序列

LWC（液态水含量）的第一个跃增时间出现在13:45:49—13:46:11，由0.02 g/m³连续增大到0.33 g/m³，之后缓慢下降；与此相对应，13:45:51—13:46:04，云滴浓度N由52个/cm³跃增到237个/cm³，云滴平均直径D在LWC跃增的13:45:49—13:46:11时段内，由6.69 μm跃增到15.04 μm；温度T在这段时间内单调递减，从8℃降低到7.11℃。此时飞机位于山西省文水站和汾阳站之间。

LWC的第二个跃增时间出现在13:47:14—13:47:48，由0.15 g/m³增大到0.33 g/m³，增幅比第一次跃增小；与此对应，13:47:09—13:47:36，云滴浓度N从93个/cm³跃增到207个/cm³；云滴平均直径D在LWC跃增的13:47:29—13:47:43由11.54 μm跃增到15.43 μm；温度T在这段时间内从6.45℃降低到6.35℃。

两个跃增时段内含水量的增加伴随着平均直径和云滴数浓度的增加，可见云粒子数增加和云滴增大共同作用引起含水量的增加。

4.4 水平方向云滴谱分析

图8为LWC第一次跃增前后的云滴谱变化图。由图可看出，跃增前后云滴谱均呈双峰型，且谱型很相似，峰值位于8~13 μm。可以看出，两次跃增结束以后，峰值都有降低，并且跃增结束后云滴谱明显变宽。图9为LWC出现第二次跃增前后的云滴谱，谱型仍为双峰型，第二次跃增峰值在跃增时刻略有增大，并且随着跃增开始，云滴谱变窄。可见两次跃增存在一定

的差异,但主要都是有粒子浓度增加引起的。

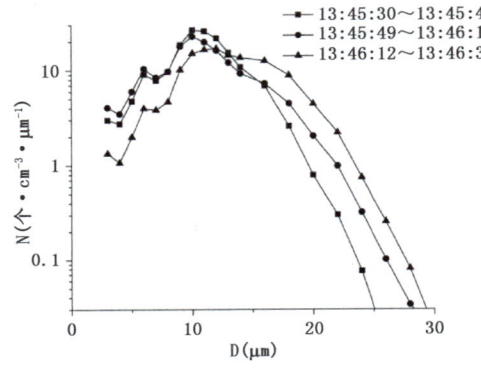 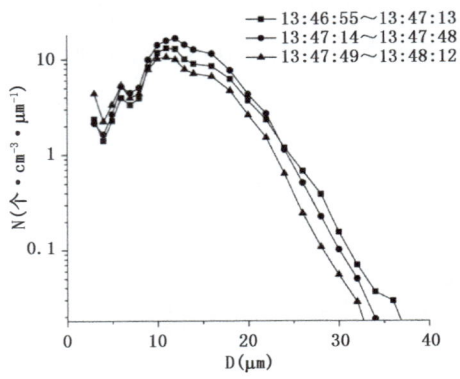

图 8　LWC 第一次跃增前后云滴谱对比　　　　图 9　LWC 第二次跃增前后云滴谱对比

5　结论

(1)云中含水量与云滴平均直径的起伏变化比较一致,与云滴数浓度相关性差,大粒子对含水量的贡献较大。

(2)云垂直方向的微物理结构有很大的差异,云滴数浓度、含水量和平均直径在不同高度均有明显的不同,云滴谱在垂直方向也有很大差异,但谱型多为双峰型或多峰型,层状云在垂直方向不均匀性明显。

(3)层状云在平飞阶段微物理结构变化明显,含水量、云滴数浓度、云滴直径均有变化,并且三者之间都有一定的相关性。云滴谱在此次平飞过程中均为双峰型,但峰值在不同时间不同,可见层状云在水平方向有明显的不均匀性。

参考文献

[1] 游来光. 利用粒子测量系统研究云物理过程和人工增雨条件. // 游景炎,段英,游来光主编. 云降水物理和人工增雨技术研究[M]. 北京:气象出版社,1994,236-249.

[2] 杨文霞,牛生杰,魏俊国,等. 河北省层状云降水系统微物理结构的飞机观测研究[J]. 高原气象,2005,**2**:84-90.

[3] 廖菲,洪延超,郑国光. 河南省一次冷锋降水过程的水汽分布特征及其增雨潜力[J]. 气候与环境研究,2007,**12**(4):553-565.

[4] 牛生杰,马铁汉,管月娥,等. 宁夏夏季降水性层状云微结构的观测分析[J]. 高原气象,1992,**11**(3):241-247.

[5] 苏正军,黄世鸿,刘卫国. 一次华北冷涡降水的云物理飞机探测特征[J]. 气象,2000,**26**(6):16-20.

[6] 李宏宇,马建立,马永林,等. 北京 2008 年奥运会开幕日云、降水特征及人工影响天气作业分析[J]. 气候与环境研究,2011,**16**(2):175-187.

TK-2气象探测火箭在辽宁人工增雨中的应用分析

翟晴飞[1]　敖　雪[2]　刘旸[1]　房　彬[1]　孙宝利[3]

1. 辽宁省人工影响天气办公室,沈阳 110016;
2. 辽宁省沈阳区域气候中心,沈阳 110016; 3. 辽宁省阜新市气象局,阜新 123099

摘　要　本文将 TK-2 气象探测火箭探测到的数据与常规探空气球的探测数据进行对比,在确定了数据的可信性之后,利用它对辽宁一次西风槽型降水天气过程进行了跟踪观测,分析该次降水天气过程的人工增雨技术。结果表明:探空火箭获取的大气的温度、湿度、压强、风速、风向等数据配合雷达资料做出探空资料的时间剖面图,在帮助指挥人员确定人工增雨的作业时间、作业部位、作业高度上是十分有意义的。

关键词:气象探测火箭,探空数据,人工增雨,西风槽

1　引言

　　探空火箭是实地探测临近空间的工具,是立体剖面探测中高层大气的有效手段和新型有效载荷及其新材料、新技术的试验平台,具有其他飞行器不可替代的优点和作用,目前已广泛应用于中高层大气研究、空间天气预报、临近空间环境研究、微重力条件下的材料加工、高空生物学研究、地球资源勘探等诸多领域[1]。近年来,各国十分重视探空火箭的发展,已有 20 多个国家研制出不同高度和种类的探空火箭并开展了应用[2]。

　　气象探测火箭是中国最早开展研究和利用的探空火箭,具有较高的空间和时间分辨率,但探测时间维持较短。根据这一特点,单枚气象火箭数据常常被用来研究短周期大气波动和小尺度大气结构,如湍流、风切变、重力波等;多枚火箭的数据可研究这些结构和波动随时间和空间的变化[3]。史东波等研发了一种装有 GPS 的气象火箭探空仪,与其他类型的气象火箭相比,测量温度、气压、风场等气象要素准确度更高,系统有较高的可靠性,地面接收设备容易携带,发射前的准备工作简单,并已在子午工程发射试验中实现成功测试[4]。子午工程的气象火箭探空仪以无控的气象火箭作为运载工具,直接探测 20～60 km 高度范围内的大气温度、气压、风向、风速、密度等气象要素的垂直剖面分布,是一种能够直接准确在这一高度范围内探测大气热力学变量和风场的设备,具有其他探测手段难以达到的空间分辨率。气象火箭探空仪所获取的资料可用于天气预报、地球和天体物理研究,并为飞行器的研制提供必要的环境参数。范志强等将首次临近空间气象火箭探测资料和利用经验预报模式资料以及卫星遥感资料进行对比,相比于经验预报模式,气象火箭探测资料与卫星资料的偏差明显减小,气象火箭探测资料的精度较高,具有较强的可信度,可对其他方式的探测结果进行标定[5]。可见,气象探测火箭相比于其他探测手段还是具有一定优势的。

TK-2 GPS气象探测火箭系统是陕西中天火箭技术有限责任公司研发的一套中、低空气象探测作业工具。该系统能够全天候实时采集1～5 km左右高度范围内的大气物理参数,包括:温度、湿度、压强、风速、风向和测点三维坐标,并能实时显示测量参数的变化曲线和探空仪空中运行轨迹。作为一种气象探测工具,可实时、快速、准确地提供目标空域的气象参数,为人影作业提供决策保障服务,同时也可以用于气象科学研究。本文利用该火箭系统对辽宁人工增雨作业的时机部位开展研究。

2 TK-2气象探测火箭系统组成与工作原理

该气象探测火箭系统由探空火箭、地面发射系统、地面接收设备三大部分组成。探空火箭由WR-98Z火箭上搭载探空仪构成(图1);地面发射系统由车载地面两管火箭发射架和WR-FKQ便携式发控器构成(图2和图3),与陕西中天火箭技术有限责任公司生产的日常人工增雨作业使用的发射系统相同;地面接收设备由便携式接收机,接收天线和负责数据采集处理的笔记本电脑构成(图4)。

图1　TK-2 GPS气象探测火箭

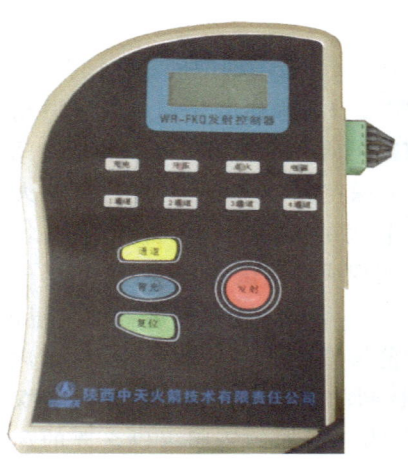

图2　TK-2火箭发射架　　　　图3　WR-FKQ便携式发控器

图 4 TK-2 GPS气象探测火箭地面接收设备

系统的工作原理如图 5 所示,探空火箭发射到达一定高度后,探空仪与箭体分离,携带降落伞的 GPS 探空仪以 6 m/s 左右的速度下降,GPS 模块提供探空仪的三维坐标,同时气压、温度、湿度传感器探测大气基本物理参数,这些信息经过微型处理器处理、调制,变成载有相关信息的无线电波,发送到地面接收设备。接收机收到无线电信号,通过解调并由计算机处理后,得到大气温度、湿度、压强及测点三维坐标等基本数据。通过对测点三维坐标信息进行差分处理,可以得到风速风向参数,也可以直接接受 GPS 模块给出的速度数据得到风速风向参数,这样就可以得到大气的温度、湿度、压强、风速、风向及测点坐标参数。计算机把这些参数自动存盘保存,供分析处理使用[6]。

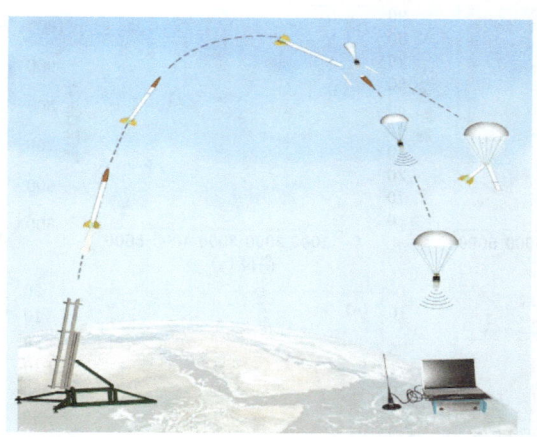

图 5 TK-2 GPS探空火箭工作原理示意图

3 探空火箭观测数据可信度的对比观测

3.1 试验方法

为了证明探空火箭数据真实可信,采用探空火箭与常规探空气球做对比观测。为尽可能取得相同的天气背景,便于实验数据的分析,取气象探空观测时间发射探空火箭弹。气象探空站选取辽宁省沈阳市东陵区气象观测站,以 L 波段追踪高度、位置信息,获取地面到高空 6 km 的探空资料;探空火箭弹在东陵观测站院内,采用移动火箭车发射的方式,获取地面到 6 km 的探空观测资料。东陵区气象站(123°31′E,41°44′N),位于沈阳市东南部,海拔高度 49 m。探空火箭发射地距探空气球升空处 30 m 左右。实验当日共发射两枚探空火箭弹,发射时间为 2012 年 5 月 31 日 06:59 和 07:00,气象气球释放时间为当日 07:15。

3.2 实验当天天气条件

2012 年 5 月 31 日,500 hPa 欧亚大陆中高纬度呈两脊两槽型,贝湖低涡稳定维持,影响辽宁省的冷涡底部的高空槽东移北抬,本省受偏西气流控制,东部地区有阵雨,其他地区多云转晴。观测当天早晨东陵区观测站晴,地面温度 15.1℃,西南风,风速 2 m/s,气压 1000 hPa。

3.3 资料分析

探空火箭发射的高度达到 5500 m,5000 m 以下数据比较稳定。所以取 5000 m 以下的气球探空数据和火箭探空数据做比较。从两种仪器所测的温度比较来看(图 6),5000 m 以下两种探测方式形成的探空曲线有较好的一致性,探空气球所测温度在 4500 m 以下稍高于探空火箭的数据。从地面到 5000 m 高空,温度平均差值:53 号探空火箭为 0.65℃,20 号探空火箭为 0.24℃。

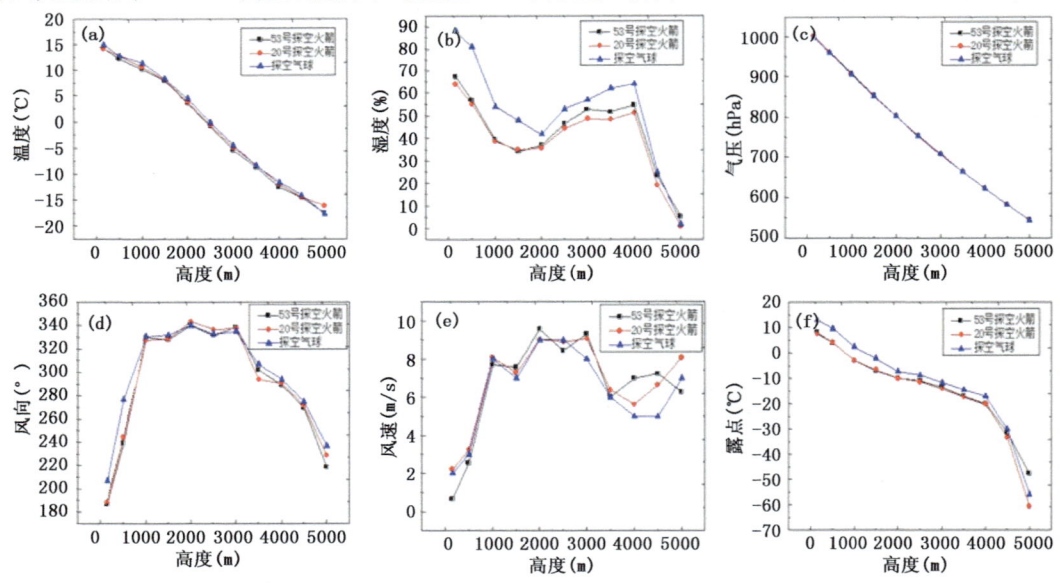

图 6 两种探空方式获取的不同气象要素的比较
(a. 温度;b. 湿度;c. 气压;d. 风向;e. 风速;f. 露点)

从图6中各曲线可以看出，5000 m高度往下，两种探测手段探测到的各气象要素的数值虽然不尽相同，但是曲线的趋势一致性很好，证明探空火箭的数据是可信的。我们根据探空气球的数据对探空火箭的数据稍作订正，在业务中使用是可行的。

4 利用探空火箭资料对辽宁一次降水天气过程人工增雨作业条件的研究

本节以辽宁一次西风槽型降水天气过程为例，利用TK-2 GPS气象探测火箭资料分析人工增雨作业条件。

4.1 资料收集

4.1.1 火箭探空

2013年10月27日通过分析各家预报产品，天气形势如图7，500 hPa欧亚大陆中高纬度呈两槽两脊型，蒙古地区及贝湖以东地区分别有一支低槽活动，本省位于低槽前部的弱的高压脊的控制下。未来24小时南支低槽后部不断有冷空气补充，略称横槽发展，其前部移动到华北地区中东部，北支低槽快速东移影响黑龙江北部地区。未来48小时南支系统进一步东移，本省逐渐转为受槽前西南气流影响，配合850 hPa切变线及低空水汽输送，本省将出现一个明显降水过程，决定实施探空作业。在距离自动站较近，并且在能保证火箭作业安全的地点发射探空火箭。本实验作业点位于沈阳市法库县三面船镇新三面船村，雨量数据取三面船镇自动站降水量，配合探空资料。

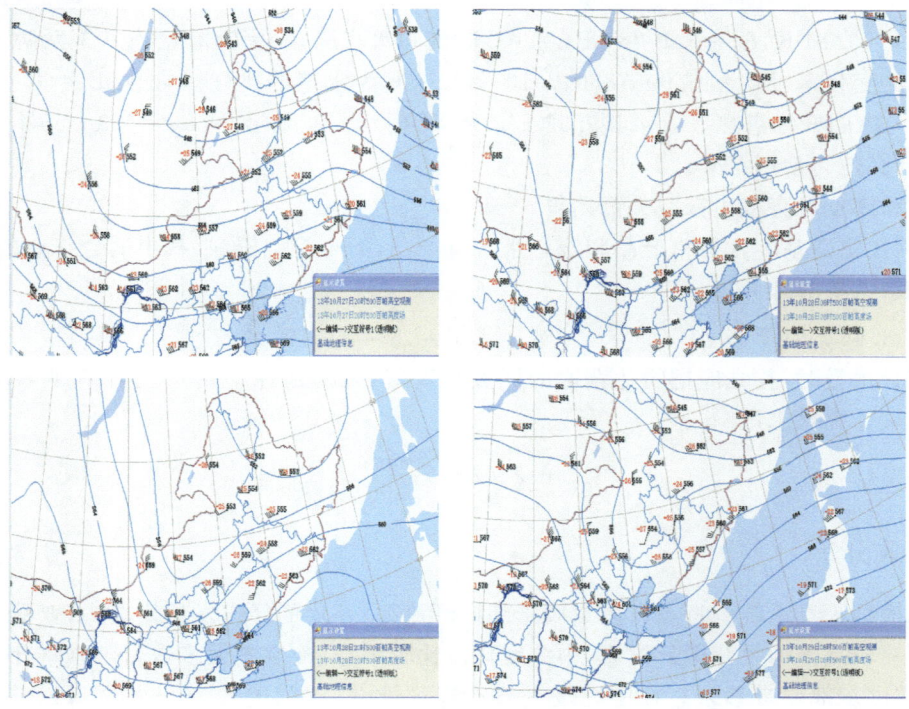

图7　27日20时—29日08时天气形势

28日08时开始准备作业工具,赶往作业点。28日16时降水过程到达本地前开始进行火箭探空,每小时发射一枚火箭,直到29日05时停止发射,完整记录槽前、槽后气象要素的变化情况。收集整理资料,获取大气空间各层温、压、湿、风数据,取得三面船镇自动站降水量资料后返回。

4.1.2 雷达

本研究选取沈阳雷达资料配合探空火箭数据进行对人工增雨作业条件进行分析。沈阳雷达是CINRAD/SC型多普勒天气雷达,位于沈阳市棋盘山顶(123°38′49″E,38°55′29″N),海拔299 m,距观测点大约40公里。利用雷达基本反射率产品,配合火箭探空作业的时间,每发射一枚火箭前后各对观测点做一次剖面,收集数据,直到过程结束。

4.2 数据处理

(1)做出探空资料的时间剖面图,通过时间剖面来获得空间剖面。分析云中各高度$e-E_i$、温度、风场的变化,以及雷达回波反演液态水含量的情况。找出云中$e-E_i>0$的冰水转化区,上升气流区,以及0℃、-5℃、-10℃、-15℃的高度,选择适合人工增雨作业的区域。

温度、流场、气压直接由火箭探空获得。

$e-E_{冰}$的计算:

本文应用探空资料可以计算各层$e-E_i$:

$$e = 6.108 \times \exp\left[5415 \times \left(\frac{1}{T_0} - \frac{1}{T_d}\right)\right]$$

$$E_i(T) = E_0 \left(\frac{T_0}{T}\right)^{\frac{c_f}{R_w}} \times \exp\left[\frac{(L_s + C_f T_0)(T - T_0)}{R_w T_0 T}\right]$$

式中,$T_0=273.16$°K,$E_0=6.1078$ hPa 为0℃时饱和水汽压,$C_f=0.251$ J/g·℃为冰的升华潜热随温度的变化率,$R_w=46.09878364\times10^{-2}$J/g·℃为水汽的比气体常数,$L_s=L_0+L_f-C_f(T-T_0)$为冰的升华潜热,$L_0=2499.52$ J/g 为0℃时水汽凝结潜热,$L_f=333·55$ J/g 为冰的融解潜热,其他为常用符号。

温度和露点可直接由探空火箭测得。

(2)利用雷达基本发射率产品和液态水含量产品,配合探空资料,找出适合作业的区域。

液态水含量的计算:

$$M = 3.44 \times 10^{-3} \times Z^{\frac{4}{7}} \qquad 或 \qquad LW = 3.44 \times 10^3 \times Z^{\frac{4}{7}}$$

计算含水量时,首先应把雷达获取的回波强度值(dBz)还原为雷达反射率因子(Z),再利用上式就可计算含水量。

$$Z = \exp\frac{dBz}{10}$$

4.3 结果分析

西风槽型天气系统的特点大多数属于纬向环流型,环流的经向发展比较少,亚欧大陆东部一带多为一较完整的大范围低槽区,中纬度环流比较平直,冷空气大多数由巴尔喀什湖或贝加尔湖、蒙古国东部一带移来。在中纬度一般有锋区配合,槽线进入35°~50°N,110°~130°E。而地面天气图上多数为东北低压、蒙古气旋、河套气旋。另外还有南来的系统与之配合。这种环流形势下,辽宁多产生降水天气。云系以层状云为主,降水一般是稳定性的。

雷达对观测点做剖面的 RHI(距离高度扫描强度图)强度图(图 8)显示,距雷达 40 km 的观测点处,在 28 日 19 时回波明显增强,23 时之后逐渐减弱,到 29 日 05 时回波强度为 0,降水也随之结束。回波强度大值区在 1～3 km 左右,强度能达到 35 dBz 左右。

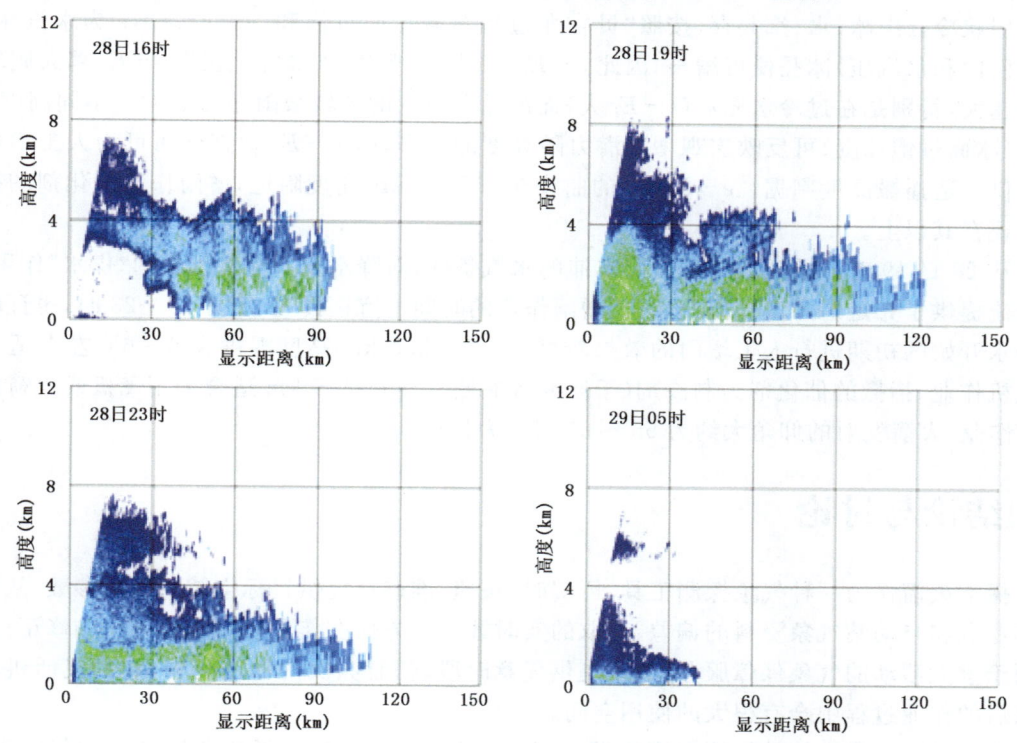

图 8 雷达 RHI 强度图

本次探空资料的时间剖面图如图 9 所示。

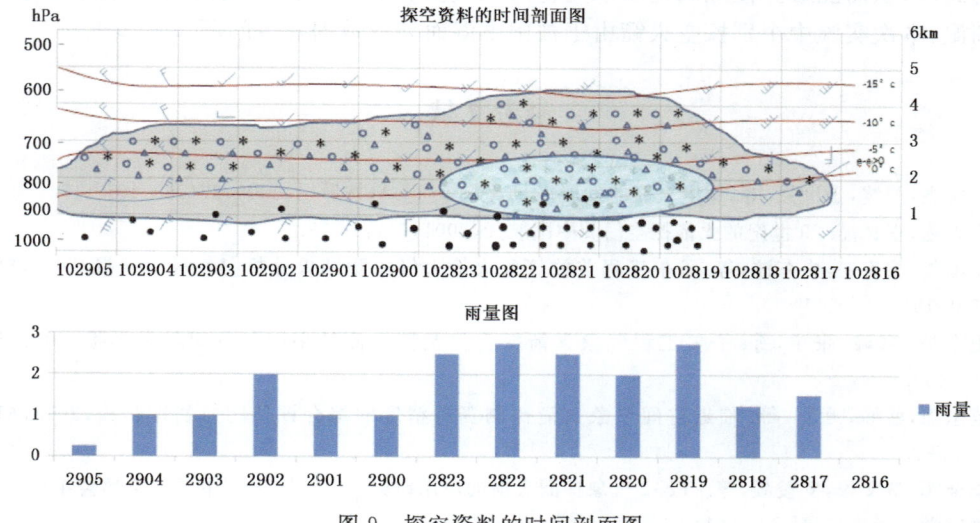

图 9 探空资料的时间剖面图

从图 9 中可以看出,受西风槽系统影响,观测点的本次降水过程从 28 日 17 时左右开始,持续到 29 日 05 时结束。通过温度露点差判断云区,云底在 1 km 左右(0℃以下),云顶大约在 4.2 km 左右(0℃以上),降水云的性质属混合云。各层温度如图中所示。图中椭圆形区域为通过雷达反射率反演的液态水含量相对大值区,含水量大约在 0.01 g/km³。

层状冷云中冰、水、汽共存,按照"贝吉龙过程",若冰面过饱和($e-E_i>0$,e 为水汽压,E_i 为冰面饱和水汽压)冰晶便可增长,因此 $e-E_i>0$ 的区域为"冰水转化区",$e-E_i$ 越大则增雨潜力越大,特别是在过冷水充沛($e-E_i$ 大)而冰晶含量少的区域增雨潜力最大。不同高度的 $e-E_i$(冰面过饱和度)可反映宏观增雨潜力随高度的分布,故 $e-E_i$ 垂直分布可为人工增雨作业提供合适播撒高度判据。$e-E_i>0$ 的曲线在 1.5~2 km 高度附近,增雨作业催化剂的播撒高度要在其以上。

从 28 日 19 时开始到 23 时,低层丰沛的水汽条件,对降水发展起着重要的"供水"作用,上升气流提供了充足的水汽。因此,人工增雨作业的时间适宜选择在 28 日 19—23 时,也证明了在降水开始的初期进行人工增雨的效果较好。1.5~2.5 km 高度温度在 0~6℃左右适合采用飞机作业,播撒的催化剂为制冷剂(干冰或者液氮),2.5~4.5 km 适合采用飞机或火箭播撒 AgI 作业,火箭发射的仰角大约为 55°~65°,55°为最佳。

5 结论与讨论

探空火箭作为一种气象探测工具,可实时、快速、准确地提供目标空域的气象参数,从而消除作业点和自动站气象资料的偏差,获取的实时数据可方便在作业时对作业方案的修正;也可以用于重大活动的气象保障服务工作,提供任意时段、任意频次的加密资料,它的灵活机动性在以后的作业过程中会有很大的使用空间。

本次试验探空火箭的探测高度不够,只能达到 5500 m 左右,无法获取整层大气的资料,在云层高度较高时无法穿透云层,这次实验只是恰巧云层高度较低,探空火箭能够穿透云层,使得数据可用。如果可能将和探空火箭生产厂家研究改进火箭动力性能,争取提高探空火箭的探测高度,从而能够方便准确地获取完整的大气资料。另外探空火箭在野外观测时的存放要防潮湿,本次实验中个别探空火箭由于被雨淋湿而导致数据发生问题。

参考文献

[1] 姜秀杰,刘波,于世强,等.探空火箭的发展现状及趋势[J].科技导报,2009,27(23):101-110.
[2] 李大耀,李林藩.20 世纪的火箭探空[J].中国航天,2001,(4):16-18.
[3] 姜国英,徐寄遥,史东波,等.子午工程首枚气象火箭大气探测结果分析[J].科学通报,2011,56(19):1568-1574.
[4] 史东波,韦峰,张宇,等.子午工程气象火箭探空仪及其探测结果[J].空间科学学报,2011,31(4):492-497.
[5] 范志强,盛峥,万黎,等.临近空间气象火箭探测资料精度的综合评估[J].物理学报,2013,62(19):573-582.
[6] 李金辉,贺文彬,罗俊颉,等.TK-2 气象探测火箭的应用研究[A].第 28 届中国气象学会年会——大气物理学与大气环境[C].2011.

物联网在安徽省人工影响天气工作中的应用[*]

李建邦[1,2] 周述学[2] 李爱华[2] 袁 野[2]

1. 南京大学大气科学学院,南京 210093;
2. 安徽省人工影响天气办公室,合肥 230031

摘 要 随着物联网技术在气象领域应用的不断深入,我国气象业务得到不断地拓展。安徽省人工影响天气办公室首次将物联网技术应用到人工影响天气业务管理中,开发了"基于物联网技术的安徽省人工影响天气智能管理系统"。系统利用物联网技术中的 RFID(无线射频识别)技术,集合 GPRS、GPS 和 GIS 技术,通过作业现场与指挥中心的实时交互,构建人影业务管理服务平台,实现了对人影信息(人员、装备、弹药、气象信息等)的采集、传输、数据管理及服务的自动化、智能化管理,提高了安全效率和信息化管理水平,在实际业务中发挥了重要的作用。

关键词:人工影响天气,物联网技术,信息管理,作业指挥

1 引言

世人认为,物联网(The Internet of Things,IOT)[1]是继计算机、互联网之后,世界信息产业的第三次浪潮。其普遍引用的定义是:通过射频识别(RFID)、红外感应器、全球定位系统、激光扫描器等信息传感设备,按约定的协议,把任何物品与互联网相连接,进行信息交换和通信,以实现智能化识别、定位、跟踪、监控和管理的一种网络。基于物联网的理念,其已在国外成功应用到交通物流、工业控制、环境监控、智能安防等多种领域,最早在 20 世纪 90 年代末进入中国,在车辆管理[2]和超市库房等的物流管理[3,4]方面应用广泛,近些年也逐步向环境[5]、农业[6,7]、安防[8]、医学[9]、气象[10-12]等多个领域发展。

在国外,物联网技术已被广泛应用于气象领域。尤其在一些发达国家,物联网技术已被应用于气象监测、气象预报、气象信息传输和气象服务等各个层面,部分国家还成功将其地应用于军事气象领域,大力提升了军事气象保障能力,取得了较为成功的应用案例。如韩国气象局采用 RFID 监测天气变化,通过布设无线感应器,建立自动天气系统,通过系统实现对温度、气压、湿度等气象要素的实时检测和通过韩国天气系统的追踪,有效提高了气象服务能力和保障水平。美国不仅将物联网技术应用于民用气象领域,还高度关注在军事气象领域的应用拓展,不断提高气象装备的信息化水平,采用多网络、多信道和安全保密技术将军事气象信息准确及时纳入指挥决策系统中,形成强大的军事气象保障能力。

在国内,物联网技术已应用到气象信息监测、气象信息发布服务和专业气象服务等领域,

---

[*] 资助项目:安徽省气象局气象科技发展基金项目(KM201124)。

并初步开发了部分应用系统和产品。基于物联网理念,诸如"物联网自动化气象站"的应用[13],提供准确可靠的实时气象观测数据。安徽气象与电信共商防灾减灾信息化,建立了气象灾害预警预报信息发布"绿色通道",福建龙岩气象局与中国移动福建公司合作搭建的"灾害性天气监控预警平台",广东江门市气象局与移动通信公司应用物联网技术联手打造"数字气象"工程,以及江苏省的交通气象服务"高速公路气象预警系统"。但是,在我国人工影响天气(以下简称人影)领域中,物联网技术应用很少甚至空白,因此,安徽省人工影响天气办公室(以下简称安徽人影办)联合陕西中天火箭技术有限责任公司和安徽诺安信息公司共同研究开发了"基于物联网技术的安徽省人工影响天气智能管理系统",将物联网理念和技术应用到人影业务管理中,实现人影设备的全程跟踪、动态管理以及人影作业的精准化,提升人影天气设备安全管理和人影作业效果,推动安徽甚至全国人影事业快速发展。

2 物联网技术在安徽人影中的应用

2.1 安徽人影业务发展的现状

由于全球气候变暖引发干旱、冰雹等自然灾害频发,水资源短缺现象的日趋严重,人影工作在防灾减灾、开发空中云水资源中发挥着越来越重要的作用,我国人影作业规模已居世界首位。国内各省(区、市)先后建立了不同的业务系统并具有一定规模和特色[14-16],并在业务中发挥了重要作用。安徽省结合本省实际,先后研制开发了"安徽省高炮火箭人工增雨作业指挥系统""安徽省人影信息管理系统""基于新一代天气雷达的省级人影业务系统"和"安徽省人工影响天气信息管理与作业指挥系统"[17],建立了较为完整的业务流程,并依据业务流程开发了需求分析、作业条件预测、作业云识别、作业指挥、效果评估等五大类人影业务指导产品,为全省人影业务提供服务。然而,随着人影作业规模逐渐增大,人员、装备和弹药的管理难度进一步增加,尤其作业采用的弹药属军工范畴产品,管理要求更加严格。目前省内的管理办法是通过人员填表或办理出入库手续等完成对弹药的提取和追踪,存在人为因素造成的数据不准确问题,且无法对运输、发射等环节进行追踪,存在严重的人影作业安全隐患,亟需进一步加强人影安全管理。而加强人影信息管理和规范人影作业流程是实现人影安全管理的有效途径,因此,在人影工作中应用物联网技术进行科学管理,可以显著提高安全效率和信息化管理水平,促进人影管理、业务、服务的科学发展。

2.2 物联网技术在安徽人影中的应用

"基于物联网技术的安徽省人工影响天气智能管理系统"是在"安徽省人工影响天气信息管理与作业指挥系统"和"安徽省人工影响天气物联网智能管理系统"两个系统基础上开发而成。采用 B/S 与 C/S 相结合模式,利用物联网技术中的 RFID(无线射频识别)技术,集合GPRS、GPS 和 GIS 技术,通过作业现场与指挥中心的实时交互,实现了对人影信息(人员、装备、弹药、气象信息等)的采集、传输、数据管理及服务的自动化、智能化管理,是安徽省省、市、县、作业点四级全省人工影响天气综合业务系统,承担全省人影地面作业信息管理、作业指挥、信息发布的业务平台功能。

2.2.1 系统组成

根据物联网技术架构:该系统由信息采集系统(感知层)、通信网络系统(传输层)、数据管理系统(数据层)和信息共享与作业指挥平台(服务层)四个部分组成(图1)。

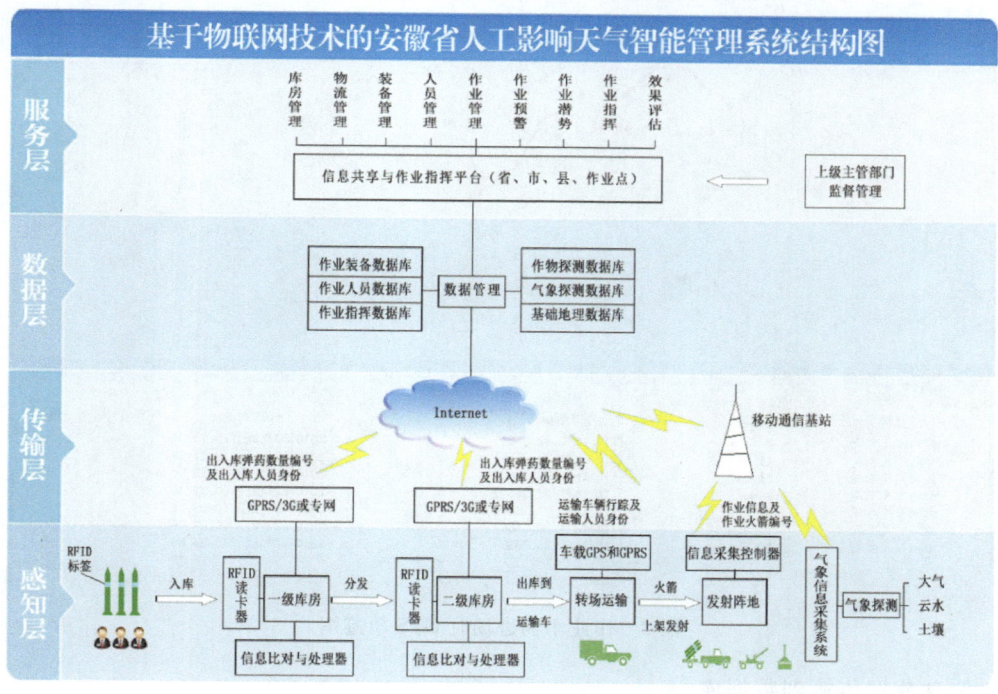

图1 "基于物联网技术的安徽省人工影响天气智能管理系统"框架结构

(1)信息采集系统(感知层):负责监控和获取气象要素和非气象要素的信息。①气象要素信息获取,即气象探测系统,包含人工影响天气过程中对大气,云水以及土壤的探测,自动采集数据并上传。②非气象要素的信息的监控和获取,包括装有RFID标签的弹药和装备、标有人员信息的RFID卡、库房管理控制系统、弹药运输跟踪系统、火箭(高炮)作业信息采集系统。

库房管理控制系统:系统安装在库房入口。弹药出入库时,入库(或出库)人员刷无源RFID卡启动出入库过程,弹药通过扫描通道入库(或出库),利用无线射频识别技术,系统可以自动采集出入库弹药数量、每枚出入库弹药编号、出入库人员信息、运输人员信息、出入库时间、出入库库房编号、出入库过程照片,通过GPRS上传至服务器数据库。

弹药运输跟踪系统:系统安装在弹药运输车辆上(图2)。由车上电源供电,车辆启动时自动启动系统。当进行弹药运输时,运输人员刷RFID卡启动跟踪,采集弹药运输车辆行驶起始位置及时间、运输人员信息、运输过程车辆经纬度坐标及时间、车辆到达位置及时间、接收弹药人员信息,通过GPRS上传至服务器数据库。

火箭(高炮)作业信息采集系统:系统安装在火箭(高炮)发射器上。火箭或炮弹发射时,自动采集发射的俯仰角、方位角、发射位置经纬度坐标、发射时刻、发射火箭编号、用弹量、设备编号、空域申请有效时间、安全射界等作业信息,通过GPRS自动将作业信息上传至服务器数据库。

(2)通信网络系统(传输层):负责将感知层的数据传输到数据层,即将采集到气象信息和

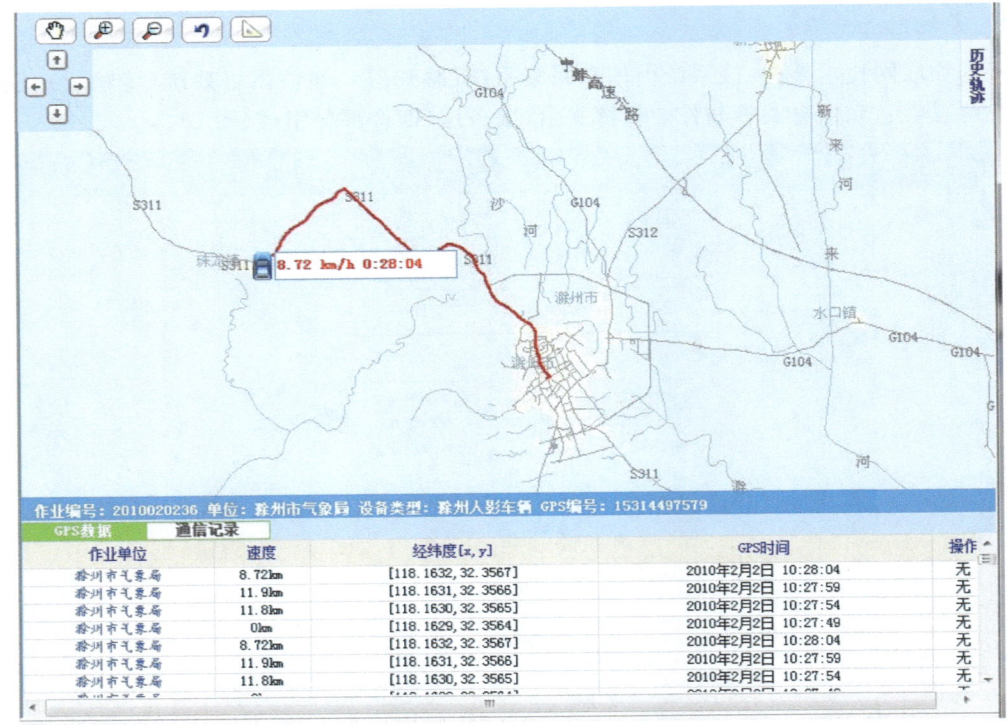

图 2　作业车辆进场时 GPS 轨迹图

非气象信息数据传输到数据库。

(3)数据管理系统(数据层)：由各种数据库和报表组成的计算机处理平台。本系统中采用数据库和文件库方式实现数据管理，气象信息采集后基本上以文件库形式进行管理，非气象信息采集后全部以数据库进行管理。数据库包含作业装备数据库、作业人员数据库、作业指挥数据库、作业探测数据库、气象探测数据库和基础地理数据库六大类数据库。

(4)信息共享与作业指挥平台(服务层)：包括信息共享(信息管理和信息发布)和作业指挥两个部分。信息共享平台通过 GIS 地图准确反映各地市的作业人员、弹药、装备等人影资源分布情况；自动对过期弹药、未年审装备、未年审上岗人员预警，动态监控人影信息；提供专业的气象监测分析资料、人影产品，为各级人影作业人员提供指挥决策依据；承担信息发布功能，向公众发布人影信息，宣传人影动态，让公众实时了解全省人影信息。作业指挥平台利用 RFID、GPRS、GPS 和 GIS 技术，通过作业现场与指挥中心的实时交互，实现了对人影信息动态管理。

2.2.2　系统的主要特征

(1)将物联网理念和技术应用到了人影业务管理中。采用无源 RFID 识别技术，实现快速、多数量、非接触、视距范围以外的弹药安全准确识别，解决了对弹药存储、运输、发射等环节的自动化追踪管理问题，实现了弹药从生产到使用的全程自动化跟踪和控制；通过 GPRS 上传至服务器数据库，使指挥人员可以及时掌握人影作业动态，准确科学管理人影作业。

(2)GPRS、GPS、GIS 和 RFID 技术的集成应用。通过多种新技术的集成应用，实时监控和统一指挥调度作业区域内作业人员和装备等信息，实现了人影信息在采集、传输、分析、查询、应用在业务系统中的全流程管理,提高了业务规范化管理水平和信息使用效率。

（3）为人影作业安全提供技术保障平台。系统通过对人影信息全流程自动化的管理,弥补制度管理上的不足,动态监控弹药出入库、弹药运输、库房预警管理、人影作业等信息,承担全省人影地面作业信息管理、作业指挥、信息发布,为人影业务管理提供技术保障。

2.2.3 系统的应用

"基于物联网技术的安徽省人工影响天气智能管理系统",是针对全省人影地面作业信息管理、作业指挥、信息发布而设计的软件平台。内容涵盖安徽省人影公共信息服务、业务产品服务、信息管理以及作业指挥等功能模块。

通过系统的使用,安徽省人影办可以根据作业需求提前做好人影预案和储备工作,及时组织开展实施人工影响天气作业,定期对作业人员实行安全培训,建立了装备、弹药安全运输、存储制度以及人影作业的规范化流程。在作业过程中,省级指挥人员利用系统可对全省各个作业流程进行全程监控,查看整个作业过程行进中的路线轨迹,以及作业前的实际情况,并利用系统互动平台提供指导,提供在线交流,并可对违规流程进行干预与提醒。通过物联网技术的使用,所有信息录入过程全自动完成,避免了人为因素的干扰,确保了人员、装备、弹药等人影作业信息的准确性,实现了对人影作业流程管理、装备弹药的管理与作业人员的同步管理,责权利分明,实现了弹药运输、存储安全,提高了人影作业安全监管能力。

系统投入业务应用以来,在人工增(减)雨、防雹减雹、水库增蓄水、降低森林火险等级、保障重大社会活动等人影业务中起到了积极作用,人影事业受到了政府领导的高度肯定和媒体大众的广泛关注和赞扬。尤其在2011－2012年的秋冬春连旱抗旱保苗人工增雨作业服务期间,利用系统平台动态指挥,准确分析增雨作业条件,组织全省大规模开展飞机、高炮、火箭的人工增雨立体作业,提高了人工增雨效果,缓解了旱情。

3 结论与讨论

物联网技术应用是未来人影人员信息管理、天气作业装备、物资管理的必然趋势,对保障作业安全、掌握作业动态、规范作业流程,科学统一管理人影作业具有重要意义。安徽人影首次将物联网理念和技术应用到了人影业务管理中,实施对人影业务、装备弹药与作业人员实时同步管理,在人影作业指挥中的各个环节实现了业务管理自动化和作业流程的自动控制,实现了弹药从生产到使用过程的实时全程自动化跟踪和控制,大大提高了人影业务管理、安全监管以及人影综合服务效益。

但是,物联网技术在安徽人影中的应用也存在一些问题:信息采集系统中设备多设置在室外,很多监测点设置在气候条件恶劣的环境中,在此环境中很难保证数据采集和传输的可靠性与有效性,且对于人影工作,经常要在远离市区或偏远地区进行人影作业,对获取实时的气象信息并不方便,导致人影物联网系统存在一些不足,这将在以后的应用中不断改进和完善。

参考文献

[1] 黄孝彬,毛培霖,唐浩源,等.物联网关键技术及其发展[J].电子科技,2011(12):129-134.
[2] 屈勇.基于物联网的智能高速公路系统研究[D].大连海事大学,2011.

[3] 王永康.物联网在物流业中的应用分析[J].技术与市场,2011,**18**(07):428-429.

[4] 冯琳.物联网技术在我国物流领域的应用研究[J].物流技术,2012,**31**(10):95-96.

[5] 谢伟.基于物联网的节能型机房环境控制系统设计实现[D].西南交通大学,2011.

[6] 闫敏杰,夏宁,万忠,等.物联网在现代农业中的应用[J].中国农学通报,2011,**27**(08):464-467.

[7] 朱会霞,王福林,索瑞霞.物联网在中国现代农业中的应用[J].中国农学通报,2011,**27**(02):310-314.

[8] 张炳彦,王发明,司安金,等.物联网技术在军事物流中的应用研究[J].中国市场,2011(49):8-9.

[9] Frederix I. Internet of Things and radio frequency identification in care taking, facts and privacy challenges[C]. //Proc of 1st International Conference on Wireless Communication, Vehicular Technology, Information Theory and Aerospace & Electronic Systems Technology. 2009:319-323.

[10] 孙逸涵,李海胜,柳晶.物联网在我国气象事业发展中的应用思考[A].第27届中国气象学会年会城市气象,让生活更美好分会场论文集[C].2010.

[11] 钟勇.物联网在气象灾害预警中的应用[J].通信与信息技术,2012(2):26-28.

[12] 杨荣芳.物联网在气象防灾减灾中的应用研究[J].S16 大气成分与天气气候变化,2012.

[13] 唐慧强,周静艳.物联网自动气象站远程数据采集处理系统[D].南京信息工程大学学报(自然科学版),2011,(5):436-439.

[14] 周毓荃,张存.河南省新一代人工影响天气业务技术系统的设计、开发和应用[J].应用气象学报,2001,**12**(增刊):173-184.

[15] 王以琳,张新华,贾斌,等.地面人影作业决策指挥系统建设的技术问题探讨[J].气象科技,2011,**39**(4):502-506.

[16] 黄毅梅,周毓荃,鲍向东.人工影响天气高炮(火箭)作业空域自动化申报系统[J].气象科技,2006,**34**(3):301-305.

[17] 袁野,杨光,李爱华,等.安徽省人工影响天气信息管理与作业指挥系统设计与开发[J].气象,2011,**37**(11):1459-1465.